AF567977

Bohn / Hetsch

Funktionsorientiertes Toleranzdesign

Martin Bohn
Klaus Hetsch

Funktionsorientiertes Toleranzdesign

Angewandte Form- und Lagetolerierung im Maschinen-, Fahrzeug- und Gerätebau

2., vollständig überarbeitete Auflage

Die Autoren:

Dr. Martin Bohn, Leiter Toleranzmanagement S-/E-/C-Klasse sowie Elektrofahrzeuge bei der Daimler AG
Klaus Hetsch, selbständiger Berater in der Bohn Hetsch Partnerschaft Toleranzmanagement

Die Autoren haben jahrzehntelange industrielle Erfahrung im Toleranzmanagement in der Automobil- und Zulieferindustrie. Dazu gehört auch eine langjährige Vorlesungs- und Schulungserfahrung, Beratungen, Projektarbeit sowie die Mitarbeit in OEM-übergreifenden Arbeitskreisen und der DIN bzw. ISO.

www.toleranzexperten.de

Bibliografische Information der Deutschen Nationalbibliothek:

Die Deutsche Nationalbibliothek verzeichnet diese Publikation in der Deutschen Nationalbibliografie; detaillierte bibliografische Daten sind im Internet über http://dnb.d-nb.de abrufbar.

www.hanser-fachbuch.de
Lektorat: Dipl.-Ing. Volker Herzberg
Herstellung: Björn Gallinge
Coverkonzept: Marc Müller-Bremer, www.rebranding.de, München
Titelillustration: © Max Kostopoulos
Coverrealisation: Max Kostopoulos
Satz: Kösel Media GmbH, Krugzell
Druck und Bindung: Hubert & Co. GmbH & Co. KG BuchPartner, Göttingen
Printed in Germany

Print-ISBN: 978-3-446-46002-7
E-Book-ISBN: 978-3-446-46007-2

Inhalt

Abkürzungsverzeichnis

DIN	Deutsches Institut für Normung
EN	Europäische Normung
ET	Einzelteil
FEM	Finite-Elemente-Methode
Fkt.	Funktion
GPS	Geometrische Produktspezifikation
ISO	International Organization for Standardization
RPS	Referenz-Punkt-System
OTG	Obere Toleranzgrenze
UTG	Untere Toleranzgrenze
ZB	Zusammenbau

Kurzzeichen

C_g	Messmittelfähigkeitsindex
C_{gk}	kleinster Messmittelfähigkeitsindex
C_p	Prozessfähigkeitsindex (auch Prozesspotenzial)
C_{pk}	kleinster Prozessfähigkeitsindex (auch Prozessfähigkeit)
p	Wahrscheinlichkeitsmaß für die Annahme der Nullhypothese
P_{pk}	vorläufige Prozessfähigkeit
n	Stichprobengröße
s	Standardabweichung der Stichprobe
t	Toleranzwert
x_i	Messwert der Messung i
$1-\alpha$	Wahrscheinlichkeit
μ	Mittelwert
σ	Standardabweichung der Grundgesamtheit
X	Quantil der Chi-Quadrat Verteilung
TOL	Breite der Toleranzzone der Bezugstoleranz
X, Y, Z	Achsrichtungen des Produktkoordinatensystems

Vorwort

Das Buch soll die Vorgehensweise vermitteln, wie ausgehend von der Funktion die Form- und Lagetoleranzen nach den Standards der Geometrische Produktspezifikation (GPS) festgelegt werden können. Es wird gezeigt, wie die Spezifikationsgüte durch eindeutigere Vorgaben gegenüber der Zweipunktmaßtolerierung steigt.

Da Toleranzen in einem interdisziplinären Team aus Mitarbeitern von Entwicklung, Prozessplanung, Produktion und Qualitätssicherung gemeinsam festgelegt werden müssen, vermittelt das Buch allen Beteiligten die methodischen Grundlagen und das erforderliche Grundwissen.

Durch die breite Behandlung der Grundlagen ist es für den Einsteiger in das Toleranzmanagement sehr gut geeignet. Der erfahrene Leser findet durch die Methodik der funktionsorientierten Tolerierung Ansatzpunkte, um seine eigene Vorgehensweise zu optimieren.

Die Schwerpunkte des Buchs sind:

- Prozess zur Festlegung des Toleranzkonzepts
- Sammlung der Anforderungen
- Beschreibung und Darstellung von Funktionen
- Fügefolge und Fertigungsprozesse
- Aufnahme, Ausrichtung und Bezüge
- Toleranzen
- Analyse des Toleranzkonzepts
- Normgerechte Anwendung und Interpretation von Bezügen und Toleranzen
- Anwendungsbeispiele

Die Vorgehensweise an sich ist allgemeingültig und kann in unterschiedlichen Branchen angewendet werden.

Hinweise:

Da sich der aktuelle Stand der Normen und Richtlinien weiterentwickelt, empfiehlt es sich, stets auf den aktuellsten Stand zu achten.

Die Darstellungen in diesem Buch sind aus Gründen der Übersichtlichkeit oft vereinfacht. So wird in vielen Fällen auf die Eintragung der theoretisch exakten Maße verzichtet. Viele Bilder sind Screenshots einer Tolerierung im 3D-Datensatz. Für diese Tolerierung gibt es keine verbindliche Vorgabe, da sich die gültigen Normen vor allem auf Zeichnungen beziehen.

Die 2. Auflage enthält neben vielen inhaltlichen Ergänzungen und neuen Beispielen die Anpassung an den aktuellen Stand der Normung (Stand 3/2019) sowie eine detaillierte Erklärung zu Bezügen.

1 Einleitung

Produkte existieren, um Funktionen zu erfüllen. Daher muss die Funktion im Mittelpunkt der Entwicklung stehen. Es gibt viele Schlagworte, in welchen das Wort Funktion verwendet wird, wie z. B. Funktionsstruktur, Funktionsweise und Funktionalität. Gegensatzpaare wie funktionsorientierte Bemaßung versus fertigungsorientierte Bemaßung sind allgemein bekannt. Toleranzen sind Sollvorgaben. Ihre Einhaltung soll die Funktion des Produkts sicherstellen. Dazu muss der Zusammenhang zwischen Funktion und Fertigung genau betrachtet und in Einklang gebracht werden.

Folgendes Beispiel aus dem Bauwesen zeigt für die Funktion *Wertanmutung* den Zusammenhang zwischen fertigungstechnischen Anforderungen, Entdeckenswahrscheinlichkeit von Fehlern und Herstellungskosten.

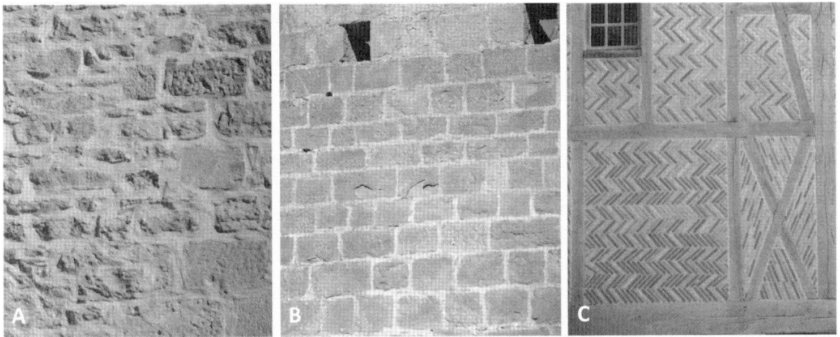

Bild 1.1 Funktion und Kosten am Beispiel von Wänden

Die Wertanmutung nimmt von links nach rechts aufgrund der höheren Präzision zu.

Die Wand A mit ihren handbehauenen Natursteinen stellt aufgrund der dicken Mörtelfugen keine großen Anforderungen an die Maßhaltigkeit der Steine. Wand B mit den sichtbar kleineren Fugen stellt bereits wesentlich höhere Anforderungen an die Maßhaltigkeit der Natursteine. Die höchsten Anforderungen an die Maßhaltigkeit der Steine sowie an den Verbauprozess stellt die Wand C dar.

Die Entdeckenswahrscheinlichkeit von Fehlern steigt ebenfalls von A nach C.

Steigen aber auch die Herstellungskosten? Wenn die Fertigungstechnologie der handbehauenen Steine beibehalten wird, steigen die Herstellungskosten. Wenn die Fertigungstechnologie auf maschinelle Ziegelsteine geändert wird, sinken die Herstellungskosten bei gleichzeitig steigender Präzision.

Dies zeigt deutlich die Notwendigkeit, bereits während der Entwicklung die Belange von Funktion und Fertigung in Einklang zu bringen.

2 Funktionsorientiertes Toleranzdesign

Funktionsorientiertes Toleranzdesign wird in diesem Buch in Anlehnung an Taguchi [Taguchi 1986] verwendet. Taguchi beschreibt den Prozess zur Definition von Toleranzgrenzen als Toleranzdesign. Dieser ursprüngliche Ansatz wird auch im Six-Sigma-Umfeld als Toleranzanalyse verwendet.

Das hier entwickelte funktionsorientierte Toleranzdesign führt zwar zum gleichen Ergebnis: *Die Toleranzen sind festgelegt.* Der Ansatz ist jedoch wesentlich umfassender. Dies zeigt auch das folgende Bild, in dem der Ansatz nach Taguchi eingetragen ist.

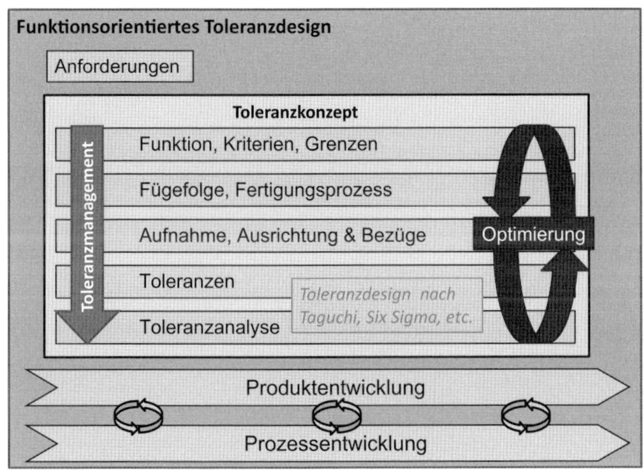

Bild 2.1 Funktionsorientiertes Toleranzdesign

Besonders wichtig ist die Notwendigkeit der frühzeitigen Einbindung in den Entwicklungsprozess, denn die Basis des funktionsorientierten Toleranzdesigns sind die Anforderungen, welchen das Produkt genügen muss. Basierend auf diesen Anforderungen wird das Toleranzkonzept entwickelt. Im Toleranzkonzept sind Produkt- und Prozessentwicklung eng verknüpft und sie beeinflussen sich gegenseitig. Das Toleranzkonzept muss sich in einer analysefähigen Verifikation widerspiegeln. Der iterative Prozess der Erstellung des Toleranzkonzepts wird häufig als Toleranzmanagement bezeichnet.

Definition funktionsorientiertes Toleranzdesign

Das funktionsorientierte Toleranzdesign ist die methodische Vorgehensweise, um ausgehend von den Anforderungen mit Hilfe des Toleranzmanagements alle relevanten Parameter, wie Fertigungsprozesse, Aufnahmen, Ausrichtungen, Bezüge und letztendlich Toleranzen, zu definieren und damit die Funktion sicherzustellen.

2.1 Entwicklungsprozess

Das funktionsorientierte Toleranzdesign erstreckt sich über den gesamten Entwicklungsprozess. Das typische und immer noch aktuelle Modell für den prinzipiellen Ablauf der Entwicklung eines Produkts ist in der VDI 2221 von 1993 beschrieben.

Bild 2.2 zeigt diese Methodik nach VDI 2221.

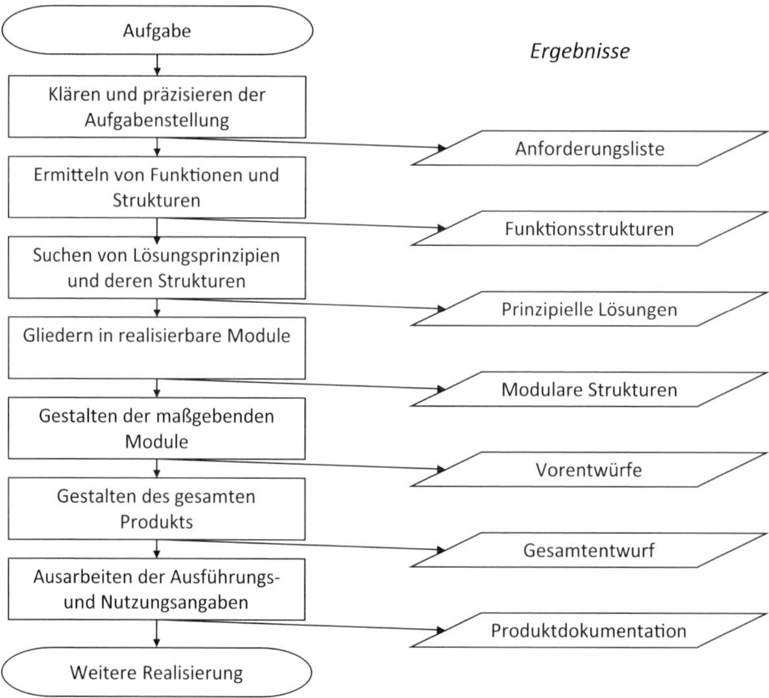

Bild 2.2 Methodik zum Entwickeln von Produkten nach VDI 2221

Aus dieser Vorgehensweise ist jedoch die parallele Entwicklung von Produkt und Fertigungsprozess nicht erkennbar. Die ausgeprägten Wechselwirkungen sowie die gemeinsame Reifegradsteigerung zeigt Bild 2.3.

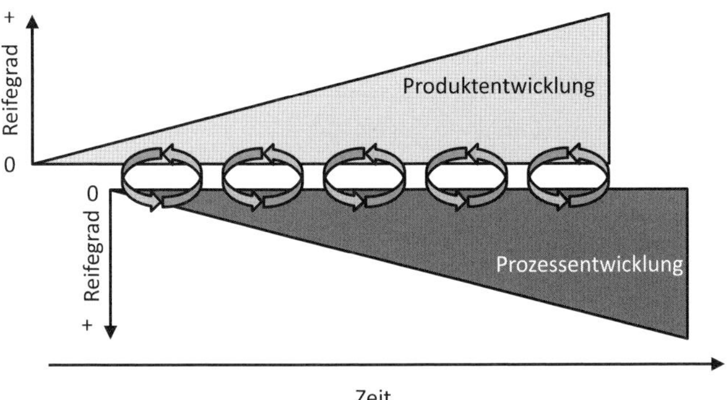

Bild 2.3 Gemeinsame Reifegradsteigerung von Produkt und Prozess

Das einfache Beispiel der drei Wände aus der Einleitung zeigt die Notwendigkeit der Abstimmung von Produkt und Prozess, da die Wand C mit Fischgrät-Muster nur durch eine geänderte Fertigungstechnik möglich wurde.

In vielen Fällen ist die Entwicklung eines neuen Produkts eine Evolution des Vorgängerprodukts bzw. eines Konzepts, das sich parallel in der Entwicklung befindet. Daher setzt das Toleranzkonzept auf diesen Erfahrungen auf und wird über mehrere digitale und physikalische Entwicklungsschritte bis hin zur Serie ausdetailliert, siehe Bild 2.4.

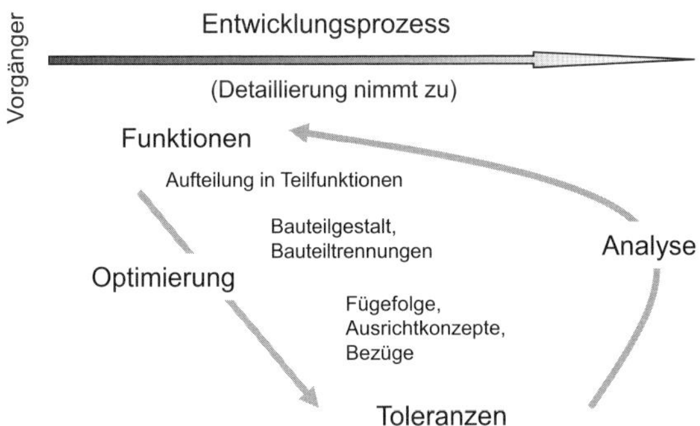

Bild 2.4 Vorgehensweise im Entwicklungsprozess

Zur erfolgreichen Verankerung von Toleranzkonzepten im Entwicklungsprozess ist eine eindeutige Definition von Meilensteinkriterien zu den Quality Gates erforderlich. Diese ist mit klaren Verantwortlichkeiten und Kunden-/Lieferantenbeziehungen zu hinterlegen.

Die folgenden methodischen W-Fragen helfen die erforderlichen Teilprozesse zu klären, siehe Bild 2.5.

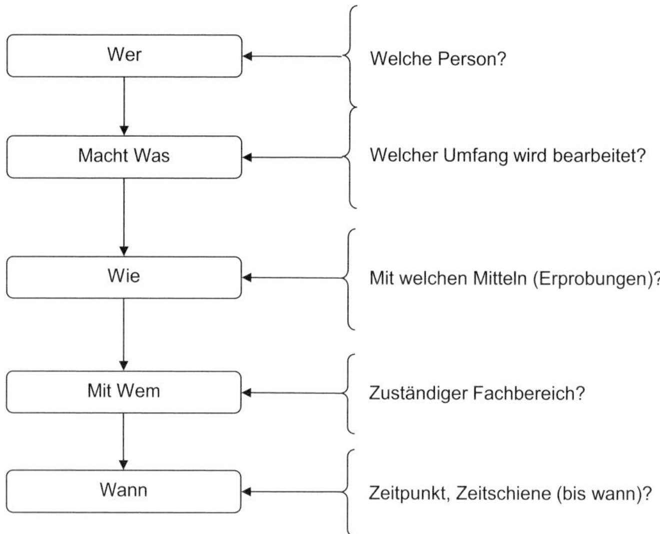

Bild 2.5 Leitfragen zur Prozessklärung

Bei komplexen Produkten sowie bei verteilten Entwicklungen muss ein Bereich oder eine Person die Gesamtverantwortlichkeit für das Toleranzkonzept haben.

2.2 Toleranzkonzept

Das Toleranzkonzept umfasst im weitesten Sinne alle Informationen, die notwendig sind, um eine funktionsorientierte Tolerierung durchzuführen. Dazu gehören:

- Funktionen
- Fügefolge, Fertigungsprozess
- Aufnahme und Ausrichtung
- Bezüge
- Toleranzen.

Interessant ist ein Vergleich der Inhalte mit den Ergebnissen der VDI 2221. Dieser ist in Bild 2.6 dargestellt.

Die mehr produktspezifischen Inhalte des Toleranzkonzepts finden Entsprechungen in der VDI 2221, die mehr fertigungsspezifischen Inhalte sind Teil der Fertigungsplanung (siehe Bild 2.6). Hier zeigt sich die verbindende Rolle des Toleranzmanagements zwischen Entwicklung und Fertigung(-splanung).

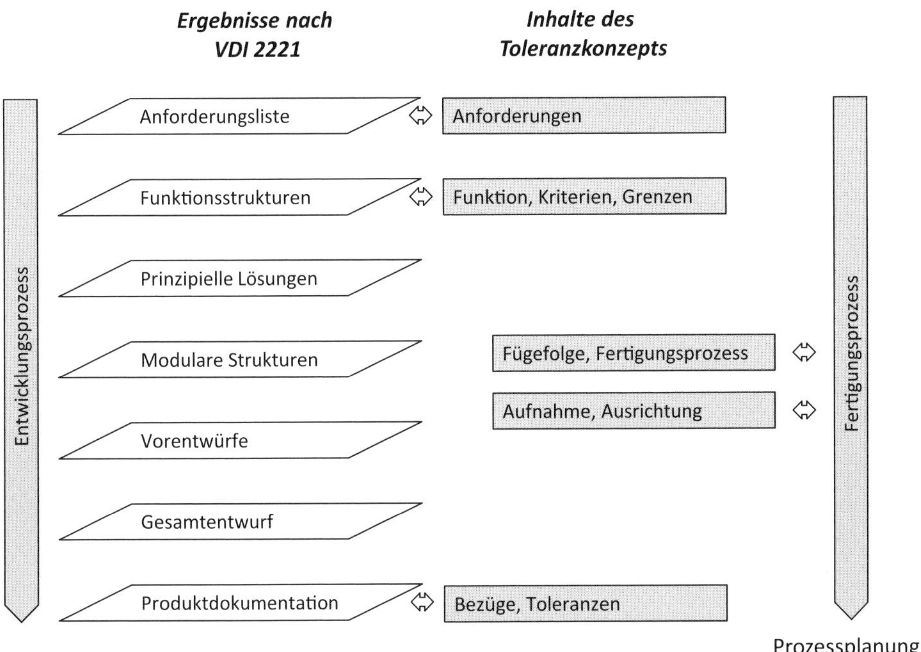

Bild 2.6 Vergleich Ergebnisse nach VDI 2221 und Inhalte des Toleranzkonzepts

2.3 Prozess zur Festlegung des Toleranzkonzepts

Das Toleranzkonzept kann nicht von einer Person alleine erarbeitet werden, sondern ist das Ergebnis der Abstimmung an den Schnittstellen zwischen verschiedenen Bereichen unter Koordination eines Moderators. Dieser wird teilweise auch als Toleranzmanager bezeichnet.

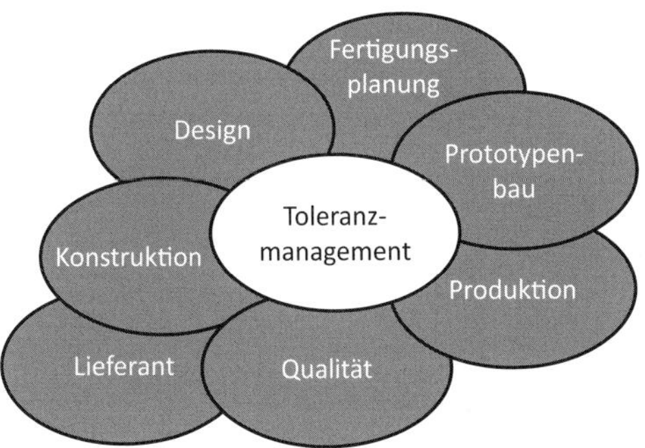

Bild 2.7 Beteiligte Bereiche bei der Erstellung des Toleranzkonzepts

Um sicherzustellen, dass die Belange aus allen Bereichen in das Toleranzkonzept einfließen, ist ein Toleranzarbeitskreis interdisziplinär zusammengesetzt.

Es ist wichtig, dass die Teilnehmer das Mandat ihrer Bereiche haben und ihre Aussagen verbindlich sind, sonst sind Schleifen und Zeitverzögerungen die Folge.

Die Benennung der Teilnehmer bedeutet nicht zwangsläufig, dass es einen Arbeitskreis gibt, der mit allen Teilnehmern tagt. Es kann sich als effizienter erweisen, die anstehenden Themen mit den direkt betroffenen Partnern abzustimmen.

Bei komplexen Produkten kann es erforderlich werden, die Arbeitskreise in Bereiche aufzuteilen. Besonderes Augenmerk muss auf die Schnittstellen gelegt werden. Dies hat zwei Gründe:

1. Probleme treten meist in Schnittstellen aufgrund mangelnder Abstimmung auf.
2. Durch die Definition von genau beschriebenen Schnittstellen besteht die Gefahr, dass sich die einzelnen Bereiche optimieren und das Gesamtoptimum nicht erreicht wird.

Daher sollte eine Person die Verantwortung für alle Schnittstellen tragen. Diese Person muss mit der entsprechenden Entscheidungsbefugnis ausgestattet sein oder sie muss die direkte Möglichkeit zur Eskalation in das entsprechende Entscheidungsgremium besitzen.

Die Erstellung des Toleranzkonzepts erfolgt in Schleifen im Entwicklungsprozess in verschiedenen Detaillierungsgraden. Die prinzipielle Vorgehensweise ist immer dieselbe und wird im folgenden Bild dargestellt.

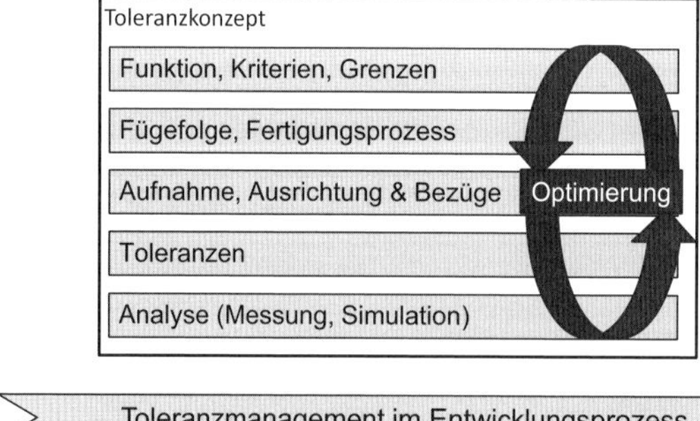

Bild 2.8 Prozess zur Erstellung des Toleranzkonzepts

Auf die einzelnen Inhalte des funktionsorientierten Toleranzdesigns wird im Detail in den folgenden Hauptkapiteln eingegangen.

3 Anforderungen

Die Konstruktion und der dazugehörige Fertigungsprozess werden maßgeblich von den Anforderungen an das Produkt bzw. den Prozess bestimmt.

Daher müssen diese Anforderungen bereits zu Projektbeginn oder in einer frühen Projektphase verbindlich definiert und dokumentiert werden.

Verantwortlich für die Erstellung der Anforderungsliste ist nach Pahl/Beitz [Pah 07] der Entwicklungsleiter bzw. der Projektleiter des Entwicklungsprojekts. Er muss die Anforderungsliste mit allen Bereichen, wie z. B. Geschäftsleitung, Design, Vertrieb, Service, abstimmen. Die Anforderungsliste darf nachträglich nur durch einen Beschluss der Entwicklungsleitung geändert werden.

Mögliche Quellen für Anforderungen sind in der folgenden Tabelle aufgeführt.

Tabelle 3.1 Mögliche Quellen von Anforderungen

Themenschwerpunkt	Firmenintern	Extern
Interessengruppen	Bereiche, wie Design, Marketing, Vertrieb, Entwicklung, Fertigung, Einkauf	Kunde, Lieferant
Produkt	Vorgängerprodukt, neue Technologien	Wettbewerbsprodukte, Marktentwicklungen
Vorschriften	Firmennormen, Modulstrategie	Gesetze, Normen

Die Anforderungen sind oft sehr abstrakt formuliert und müssen weiter detailliert werden. Das Bild 3.1 zeigt exemplarisch einige Anforderungen.

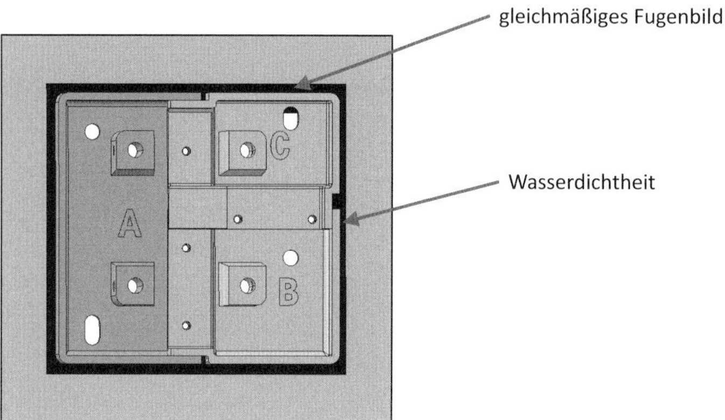

Bild 3.1 Anforderungen an ein Produkt

Das Produkt aus den Teilen A, B, C soll in den vorgegebenen Ausschnitt passen. Die Anforderungen sind ein gleichmäßiges Fugenbild und die Wasserdichtheit im Bereich der schwarzen Dichtung.

Die weitere Ausdetaillierung kann hier auf der Ebene der Anforderungen erfolgen oder bei einfachen Anforderungen auf der Ebene der Funktionen.

4 Funktionen

Die Funktion bildet den Kern des Produkts. Daher ist es wichtig, alle Aspekte der Funktion ausführlich zu betrachten.

4.1 Grundlagen zur Funktion

Die Funktion ist nach Pahl/Beitz [Pah 07] definiert als:

„Allgemeiner und gewollter Zusammenhang zwischen Eingang und Ausgang eines Systems mit dem Ziel, eine Aufgabe zu erfüllen." [Pah 07]

Um die Funktion klar zu beschreiben, gilt folgende Regel:

Eine Funktion wird durch ein Substantiv und ein Verb beschrieben.

Ein Beispiel für eine Funktion ist „Tür abdichten".

Ein technisches Produkt muss viele Funktionen in seinem Produktlebenslauf erfüllen. Dies gilt nicht nur für das fertige Produkt, sondern auch in allen Stufen des Herstellungsprozesses. Das Ziel des Toleranzmanagements ist die Funktionserfüllung auf der Produktebene, da diese kundenrelevant ist. Diese soll mit möglichst minimalen Toleranzanforderungen – d. h. möglichst großen Toleranzen – an die Funktionsmaße des Herstellungsprozesses erfolgen, da diese nicht kundenrelevant sind.

Eine Funktion kann in Teilfunktionen zerlegt und hierarchisch gestuft werden, siehe Bild 4.1.

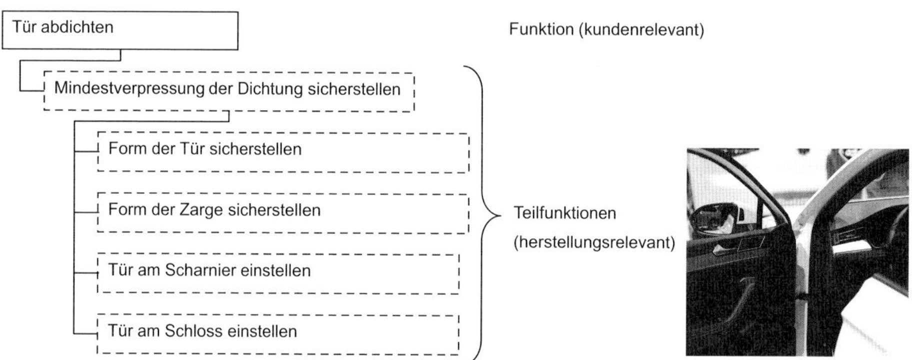

Bild 4.1 Zerlegung in Teilfunktionen

Alle diese Funktionen werden durch Maß-, Form- und Lageabweichungen beeinflusst. Daher wird der Begriff des Funktionsmaßes als Eigenschaft der Funktion definiert. Diese Eigenschaft besteht wiederum aus einem Merkmal und einem Wert. Der Wert muss hier gegenüber der sonst gängigen Definition auf einen Wertebereich ausgedehnt werden.

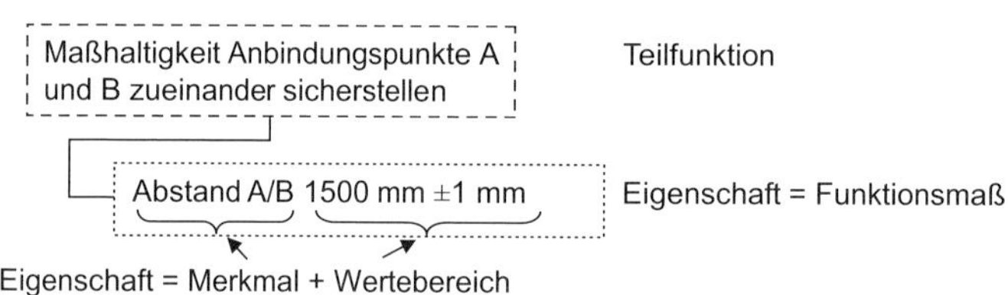

Bild 4.2 Eigenschaft einer Teilfunktion

Durch die Einhaltung der Toleranz eines Funktionsmaßes wird die Funktion sichergestellt. Dieses Funktionsmaß besteht aus einem Nominalwert (Nennwert) und der Toleranz. Aus Funktionssicht gibt es einen direkten Zusammenhang zwischen dem Nennwert und der Toleranz. Das Bild 4.3 zeigt die drei Möglichkeiten des Zusammenhangs.

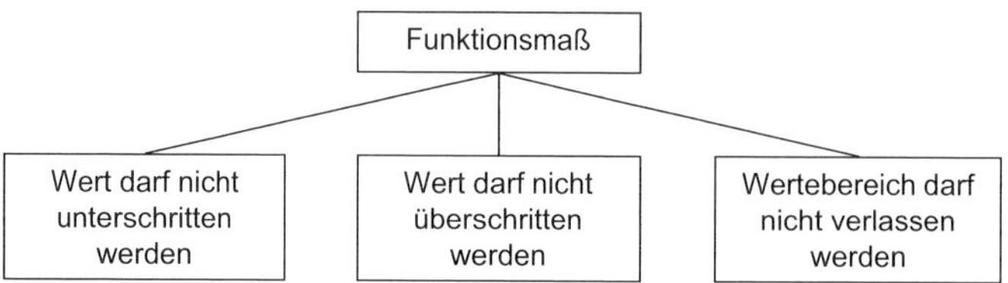

Bild 4.3 Funktionsmaßgrenzen

Bei Funktionsmaßen sind Nominalwerte mit symmetrischer Toleranz zu bevorzugen. Der Grund liegt u.a. darin, dass Fehlerquellen vermieden werden. Diese sind beispielsweise eine falsche Richtung der Toleranz oder Fehler bei der Erzeugung verschobener Geometrien.

Temperatureinflüsse, eventuell erforderliche Sicherheiten etc. sind im funktional erforderlichen Mindestmaß zu berücksichtigen.

Ein Beispiel für den Fall, dass ein Wert nicht unterschritten werden darf, ist eine Türfuge. Wenn das Fugenmaß zu klein wird, droht die Kollision beim Öffnen. Dies ist gravierender als der Fall eines zu großen Werts, der lediglich die Optik verschlechtert.

Das nominale Funktionsmaß bei funktional erforderlichem Mindestmaß wird gemäß Bild 4.4 ermittelt.

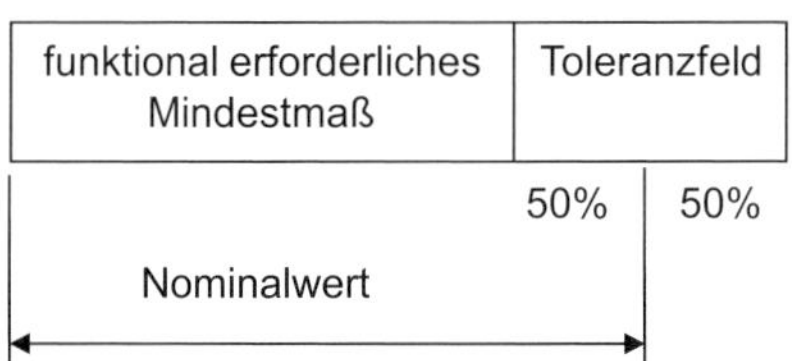

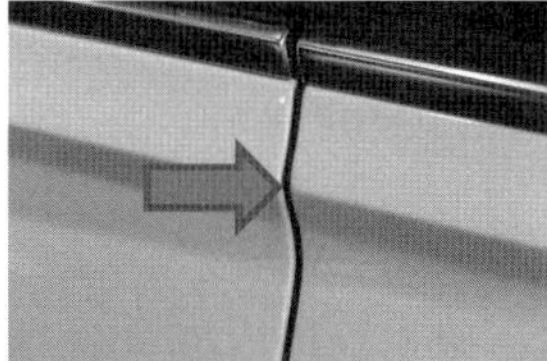

Bild 4.4 Nominalwert bei funktional erforderlichem Mindestmaß

Wenn der Maximalwert nicht überschritten werden darf, errechnet sich der Nominalwert entsprechend der folgenden Darstellung. Ein Beispiel dafür ist der maximale Luftspalt in einer Schraubverbindung vor dem Anziehen.

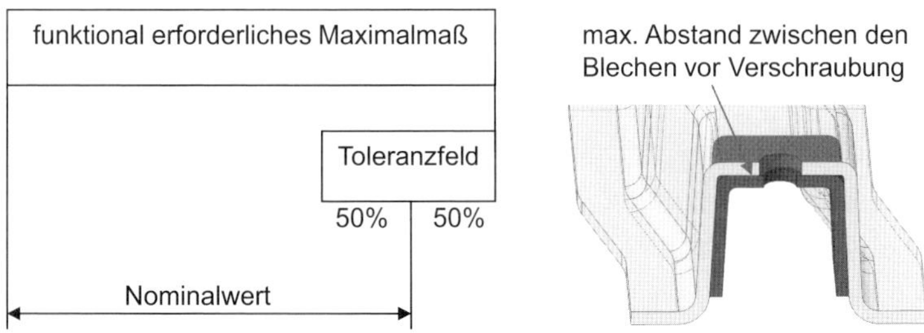

Bild 4.5 Nominalwert bei funktional erforderlichem Maximalmaß

Der kritischste Fall ist die funktional erforderliche beidseitige Einschränkung, denn die technisch machbare Streubreite muss kleiner sein als der Abstand beider Grenzen. Der Nominalwert ist, wie im folgenden Bild gezeigt, der Mittelwert aus der oberen und unteren Funktionsgrenze. Ein Beispiel dafür ist die Dichtung. Auf der rechten Seite von Bild 4.6 ist ein Funktionsmodell einer Dichtung im Schnitt dargestellt. Bei zu kleiner Verpressung des Dichtprofils ist sie undicht. Bei zu großer Verpressung steigen die Kräfteüber das gewünschte Maß an.

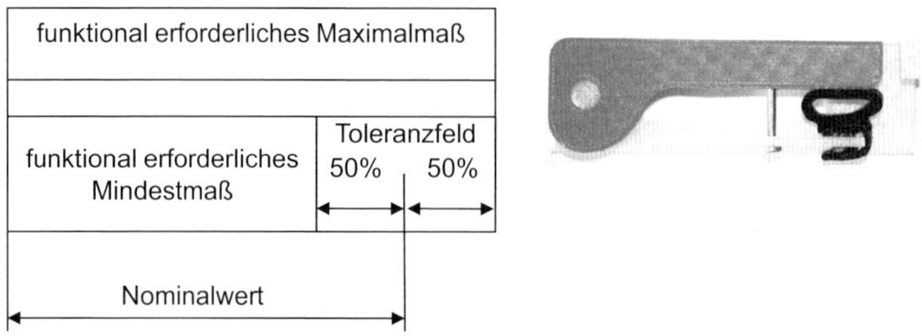

Bild 4.6 Nominalwert für beidseitig beschränktes Funktionsmaß

Die Funktionsgrenzen bzw. das funktional erforderliche Minimal- oder Maximalmaß müssen im Vorfeld durch Versuche, Simulationen oder Messungen an Vergleichskonzepten, etc. bestimmt werden. Die DIN EN ISO 8015 formuliert dies noch genauer. *Die Funktionsgrenzen beruhen auf einer vollständigen Untersuchung, die experimentell oder theoretisch oder als eine Kombination von beidem durchgeführt worden ist, und sind ohne Unsicherheit bekannt.*

Das Funktionsmaß ist die Maßangabe, die durch ihr Antragen und ihre Anwendung die Einhaltung der Funktion gewährleistet.

Dementsprechend ist dieses Maß nach der Funktion zu tolerieren.

4.2 Funktion klären

Im Idealfall sind alle Anforderungen in der Anforderungsliste enthalten. Die Funktionen können aus den Anforderungen durch weitere Klärung und Detailierung ermittelt werden. Falls für ein Projekt keine Anforderungen dokumentiert vorliegen und auch keine Anforderungsliste erstellt werden kann, müssen die Funktionen aus Sicht des Endkunden sowie aus den Anforderungen aus den einzelnen Schritten des Produktlebenszyklus (z. B. Herstellungsprozess) ermittelt und dokumentiert werden.

Das Bild 4.7 zeigt die verschiedenen Gliederungen von Anforderungen, Funktionen und Produkten.

Zwischen den Anforderungen und den Funktionen ist die Überleitung noch relativ einfach möglich. So führt beispielsweise die Anforderung der Wasserdichtheit zu einer Funktion „Dichtung sicherstellen“. Im Schritt zur Produktstruktur wird dies schon komplex, da diese von der konkreten Gestaltung abhängt. Es werden irgendwo in der Produktstruktur mindestens eine Dichtung und zwei Dichtflächen benötigt. Die Dichtung kann ein eigenes Bauteil sein, die Dichtflächen sind oft nur Bestandteile von Bauteilen.

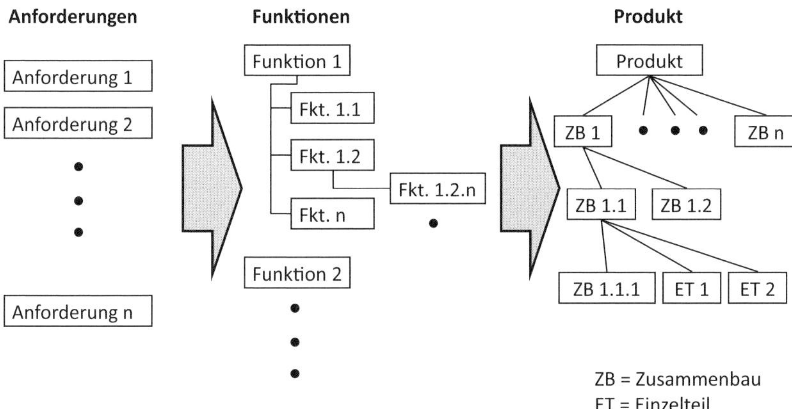

Bild 4.7 Anforderungen, Funktionen und Produkt

Zum Verständnis der funktionalen Zusammenhänge ist es erforderlich, diese anhand von Leitfragen zu klären. Die Grundlage für eine Funktionsklärung sind die methodischen (offenen) Fragen, welche zu Beginn gestellt werden müssen. Diese Fragen basieren auf den prozesstechnischen „W-Fragen“, die in Bild 4.8 dargestellt sind.

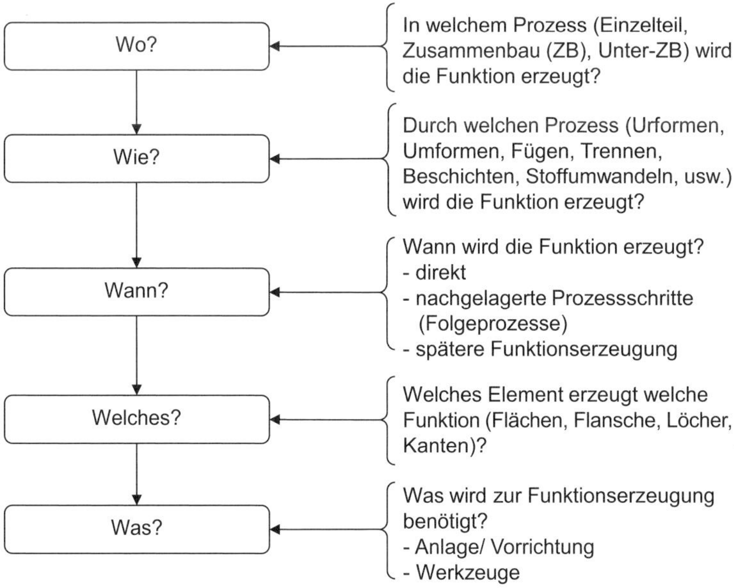

Bild 4.8 Leitfragen zur Funktionsklärung

Das Bild 4.9 zeigt an einem einfachen Beispiel die Anwendung auf das Produkt aus Bild 3.10.

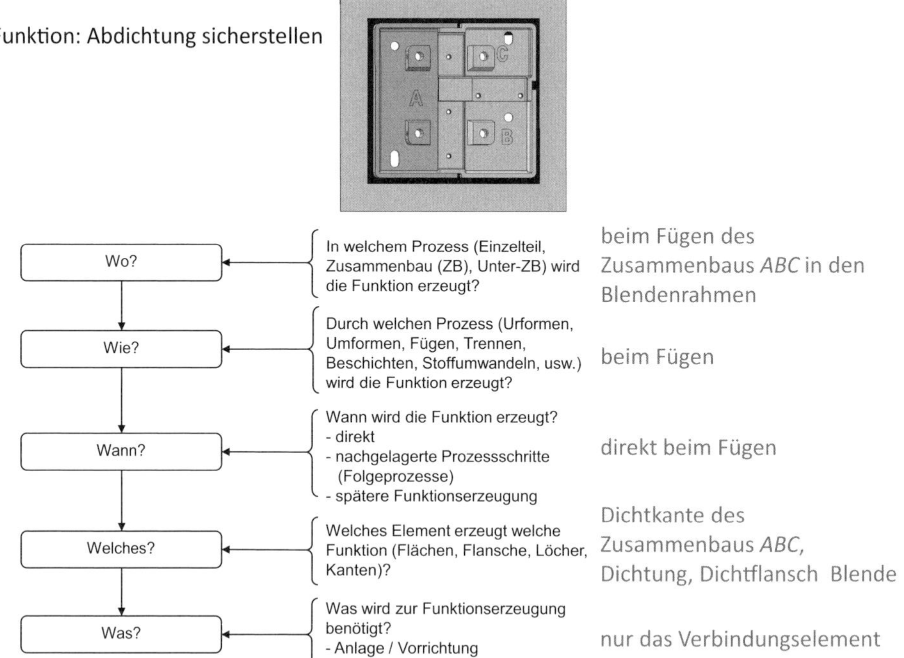

Bild 4.9 Anwendungsbeispiel zur Funktionsklärung

■ 4.3 Typische Funktionen

Das Bild 4.10 enthält einige typische Funktionen und gliedert diese nach den vom Endkunden gewünschten Funktionen und internen Erfordernissen aus dem Herstellungsprozess.

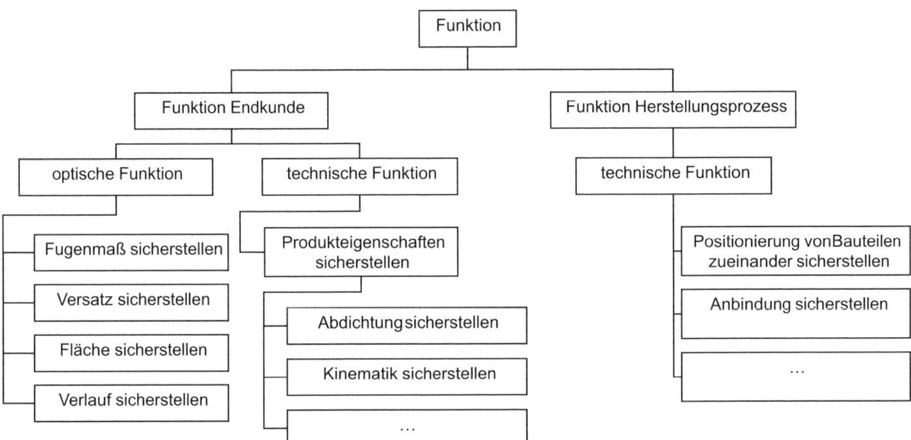

Bild 4.10 Gegliedertes Beispiel typischer Funktionen

4.3.1 Optische Funktionen

Ziel der optischen Funktionen ist es u. a., hohe Qualität zu symbolisieren. Dies wird u. a. durch schmale, gleichmäßige Fugenverläufe erreicht. Auch Struktur- und Spiegelkanten sind von hoher Bedeutung bei der optischen Beurteilung von Produkten.

Bild 4.11 Fugen am Beispiel eines Fahrzeugexterieurs

Fugen gliedern zum einen das Design und deuten Kundenfunktionen an, z. B. die Größe des Einstiegs. Zum anderen stören sie ein monolithisches Design. Die Wirkung der Fugen hängt von verschiedenen Parametern ab. Diese sind beispielsweise:

- Länge der Fuge
- Fugenmaß

- Radien
- Lage der Fuge im Sichtbereich, Abstand zum Betrachter
- räumliche Krümmung der Fuge
- Materialien
- Farben
- Anzahl der Fugen im Umfeld
- Erwartungshaltung des Kunden

Das Bild 4.12 zeigt den Unterschied in der Wirkung von Fugen in Abhängigkeit von Material und Verlauf.

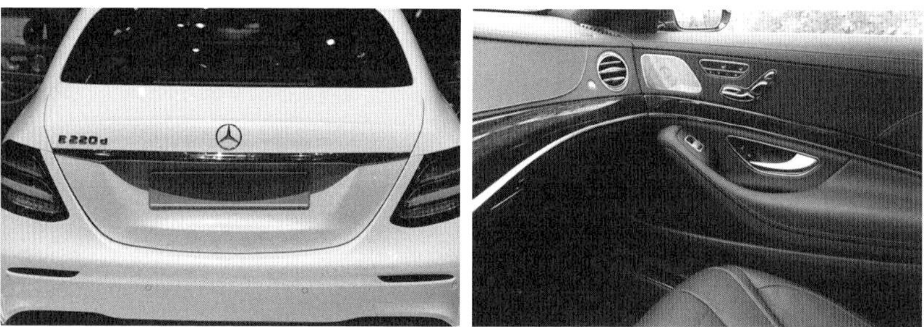

Bild 4.12 Wirkung der Fugen in Abhängigkeit der Materialien

Im Fahrzeugexterieur gibt es wenige langestreckte Fugen. Es fallen vor allem die Fugen zwischen lackierten Bauteilen bzw. zwischen verchromten Bauteilen auf. Die Fugen in schwarzen Bereichen, z.B. bei Gummi, fallen kaum ins Gewicht. Im Fahrzeuginterieur gibt es extrem viele kurze Fugen mit einer großen Vielfalt an Materialien. Die Nullfugen weich eingebetteter Bauteile fallen kaum auf. Der Fokus liegt stärker auf den großen Fugen, den Hartteilfugen und den Zeigerwirkungen.

Fugen und Versatzmaße spielen in vielen Branchen eine große Rolle. Das Bild 4.13 zeigt die Front einer Lautsprecherbox.

Früher wurden Lautsprecher einfach aufgesetzt. Heute sind sie wegen der höheren Wertanmutung flächenbündig eingesetzt. Dadurch entsteht jedoch eine direkt erkennbare Fuge mit einem erkennbaren Versatz. Durch die Präzision, die der Hersteller an diesem Merkmal erreicht, schließt der Kunde auf die restliche Präzision bzw. Qualität des Produkts. An der Lautsprecherbox ist ebenfalls der Trend zur Elimination von Fugen erkennbar. Die einzelnen Bretter der Box sind ohne sichtbare Fuge gefügt.

Viel deutlicher ist dies in der Elektronikbranche zu sehen.

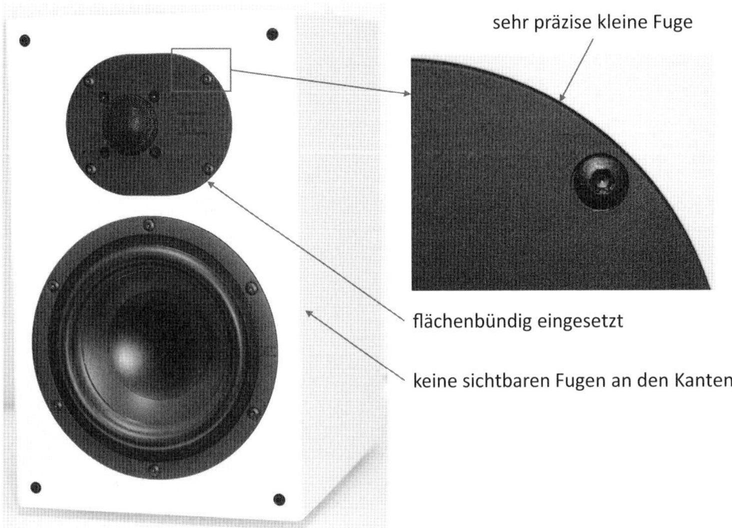

Bild 4.13 Fugen an einer Lautsprecherbox

Bild 4.14 Fugen an Mobiltelefonen

Durch den Entfall von Fugen wirkt das Design wesentlich aufgeräumter und wertiger. Selbst die Trennung am linken Telefon zwischen Schwarz und Silber ist hinter Glas und somit nicht als Fuge beurteilbar.

Fugen wirken aufgrund der Radien optisch unterschiedlich. Dies zeigt Bild 4.15 anhand von drei Fugen mit identischem Nennmaß aber unterschiedlichen Radien.

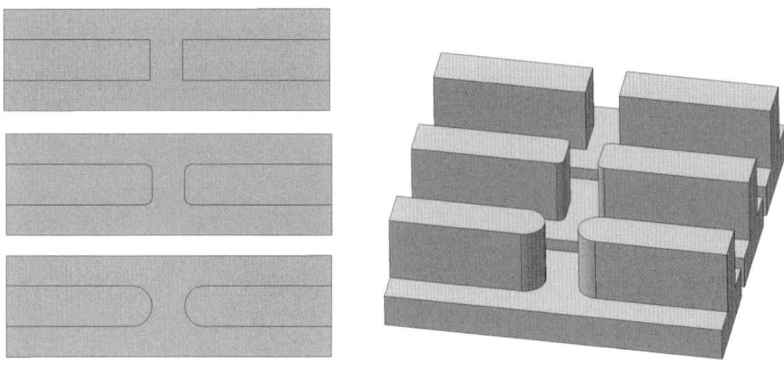

Bild 4.15 Wirkung von Radien auf Fugen

Das folgende Bild zeigt am Beispiel einer Fuge mit Tiefenwirkung das optisch wirksame Fugenmaß.

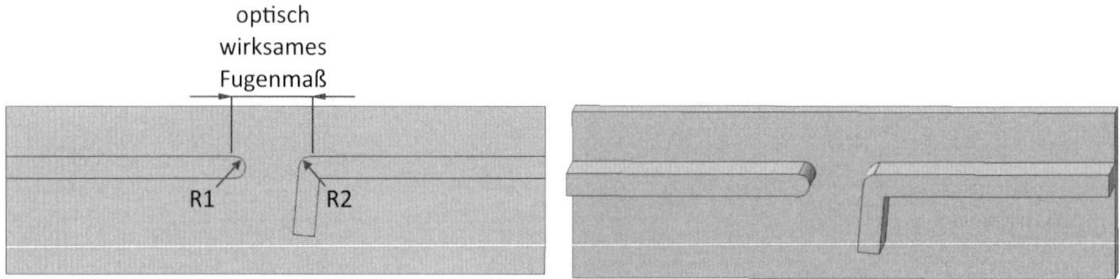

Bild 4.16 Optisch wirksames Fugenmaß

In dem Bild ist das optisch wirksame Fugenmaß eindeutig als Summe der Radien und des zur Oberfläche parallelen Abstandsmaßes definiert. Aus diesen Werten ergibt sich keine eindeutige Definition des Fugennennmaßes. Es ist zwingend die Definition der Messrichtung erforderlich, siehe Bild 4.17. Dort sind die Radien gleich weit voneinander entfernt, allerdings sind die gemessenen Fugenmaße aufgrund der Messrichtung unterschiedlich. Dies gilt insbesondere für die optischen Messverfahren, da bei einem vollflächigen Scan der an der Fuge beteiligten Bauteile verschiedene Messmethoden angewendet werden können.

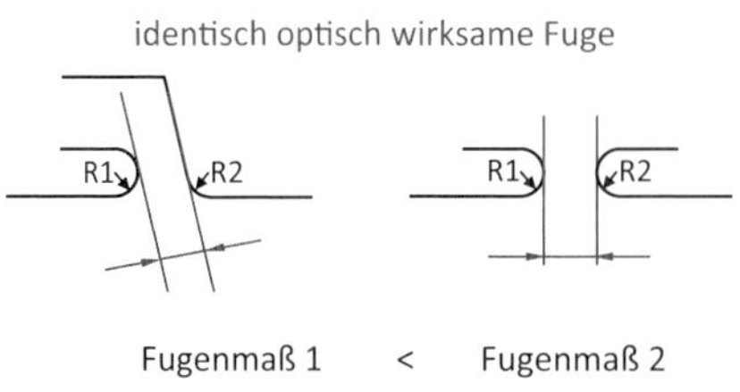

Bild 4.17 Bedeutung der Messrichtung

In Bild 4.18 sind für das Beispiel einer unsymmetrischen Fuge exemplarisch drei unterschiedliche Fugenmaße angegeben.

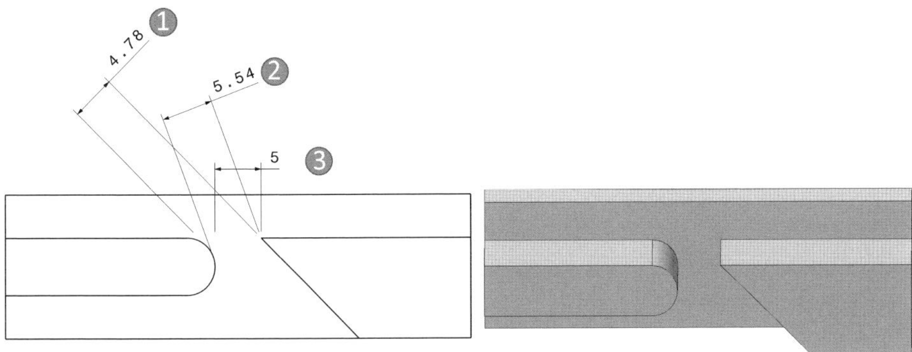

Bild 4.18 Gründe für verschiedene Messrichtungen

Die Richtung 1 entspricht einer Messung mit einer Fühlerlehre entlang der schrägen Kontur. Die zweite Richtung ist der geringste Abstand der beiden Geometrieelemente im CAD. Dies ist das Ergebnis einer typischen Messung im CAD. Richtung 3 kann ein Beispiel für ein Funktionsmaß in der Fuge sein. Daher ist zu dem Maß immer auch die Messrichtung bzw. Messmethode zu dokumentieren. Dies gilt insbesondere für die optischen Messverfahren.

Zusätzlich zu dem Abstandsmaß können die Flächen versetzt sein. Dies wird auch mit Versatz bezeichnet, siehe Bild 4.19.

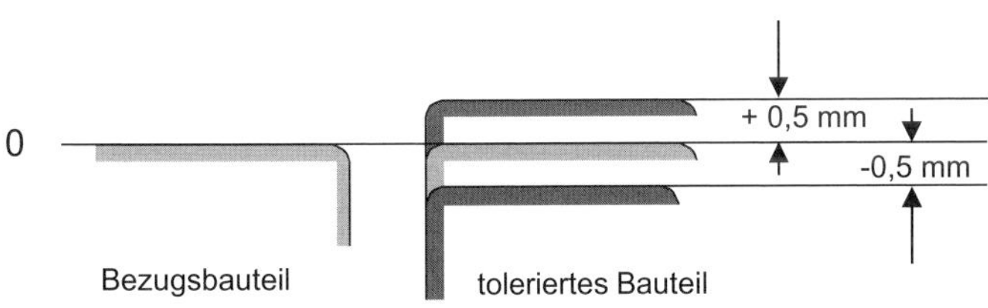

Bild 4.19 Versatz einer Fuge

Da nicht immer beide Bauteile eben zueinander sind, ist es wichtig, von welchem Bauteil aus der Versatz gemessen wird. Des Weiteren muss dann die Messmethode definiert sein. Soll die Fläche z. B. tangenten- oder krümmungsstetig verlängert werden und in welchem Abstand soll gemessen werden, siehe Bild 4.20.

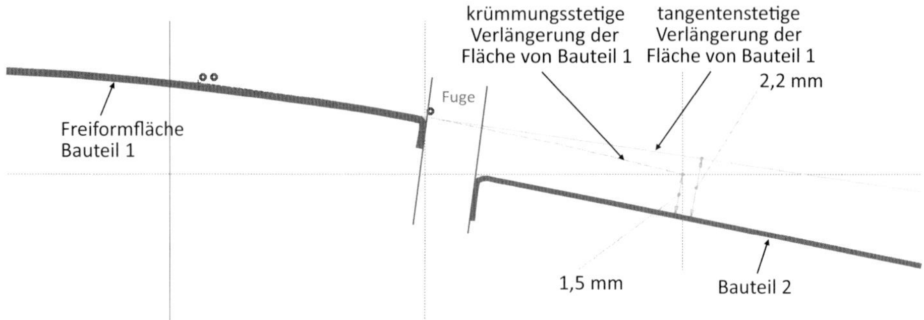

Bild 4.20 Messmethoden beim Versatz einer Fuge

Die Messmethode wird zweckmäßigerweise in einem Standard verankert, sonst ist sie bei jeder Messung zu dokumentieren.

Die bislang vorgestellten, objektiven Beurteilungskriterien einer Fuge im Schnitt sind:

- Radius 1
- Radius 2
- Fugenmaß
- Versatzmaß.

Über den Verlauf der Fuge kommen noch Keiligkeiten des Fugenmaßes und des Versatzes hinzu.

Die Keiligkeit bezieht sich auf den Verlauf der Fuge, daher kann sie im Schnitt nicht dargestellt werden. In Bild 4.21 ist der schematische Verlauf dargestellt.

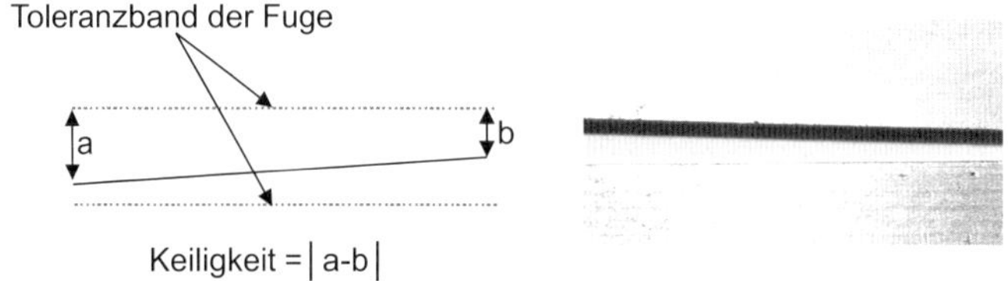

Bild 4.21 Keiligkeit einer Fuge

Die Keiligkeit ist eine zusätzliche Einschränkung der Fugenmaßtoleranz. Die Variablen *a* und *b* bezeichnen den Abstand zur Toleranzgrenze. Wichtig ist, dass beide zur selben Grenze gemessen werden. In der Praxis wird an beiden Enden der Fuge das Fugenmaß gemessen und diese voneinander subtrahiert. Die zulässige Keiligkeit wird meist als halbe Fugentoleranz definiert.

Ist die Fuge mehrfach gleichzeitig sichtbar, wie z. B. die seitliche Fuge eines Heckdeckels, kann zusätzlich die Symmetrie der Fugen zueinander zum Tragen kommen, siehe Bild 4.22.

Bild 4.22 Symmetrie von Fugen

Bild 4.23 zeigt, abgesehen von den Radien, eine mögliche Dokumentationsform für die Anforderungen an die Kotflügelfuge.

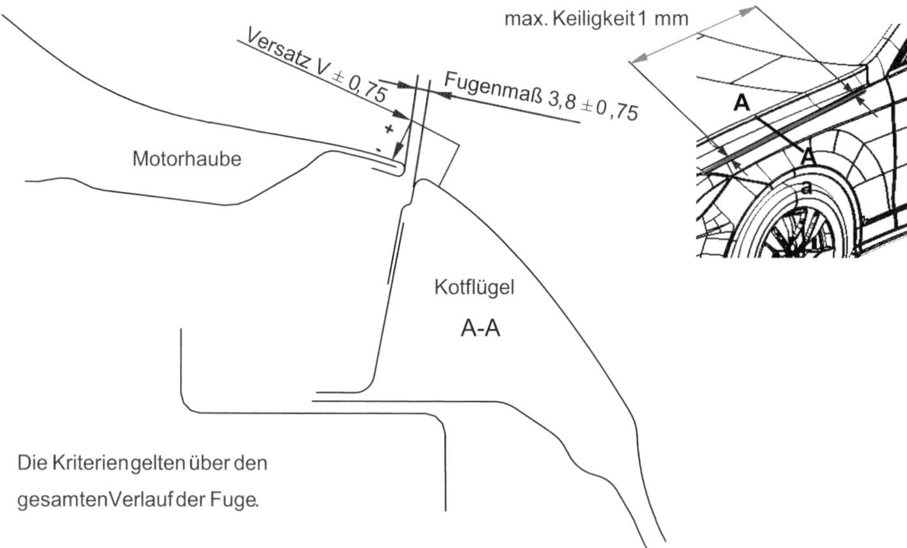

Bild 4.23 Beurteilungskriterien einer Fuge

Des Weiteren ist neben den Messverfahren noch die Spezifikation der Lage und Anzahl der Messschnitte erforderlich. Anhand solcher Vorgaben werden Bedingungen für Prüf- und Messmittel zur Qualitätsprüfung abgeleitet.

4.3.2 Technische Funktionen

Technische Funktionen sind Kundenanforderungen oder sie resultieren aus Anforderungen aus dem Produktlebenszyklus, z. B. im Herstellungsprozess. Das Kapitel „Technische Funktionen" gliedert sich entsprechend der Darstellung in Bild 4.20.

4.3.2.1 Abdichtung sicherstellen

Um eine Dichtfunktion zu gewährleisten, ist eine Mindestverpressung der Dichtung erforderlich. Die Dichtung darf aber nicht zu stark verpresst werden, da sonst die Kräfte unzulässig stark ansteigen. Somit ist der Arbeitsbereich der Dichtung beidseitig begrenzt.

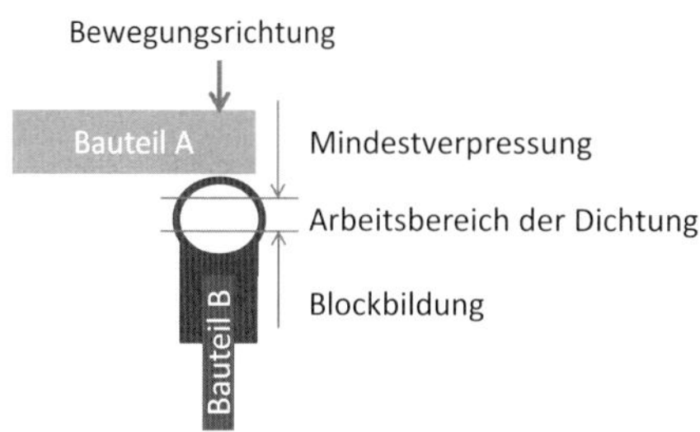

Bild 4.24 Arbeitsbereich der Dichtung

4.3.2.2 Kinematik sicherstellen

Bei einer Bewegung/Kinematik gibt es im Regelfall drei Zustände. Diese sind das *Ruhen in der Startposition, die Bewegung entlang einer festgelegten Bahn* und das *Ruhen in der Endposition*. Die erforderlichen Betrachtungen der Kinematik sind in den drei Fällen teilweise unterschiedlich. Bild 4.25 zeigt ein typisches Beispiel.

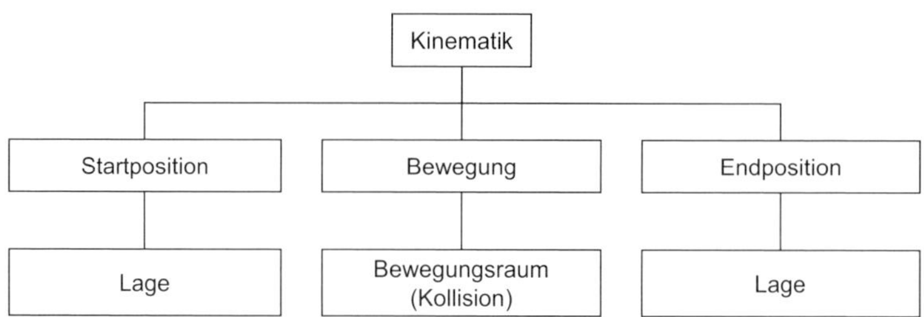

Bild 4.25 Fälle der Kinematikbetrachtung

Die Priorisierung kann, abhängig vom Anwendungsfall, sehr unterschiedlich sein. Daraus folgen dann auch die verschiedenen Vorgehensweisen. Bild 4.26 zeigt als Beispiel den Handschuhkasten.

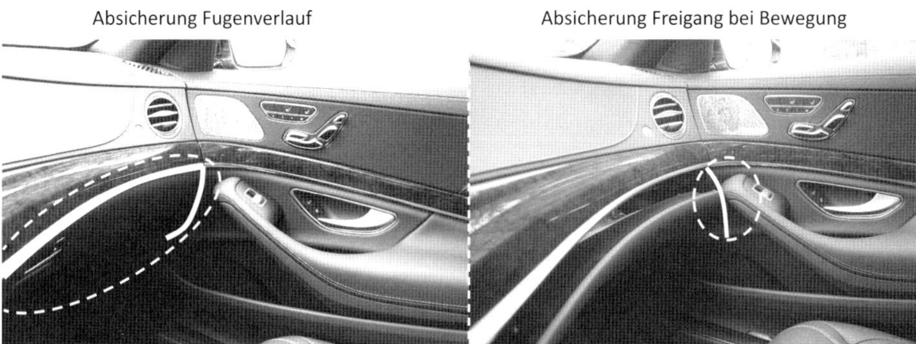

Bild 4.26 Kinematik des Handschuhkastendeckels

Die geschlossene Position hat die höchste Priorität, da diese Position am häufigsten auftritt und das Fugenbild darstellt. Durch die Fugen sind Ungleichmäßigkeiten sofort erkennbar. Diese Toleranzanforderung kann beispielsweise auf zwei Arten gelöst werden:

- steife Mechanik und ausgerichteter Verbau des Deckels
- weiche Mechanik, bei der der Deckel z. B. durch Bolzen oder Anschläge in die Sollposition gezwungen wird (Zwangslage).

Bei der Bewegung des Handschuhkastendeckels darf keine Kollision mit der Türverkleidung auftreten. Einerseits kann hier die Randkontur des Deckels toleranzbehaftet bewegt werden. Dies setzt einigen Simulationsaufwand voraus. Anderseits kann einfach der Abstand des Hüllvolumens der nicht toleranzbehafteten Bewegung zur Türverkleidung gegen ein aus Erfahrung festgelegtes Sicherheitsmaß geprüft werden.

Im offenen Zustand des Handschuhkastendeckels sind keine Fugen erkennbar. Daher kann in diesem Fall auf eine weitere Betrachtung verzichtet werden.

4.3.2.3 Positionierung von Bauteilen zueinander sicherstellen

Bauteile müssen zueinander positioniert werden. Ausführlicher wird dies in Kapitel 6 behandelt. An dieser Stelle sei nur kurz beispielhaft erläutert, wie drei Bauteile mittels einer Vorrichtung zueinander positioniert werden.

Dabei muss insbesondere die Vorrichtung spezifiziert werden, denn in diesem Beispiel können die Bolzen der Vorrichtung zueinander eine Abweichung haben. Dieser Fehler darf bei einer späteren Toleranzrechnung nur als Mittelwertversatz berücksichtigt werden, da dies ein konstanter Fehler ist. Als zweite Abweichung tritt noch das Lochspiel auf. Dies ist eventuell statistisch zu berücksichtigen, wenn die Lochdurchmesser signifikant streuen bzw. Loch und Bolzen nicht immer an der gleichen Stelle zur Anlage kommen.

Betrachtungen dieser Art sind bei jeder Bauteilpositionierung zugrunde zu legen.

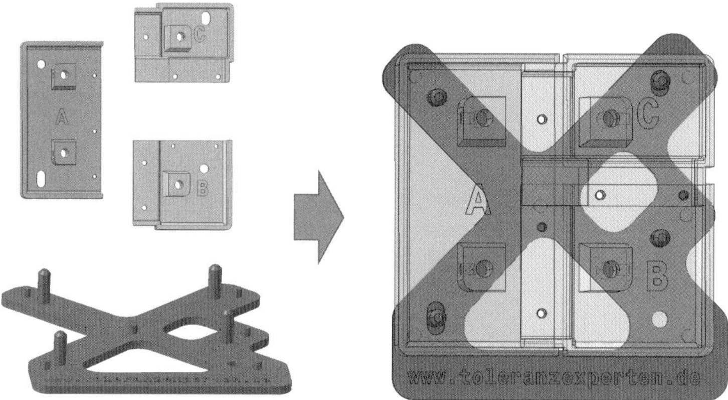

Bild 4.27 Positionierung der Bauteile zueinander

4.3.2.4 Anbindungsfunktion

Mit der Anbindungsfunktion ist zumeist die Möglichkeit gemeint, ein Bauteil oder einen Zusammenbau an ein anderes Bauteil zu fügen. Dazu müssen sich beispielsweise Schraublöcher überdecken.

Bei der Anbindungsfunktion kann zwischen zwei Fällen unterschieden werden, siehe Bild 4.28.

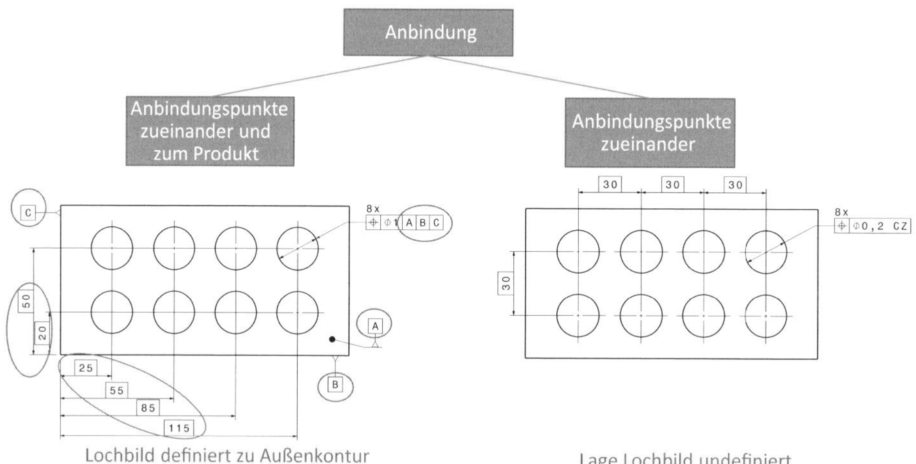

Bild 4.28 Fallunterscheidung bei der Anbindung

In linken Fall müssen die Anbindungspunkte zueinander und zum Produkt passen. Daher ist hier der Bezug erforderlich. Damit kann das zu montierende Bauteil korrekt positioniert werden. Im rechten Fall müssen nur die Löcher zueinander passen. Die Lage des zu montierenden Bauteils im Produkt spielt eine untergeordnete Rolle.

Die Beziehungen der Anbindungen sind auch Funktionsmaße. Diese müssen zur Spezifikation des Produkts oder Zusammenbaus dokumentiert werden. Eine Möglichkeit ist ein Funktionsmaßkatalog. Das folgende Bild zeigt ein Beispiel aus einem Funktionsmaßkatalog. Es enthält die Anbindungspunkte des Kotflügels und des Motorhaubenscharniers in Relation zu einem Referenzloch.

Über die Anbindungsfunktionen wird die Lage der Bauteile zueinander wiedergegeben.

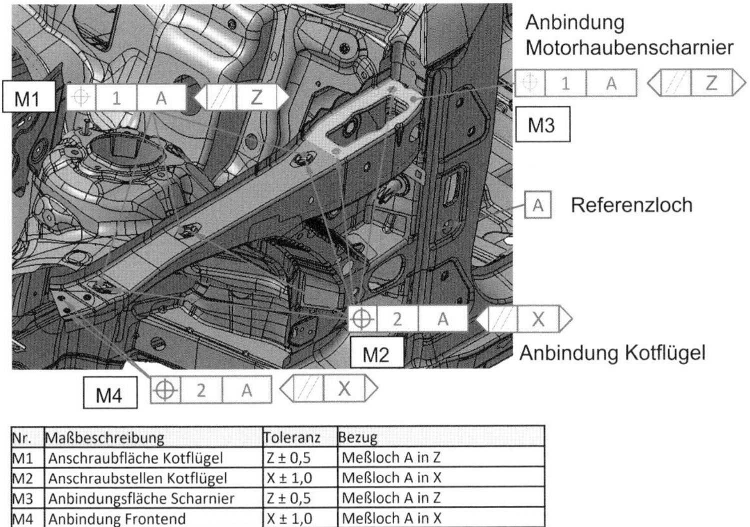

Nr.	Maßbeschreibung	Toleranz	Bezug
M1	Anschraubfläche Kotflügel	Z ± 0,5	Meßloch A in Z
M2	Anschraubstellen Kotflügel	X ± 1,0	Meßloch A in X
M3	Anbindungsfläche Scharnier	Z ± 0,5	Meßloch A in Z
M4	Anbindung Frontend	X ± 1,0	Meßloch A in X

Bild 4.29 Auszug aus einem Funktionsmaßkatalog

■ 4.4 Beispiel zur Ableitung von Funktionen

Am Beispiel der drei Bauteile *A, B, C* aus Kapitel 3 wird die Ableitung von Funktionen dargestellt.

Die Anforderungen aus dem Beispiel müssen weiter konkretisiert werden. Somit können aus jeder Anforderung die entsprechenden Funktionen abgeleitet werden. Um die Funktion sicherzustellen, werden Funktionsgrenzen benötigt.

Die Erfüllung der technischen Abdichtfunktion ist abhängig von der Gestaltung der Dichtung sowie der Dichtflächen. Bild 4.31 zeigt schematisch die Vorgehensweise bei der Ermittlung der Funktionsgrenzen einer technischen Funktion.

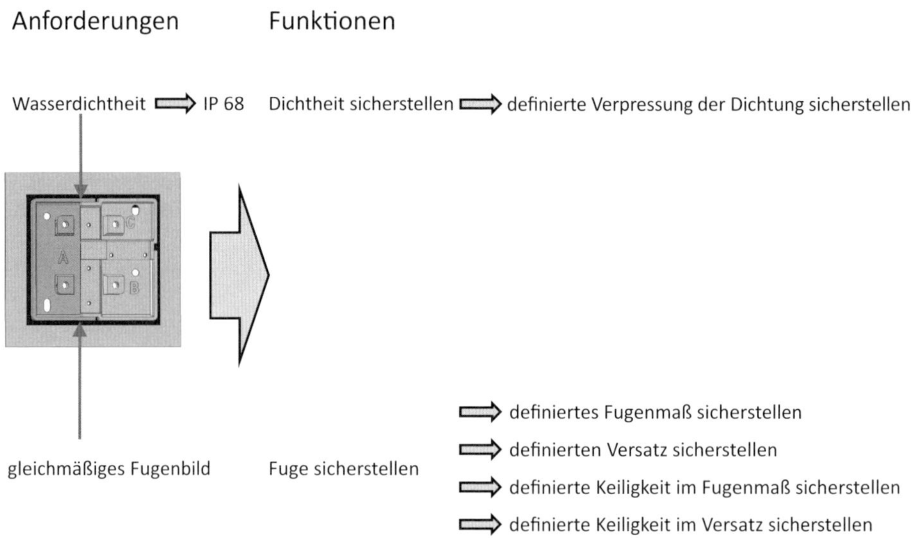

Bild 4.30 Ableitung von Funktionen

definierte Verpressung der Dichtung sicherstellen ⟹ Funktionsgrenzen festlegen

untere Grenze der Verpressung ermitteln

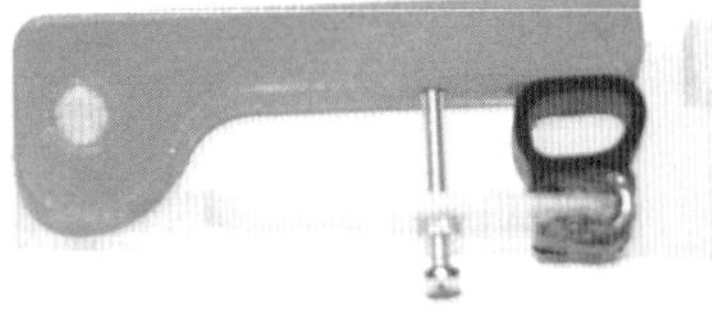

Möglichkeiten

- Empfehlung des Dichtungsherstellers
- Erkenntnisse aus ähnlichen Anwendungen
- eigene Versuche durchführen
  Da die Shore-Härte streut, ist es wichtig die Versuche mit der weichsten Dichtung durchzuführen.

obere Grenze der Verpressung ermitteln

Möglichkeiten

- Empfehlung des Dichtungsherstellers
- maximal bis Blockbildung
- falls die Kraft aus der Dichtung relevant ist, eigene FEM Simulationen oder Versuche durchführen
  Da die Shore-Härte streut, ist es wichtig die Untersuchung mit der härtesten Dichtung durchzuführen.

Bild 4.31 Vorgehensweise zur Ermittlung der Funktionsgrenzen am Beispiel (Dichtung)

Die Vorgehensweise bei optischen Funktionen ist ähnlich. Bei den optischen Funktionen kann eine technische Funktion implizit mitenthalten sein. Diese muss dann technisch betrachtet werden. Da bei der optischen Funktion die ästhetische Wirkung und somit das Wertempfinden des Kunden betroffen ist, müssen diese Grenzen ebenfalls ermittelt werden. Bild 4.32 zeigt dies am Beispiel des Fugenmaßes.

definiertes Fugenmaß sicherstellen  **Funktionsgrenzen festlegen**

	technisch	optisch
minimales Fugenmaß ermitteln 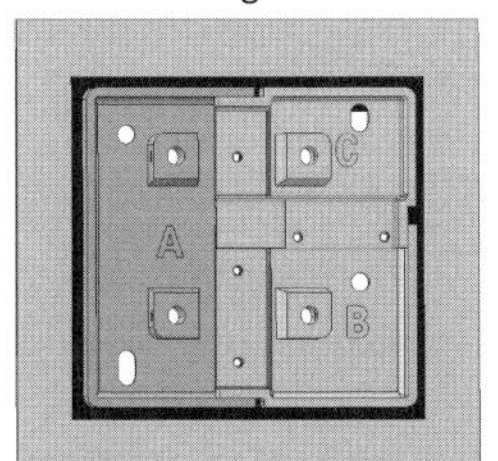 	Vorgehensweise • aus Funktionssicht kleinstes Maß ermitteln folgende Punkte beachten: • Funktion • Wärmeausdehnung • bei Kinematik Wechselwirkung mit Versatz möglich	Möglichkeiten • Beanstandungen zu ähnlichen Produkten • Stand Benchmark • Probandenstudien ästhetische Wechselwirkung zu Radien bei sehr kleinen Fugen fällt Folgendes stärker auf: • Keiligkeit • Formabweichungen • Versätze
maximales Fugenmaß ermitteln	Vorgehensweise • aus Funktionssicht größtes Maß ermitteln	Möglichkeiten • Beanstandungen zu ähnlichen Produkten • Stand Benchmark • Probandenstudien *Hinweis: Bei Fugen besteht eine ästhetische Wechselwirkung zu Radien*

Bild 4.32 Vorgehensweise zur Ermittlung der Funktionsgrenzen (Fuge)

Aus beiden Vorgehensweisen ist ersichtlich, dass Funktionsgrenzen nicht von Toleranzen abhängen, sondern rein durch die Funktion bestimmt werden. Die DIN EN ISO 8015 formuliert dies noch genauer.

Die Funktionsgrenzen müssen aus der Funktion mittels Beurteilungen, Simulationen oder Messungen ermittelt werden.

5 Fügefolge und Fertigungsprozess

Die Fügefolge und die Fertigungsprozesse haben eine große Auswirkung auf die Maßhaltigkeit des Produkts.

5.1 Fügefolge

Die Fügefolge legt fest, in welcher Reihenfolge die Bauteile gefügt werden.

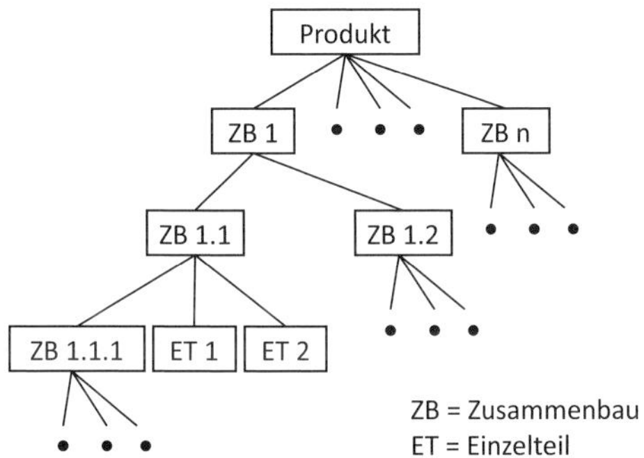

Bild 5.1 Fügefolge

Die Fügefolge ist, wie Bild 5.1 ersichtlich, hierarchisch aufgebaut. Ausgehend von der obersten Ebene des Produkts werden Zusammenbauten, Unterzusammenbauten und Einzelteile aufgeführt. Bei Zusammenbauten finden sich in der nächsttieferen Ebene die Bestandteile. Diese können dann z. B. dem Inhalt einer Fertigungszelle entsprechen.

Bild 5.2 zeigt als Beispiel die Fügefolge des Zusammenbaus einer Pkw-Stirnwand. Die Fügefolge ist von rechts nach links zu lesen. Die Bauteile innerhalb einer senkrechten Linie werden in einer Vorrichtung gefügt.

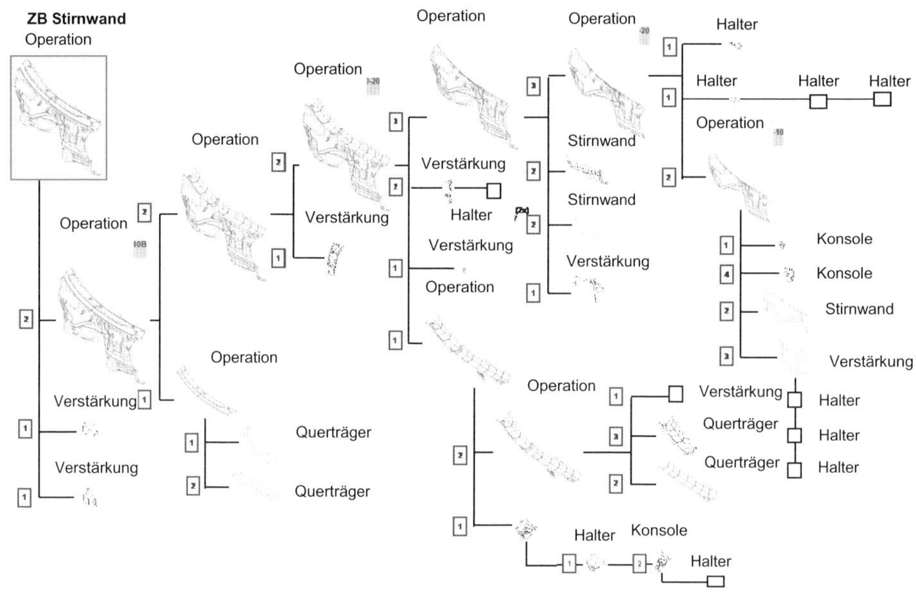

Bild 5.2 Fügefolge am Beispiel einer Stirnwand

Die Fügefolge und mit ihr verbunden die Inhalte/Struktur der Zusammenbauten muss sehr frühzeitig festgelegt werden. Gründe dafür sind u. a.:

- Es hat einen Einfluss, ob toleranzausgleichende Elemente, wie z. B. Schiebeflansche, genutzt werden können. Im ungünstigsten Fall müssen diese gefügt werden, bevor der Toleranzausgleich genutzt werden kann.
- Die Struktur der Fügefolge, d. h. welche Zusammenbauten entstehen, bedingt, wie die Zusammenbauten aufgenommen werden müssen.
- Die Fügefolge kann aufgrund von Zugänglichkeiten die Fügeverfahren beeinflussen.

Im oberen Fall des in Bild 5.2 dargestellten Beispiels werden die Bauteile *B* und *C* immer aufgrund der nutzbaren Toleranzausgleiche (Schiebeflansche) in das Bauteil *A* passen. Im unteren Fall der Vormontage der Bauteile *B* und *C* kann der Toleranzausgleich des Schiebeflansches zwischen *B* und *C* nicht mehr genutzt werden und es ist kritisch, ob der Zusammenbau von *B* und *C* in *A* passt.

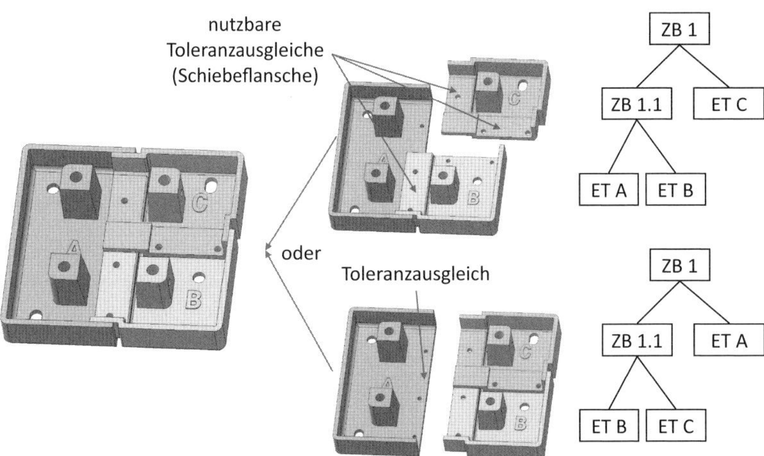

Bild 5.3 Fügefolgevarianten

Jede Änderung während des Projekts bezüglich der Fügefolge bzw. der Inhalte von Lieferantenzusammenbauten, kann gravierende Auswirkungen auf das Toleranzkonzept haben. Daher sind die Änderungen und mögliche Auswirkungen sehr genau zu prüfen. Beispielsweise sind die Auswirkungen auf Toleranzausgleichsmöglichkeiten, Regelkreise und Transporteinflüsse zu prüfen.

5.2 Fertigungsprozesse

Fertigungsprozesse unterscheiden sich in ihrer Maßhaltigkeit. Und auch innerhalb eines Fertigungsprozesses bei einem Bauteil ist es möglich, dass sich die Maßhaltigkeit in verschiedenen Regionen des Bauteils unterschiedlich verhält.

Im Folgenden werden exemplarisch einige Fertigungsverfahren mit den maßlich kritischen Stellen vorgestellt. Dies muss in der Konstruktion berücksichtigt werden, damit nach Möglichkeit keine Funktionen in diesen Bereichen liegen.

Urformen, z. B. Spritzguss

Materialanhäufungen führen zu Einfallstellen

Die Rippenstruktur auf der Rückseite führt zu Materialanhäufungen. Diese kühlen langsamer ab und führen zu Einfallstellen.

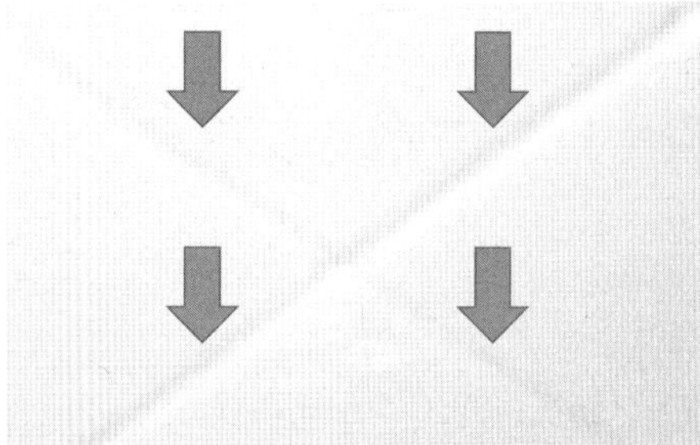

Bild 5.4 Einfallstellen durch Materialanhäufungen

Auswerfer oder Angüsse

Abdrücke von Auswerfern bzw. Reste von Angüssen sind maßlich nicht genau. Bild 5.5 zeigt dies an einem Leichtmetall-Gussteil mit zwei Auswerferabdrücken sowie einem Anguss.

Bild 5.5 Abdrücke von Auswerfern und Angussstelle

Formtrennungen oder die Abzeichnung von Schiebern sind ebenfalls in maßlich nicht kritischen Bereichen anzuordnen.

Bild 5.6 Formtrenngrat

Blechumformung

Faltenbildung

Bild 5.7 zeigt die Faltenbildung durch Aufstauchungen beim Tiefziehen.

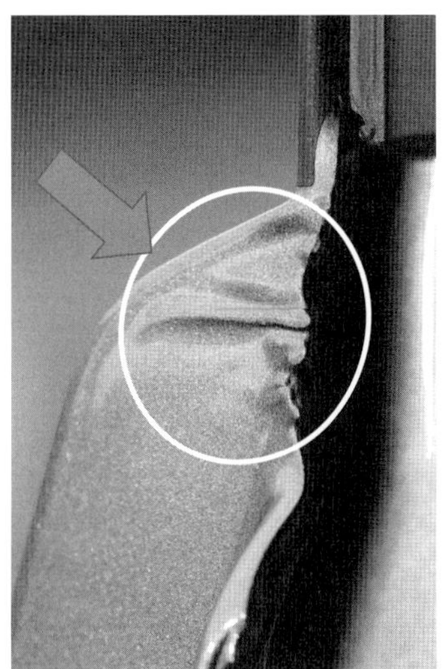

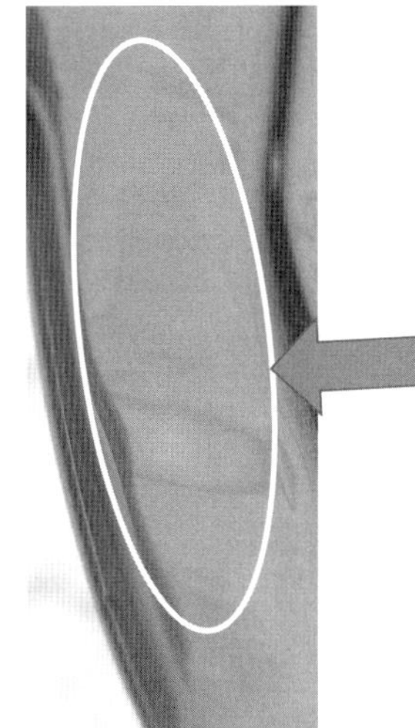

Bild 5.7 Faltenbildung beim Tiefziehen

Fügen

Materialaufbau an der Fügestelle, z. B. Clinchpunkt oder Schweißpunkt

Bild 5.8 zeigt den Aufwurf durch einen Clinchpunkt.

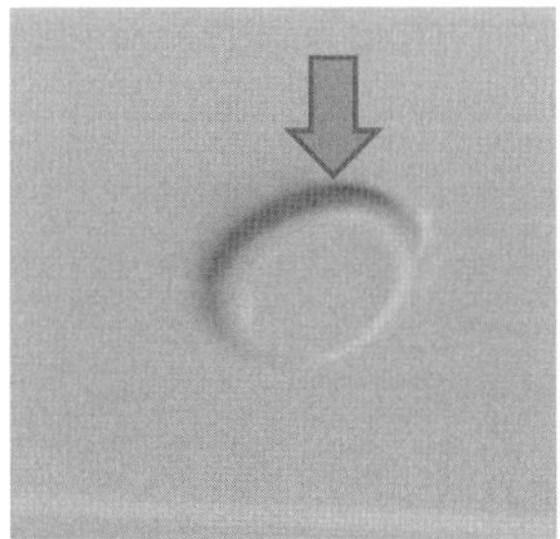

Bild 5.8 Aufwurf durch Clinchpunkt

Auch Punktschweißen oder Laserschweißen führt zu Materialaufwürfen.

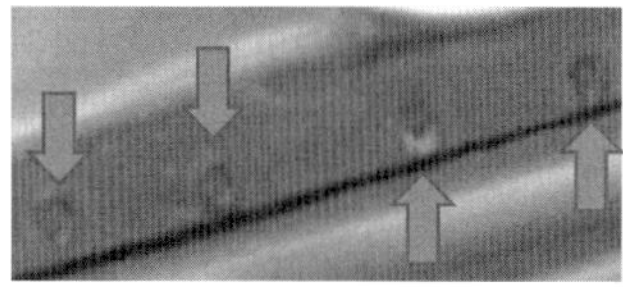

Widerstands-Punkt-Schweißen

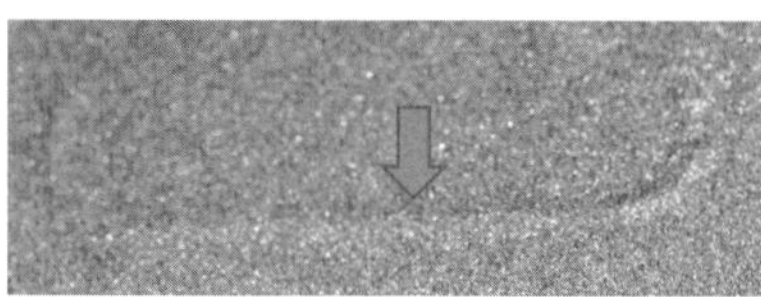

Laser-Schweißen

Bild 5.9 Aufwurf durch Schweißpunkte

Darüber hinaus gibt es beim Fügen noch weitere kritische Effekte. So können beispielsweise beim Fügen von Werkstoffen mit unterschiedlichen Wärmeausdehnungskoeffizienten große Verformungen an den Fügeflächen entstehen, insbesondere wenn nach dem Fügen eine Wärmebelastung erfolgt.

6 Ausrichtung und Aufnahmen

Das Ausrichtkonzept definiert, wie das Bauteil bzw. die Bauteile für den nächsten Fertigungsschritt ausgerichtet werden, d. h., wie ihre Lage im Raum definiert wird. Dies geschieht immer an den Bezugsstellen der Einzelteile, was im nächsten Kapitel ausführlich erläutert wird.

Die Ausrichtung findet immer an den Bezugsstellen der Einzelteile und Zusammenbauten statt.

Die Ausrichtung kann erfolgen:

- an einem Bauteil, wenn dieses Bauteil mehrere Bearbeitungsschritte – z. B. in verschiedenen Stationen – durchläuft
- an mehreren Bauteilen, wenn diese gefügt werden sollen, siehe Bild 6.1

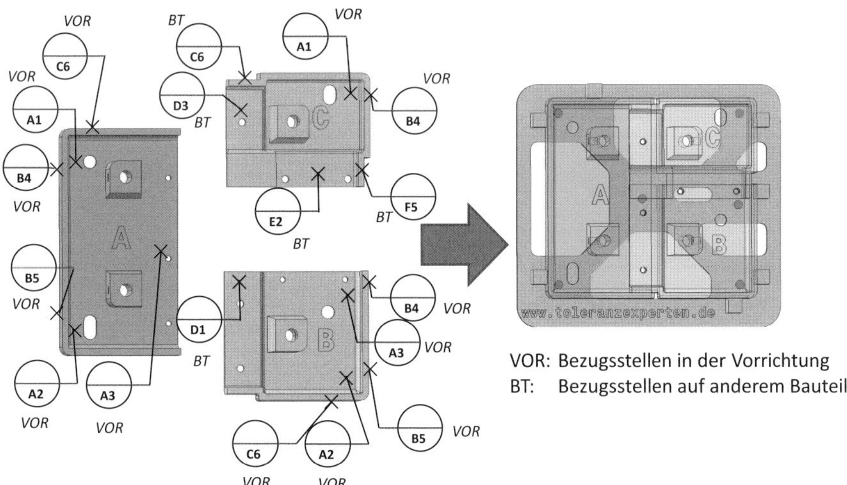

Bild 6.1 Ausrichtung an Bezugsstellen

Die Bezugsstellen der Einzelteile sind entweder in der Vorrichtung abgebildet oder befinden sich an der Kontaktfläche zu bereits fixierten Bauteilen, siehe Bild 6.2.

Alle Bezugsstellen des Bauteils *A* sind durch die Vorrichtung definiert. Bauteil *B* wird an *D1* zu Bauteil *A* ausgerichtet. Alle weiteren Bezugsstellen von Bauteil *B* sind durch die Vorrichtung definiert. Bauteil *C* liegt an den Bezugsstellen *D3* und *C6* auf Bauteil *A*. Die Bezugsstellen *E2* und *F5* bekommen ihre Lage durch Bauteil *B*. Die restlichen Bezugsstellen erhalten ihre Lage aus der Vorrichtung.

Prinzipiell sind für Bauteile verschiedene Ausrichtungen möglich, siehe Bild 6.2.

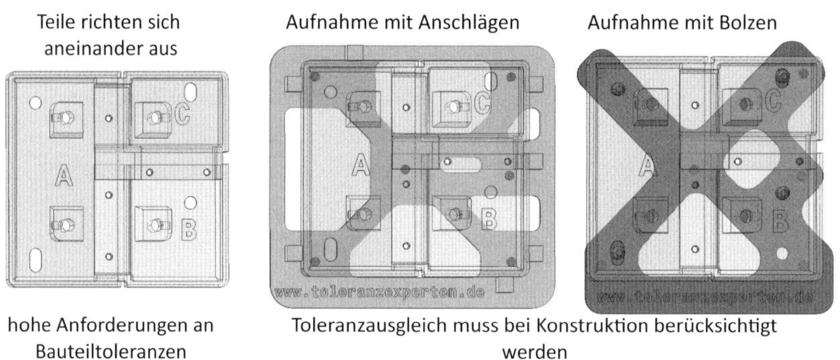

Bild 6.2 Verschiedene Ausrichtkonzepte

Im einfachsten Fall werden die Bauteile miteinander ohne Vorrichtung gefügt, z. B. verschraubt. Damit lassen sich, falls keine Passschrauben verwendet werden, nur geringe Genauigkeitsanforderungen erfüllen. Bei hohen Anforderungen empfiehlt sich eine Aufnahme, die genau an den funktionsrelevanten Stellen die Bauteile zueinander ausrichtet. Die Variante mit flächigen Anschlägen ist aufwendiger, da noch zusätzliche Spanner benötigt werden, um die Bauteile gegen die Anschläge zu drücken. Bei ausreichender Genauigkeit kann eine Variante mit Löchern und Bolzen gewählt werden, bei der die Spanner entfallen können.

7 Bezüge

Bezüge werden nach Norm verwendet, um den Ort und/oder die Richtung eines Bauteils festzulegen, oder sie dienen dazu, den Ort und/oder die Richtung einer Toleranz festzulegen.

7.1 Begrifflichkeiten

Die Normensprache ist eine sehr abstrakte und regelbasierte Sprache. Bevor auf die Begrifflichkeiten von Bezügen eingegangen werden kann, müssen zuerst noch die grundlegenden Geometriebegriffe eingeführt werden. Bild 7.1 zeigt an einem Beispiel viele der Begriffe, die im Zusammenhang mit Bezügen verwendet werden.

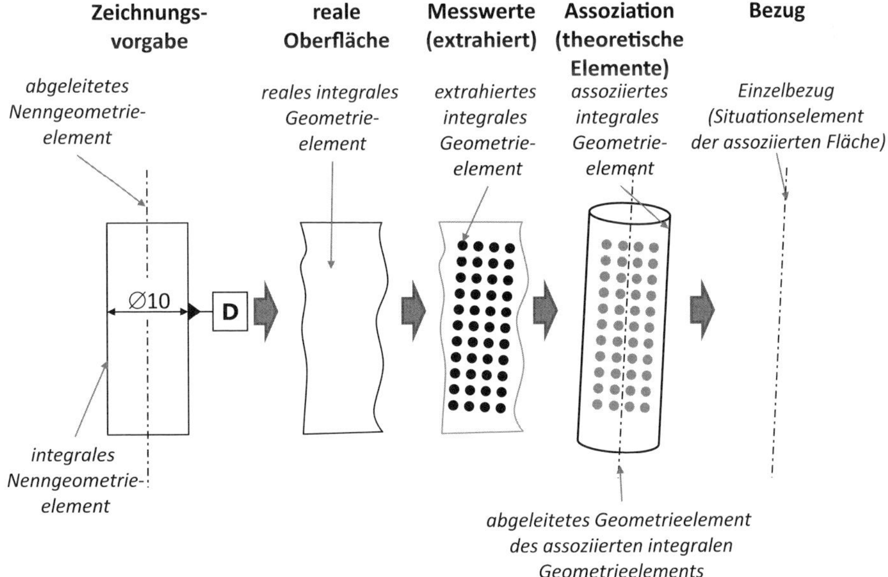

Bild 7.1 Geometriebegrifflichkeiten bei Bezügen

Tabelle 7.1 fasst die wesentlichen Begriffsdefinitionen der DIN EN ISO 17450-1 zusammen.

Tabelle 7.1 Begriffsdefinitionen für Geometrieelemente nach DIN EN ISO 17450-1

Begriff	Definition
geometrisches Element	Punkt, Linie, Fläche oder Volumen
ideales Geometrieelement	durch parametrisierte Gleichung definiertes Geometrieelement
Situationselement	Punkt, Gerade, Ebene oder Schraubenlinie zur Bestimmung von Lage oder Orientierung eines geometrischen Elements
Nenngeometrieelement	ideales Geometrieelement, das in der technischen Produktdokumentation dokumentiert ist
integrales Geometrieelement	geometrisches Element, das zur wirklichen Oberfläche des Werkstücks gehört
abgeleitetes Geometrieelement	geometrisches Element, das physikalisch nicht auf der wirklichen Oberfläche des Werkstücks vorhanden ist

In Ergänzung dazu zeigt Tabelle 7.2 die weiteren Begriffsdefinitionen der DIN EN ISO 5459.

Tabelle 7.2 Weitere Begriffsdefinition für Geometrieelemente nach DIN EN ISO 5459

Begriff	Definition
assoziiertes Geometrieelement	ideales Geometrieelement, das aus einem oder mehreren realen oder extrahierten Geometrieelementen gebildet wird

Auf Basis dieser Geometriebegriffe können nun die Begriffe zu Bezügen definiert werden. Tabelle 7.3 fasst diese wesentlichen Begriffsdefinitionen der DIN EN ISO 5459 zusammen.

Tabelle 7.3 Begriffsdefinitionen für Bezüge nach DIN EN ISO 5459

Begriff	Definition
Bezug	Ein oder mehrere Situationselemente eines oder mehrerer Geometrieelemente, die mit einem oder mehreren realen integralen Geometrieelementen assoziiert sind, welche ausgewählt werden, um den Ort und/oder die Richtung einer Toleranzzone oder eines idealen Geometrieelements festzulegen.
Einzelbezug	Ein Einzelbezug wird aus einem Bezugselement, das eine Fläche oder ein Größenmaßelement ist, gebildet.
gemeinsamer Bezug	ein gemeinsamer Bezug wird aus mehreren Bezugselementen ohne Reihenfolge jedoch mit miteinander zusammenhängenden Nebenbedingungen gebildet.
Bezugssystem	Ein Bezugssystem wird aus mehreren Bezugselementen in einer bestimmten Reihenfolge gebildet.

Begriff	Definition
Bezugselement	reales (nicht ideales) integrales Geometrieelement, welches zur Bildung eines Bezugs verwendet wird ein Bezugselement kann eine vollständige Fläche, ein Teil dieser Fläche oder aber ein Längen-Größenmaßelement sein
Bezugsstelle	Teil eines Bezugselements, welches nominell ein Punkt, eine Strecke oder eine Fläche sein kann

Wenn in der Norm von Linie gesprochen wird, ist nicht zwingend eine Gerade gemeint. Eine Linie kann eine beliebige Kurve sein.

7.2 Definition eines Bezugs

Die DIN EN ISO 5459 definiert einen Bezug als theoretisch genaues Geometrieelement (Ebene, Gerade, Punkt oder eine Kombination), auf das die Toleranzen anderer Geometrieelemente bezogen werden können.

Bezüge können sowohl aus Bezugselementen als auch aus Bezugsstellen gebildet werden. Das folgende Bild zeigt die Symbole in Anlehnung an die DIN EN ISO 5459.

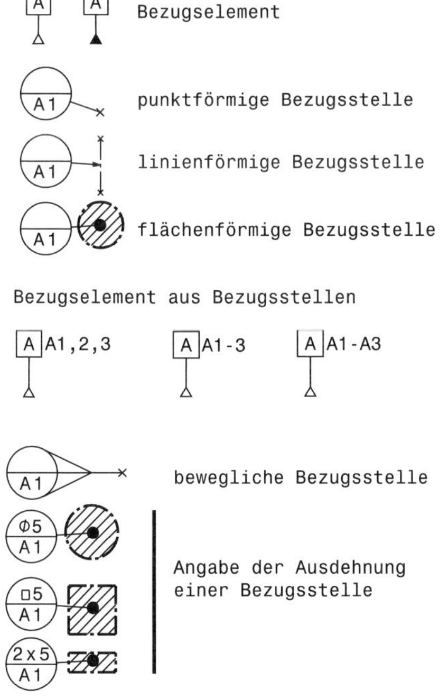

Bild 7.2 Symbole für Bezüge

Die Buchstaben *A* und *A1* stehen nur exemplarisch in den Symbolen und sind in der Zeichnung durch die korrekten Buchstaben bzw. Zahlen zu ersetzen. Generell werden für Bezüge Großbuchstaben verwendet. Bild 7.3 zeigt an einem Beispiel verschiedene mögliche Schreibweisen.

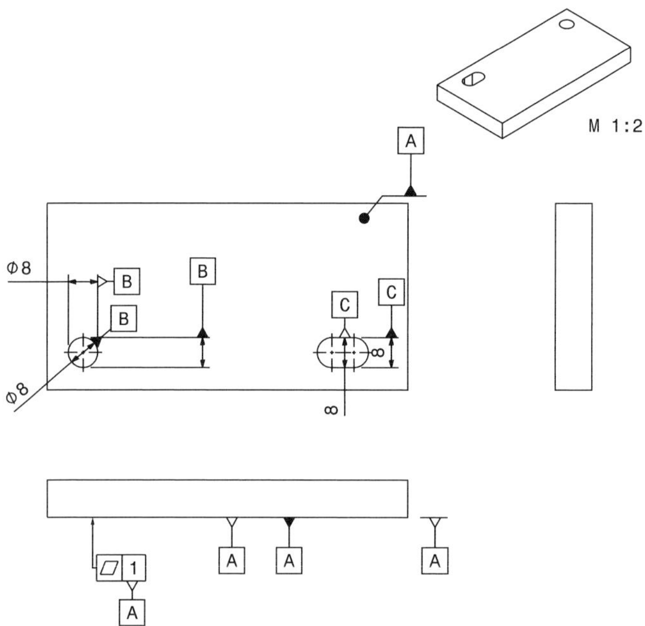

Bild 7.3 Verschiedene mögliche Schreibweisen von Bezügen

Bild 7.4 zeigt den Zusammenhang zwischen Bezugselement und Bezug.

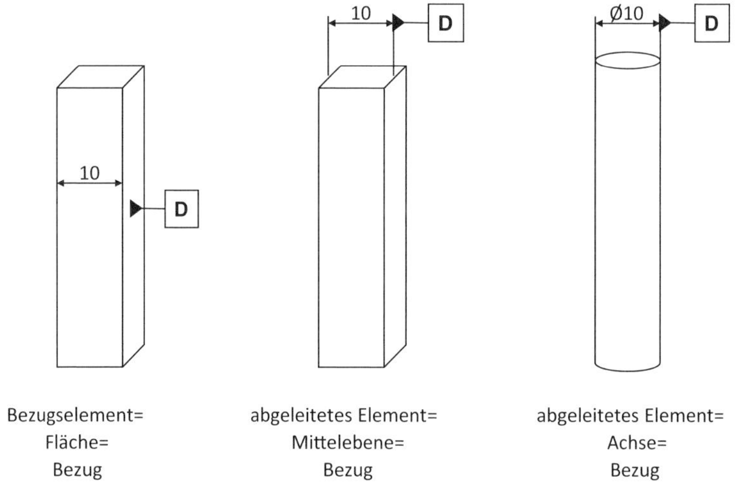

Bild 7.4 Bezugselement und Bezug

Im linken Beispiel zeigt das Bezugssymbol auf die ebene Fläche. Diese ist somit gleichzeitig das Bezugselement und der Bezug. Durch das Antragen des Bezugssymbols an den Maßpfeil im rechten Beispiel wird das abgeleitete Element zum Bezug. Das abgeleitete Element zweier Ebenen ist die Mittelebene.

Sofern nicht das ganze Geometrieelement zum Bezug werden soll, kann der Bereich eingeschränkt werden. Dies zeigt Bild 7.5 für den Bezug *A* als flächenförmige Bezugsstelle. Die Positionstoleranz dient nur dazu, das Bezugssystem zu zeigen.

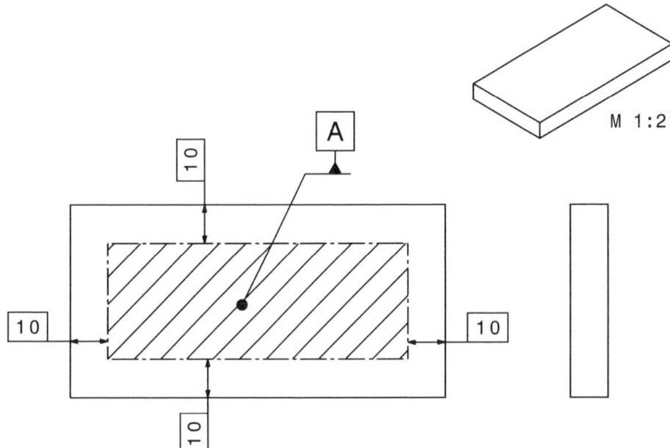

Bild 7.5 Flächenförmige Bezugsstelle

Ein Bezug kann auch aus mehreren Bezugsstellen gebildet werden. Bild 7.6 zeigt dies exemplarisch.

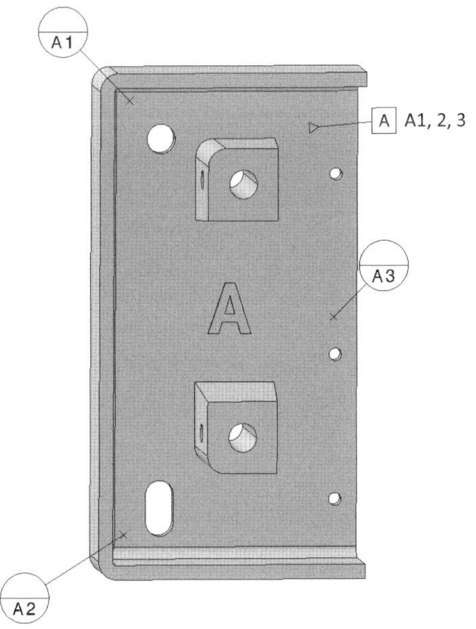

Bild 7.6 Bezugsstellen und Bezug

Entsprechend DIN EN ISO 5459 werden sowohl die Bezugsstellen *A1, A2, A3* als auch das Bezugselement *A* festgelegt. Darüber hinaus müssen die Bezugsstellen noch zum Bezug zusammengefasst werden. Da sich die Norm auf eine Zeichnung und nicht auf einen 3D-Datensatz bezieht, müssen noch die **T**heoretisch **E**xakten **D**imensionen (TED) ergänzt werden. Der Grund liegt darin, dass im 3D-Datensatz die Koordinaten aller Bezugsstellen definiert/messbar sind, in der Zeichnung müssen die Bezugsstellen zueinander mittels TEDs definiert werden.

Der Übersichtlichkeit halber fehlen in den meisten Darstellungen in diesem Buch die theoretisch exakten Dimensionen. Das Kapitel 13.2.1 zeigt die korrekte Anwendung der TEDs.

Ein weiterer Vorteil in der Definition von Bezugsstellen im 3D-Datensatz liegt in ihrer logischen Verknüpfung. Im folgenden Bild ist erkennbar, dass beim Anklicken des Bezugs alle Bezugsstellen markiert werden.

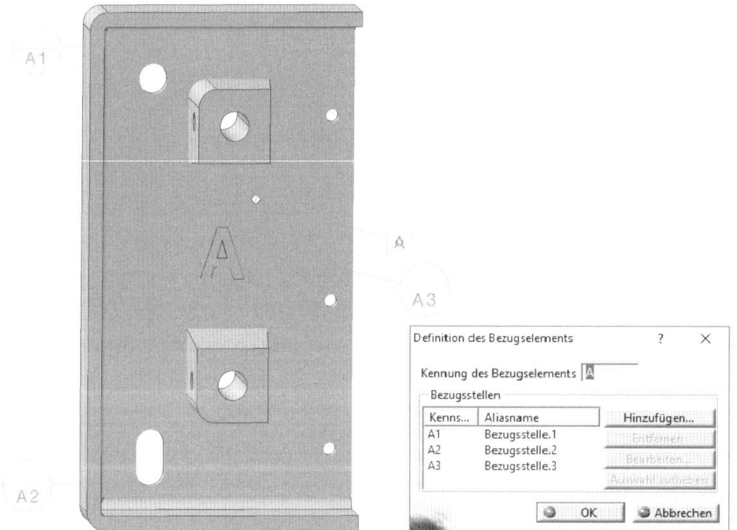

Bild 7.7 Verknüpfung von Bezugsstellen und Bezug im 3D-CAD

Daher verzichten einige CAD-Programme darauf, die Bezugsstellen zusammenzufassen.

Nach DIN EN ISO 5459 müssen alle Bezugsstellen eines Einzelbezugs auf einem Bezugselement und somit auf einem realen Geometrieelement liegen. Darüber hinaus müssen sie zusammengefasst werden.

7.3 Verwendung von Bezugsstellen

Generell stellt sich die Frage bezüglich der Vor- und Nachteile der Verwendung von Bezugsstellen. In der theoretisch exakten Konstruktion des folgenden Bilds spielt es keine Rolle. In der Realität ist das Bezugselement jedoch mit Abweichungen behaftet. Daher ist die Grundfläche auch mit der Toleranz *Flächenprofil* toleriert. Das Bezugselement, in diesem Fall die Grundfläche, liegt in der Realität bei einem starren Bauteil immer an drei Punkten auf.

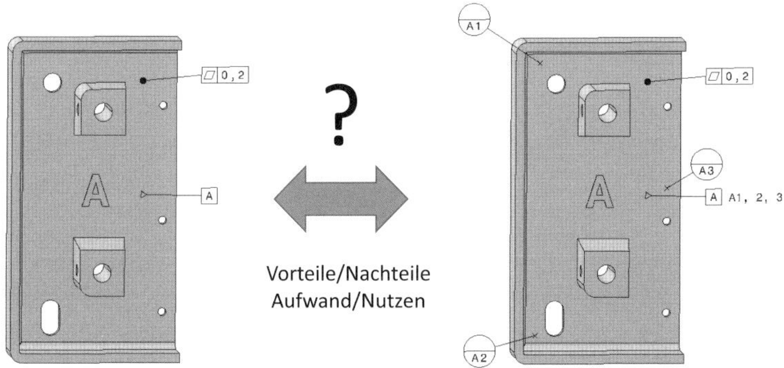

Bild 7.8 Bezugselemente mit und ohne Bezugsstellen

Diese drei Punkte liegen bei jedem Teil fertigungsbedingt an verschiedenen Stellen. Dies bedeutet, dass das Bauteil jedes Mal ein bisschen anders verkippt ist. Dies hat Einfluss auf alle Messwerte an den anderen tolerierten Elementen des Bauteils. Zur Analyse ist daher die Verwendung von Bezugsstellen empfehlenswert, siehe Bild 7.9.

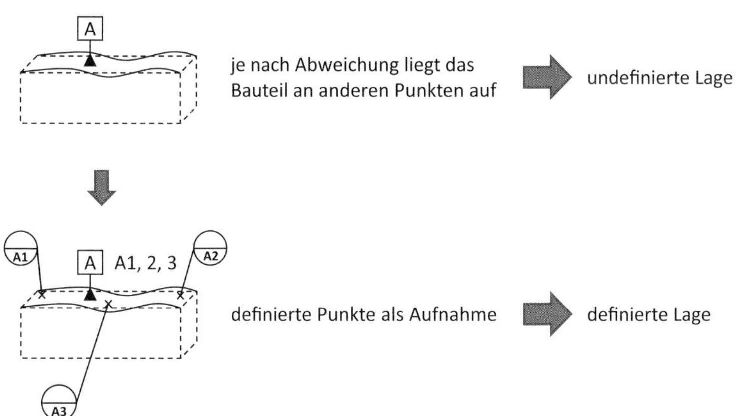

Bild 7.9 Bezüge und Bezugsstellen

Es kann keine generelle Empfehlung geben, immer Bezugselemente oder Bezugsstellen zu wählen, da dies von vielen Parametern abhängig ist. Bild 7.10 gibt Hinweise, wie die Entscheidung gefällt werden kann.

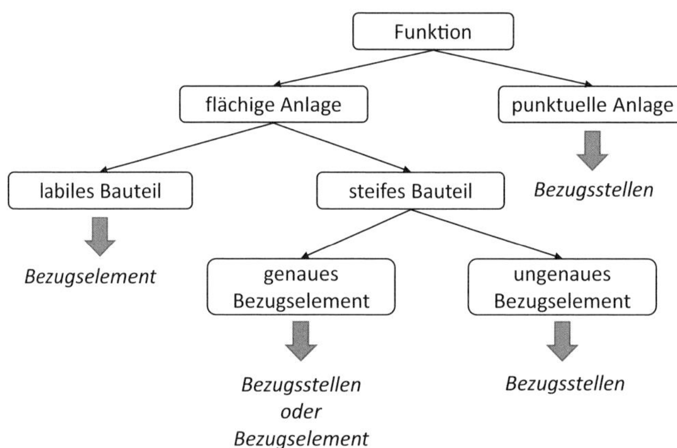

Bild 7.10 Wahl von Bezugselement oder Bezugsstellen

Bezugsstellen bieten den Vorteil einer guten Reproduzierbarkeit, erfordern jedoch Aufnahmen. Die Aufnahmen müssen im Herstellungsprozess verwendet werden. Bei der Messung muss das Bauteil entweder real in der Messaufnahme ausgerichtet sein oder die Ausrichtung muss virtuell an den Bezugsstellen (rechnerische Ausrichtung) erfolgen.

Durch die Vergabe von Bezugsstellen steigt die Vergleichbarkeit von Messungen. Dies ist insbesondere bei einem Vergleich zwischen eigenen Messungen und denen des Lieferanten wichtig.

7.4 Verwendung mehrerer Bezüge

Werden mehrere Bezüge verwendet, kommt es auf die gewünschte Beziehung der Bezüge untereinander an. Dies zeigt Bild 7.11.

Sowohl beim gemeinsamen Bezug, als auch beim Bezugssystem können Nebenbedingungen der Richtung, des Ortes oder des Materials herrschen.

Die Nebenbedingung der Richtung ist hier eine Einschränkung um einen oder mehrere rotatorische Freiheitsgrade zwischen den Situationselementen eines assoziierten Geometrieelementes.

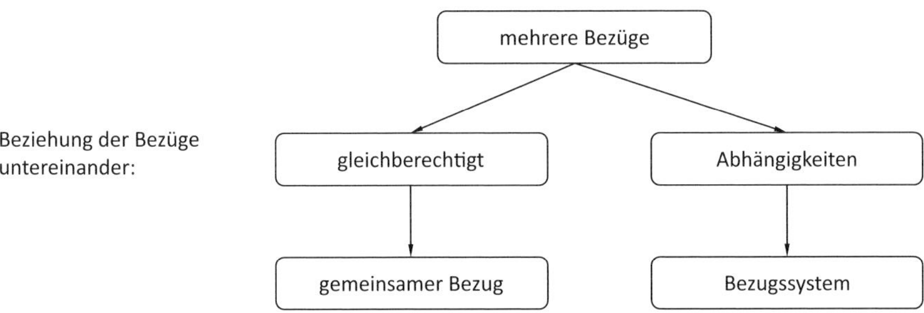

Bild 7.11 Beziehung zwischen Bezügen

7.4.1 Gemeinsamer Bezug

Ein gemeinsamer Bezug wird aus mehreren Bezugselementen gleichzeitig ohne Reihenfolge, aber mit Nebenbedingungen gebildet. Die Schreibweise des gemeinsamen Bezugs im Toleranzindikator ist eine Folge von Bezügen, die durch ein Minus-Zeichen getrennt sind. Das folgende Bild zeigt ein Beispiel. Der gemeinsame Bezug soll die gemeinsame Achse der beiden Achsstummel sein. Bei Einzelbezügen würde die Achse jeweils unabhängig voneinander als Achse des jeweiligen Pferchzylinders gebildet. Beim gemeinsamen Bezug kommen die Nebenbedingungen zum Tragen. Die Pferchzylinder müssen koaxial zueinander gebildet werden. Der gemeinsame Bezug ist dann diese koaxiale Achse der beiden Pferchzylinder.

Da der gemeinsame Bezug gleichzeitig ohne Reihenfolge gebildet wird, ist die Schreibweise *A-B* und *B-A* gleichbedeutend.

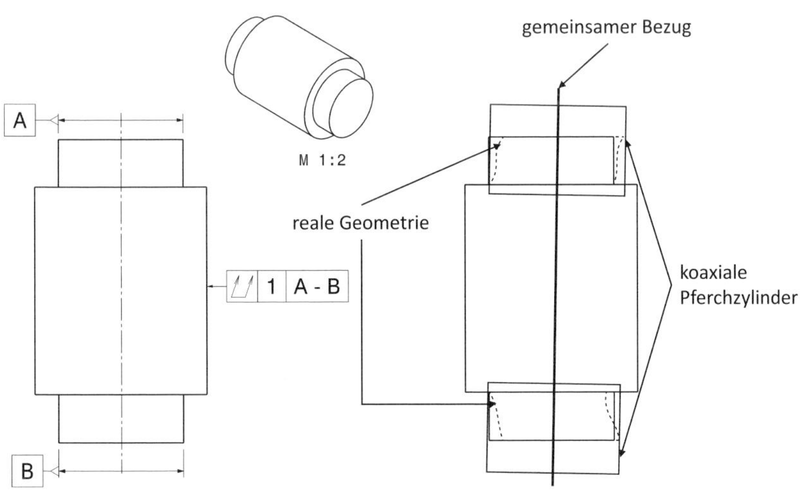

Bild 7.12 Zylinder als gemeinsamer Bezug

Die Bildung eines gemeinsamen Bezugs mittels der koaxialen Pferchzylinder zeigt Bild 7.13 nochmal an einem anderen Beispiel.

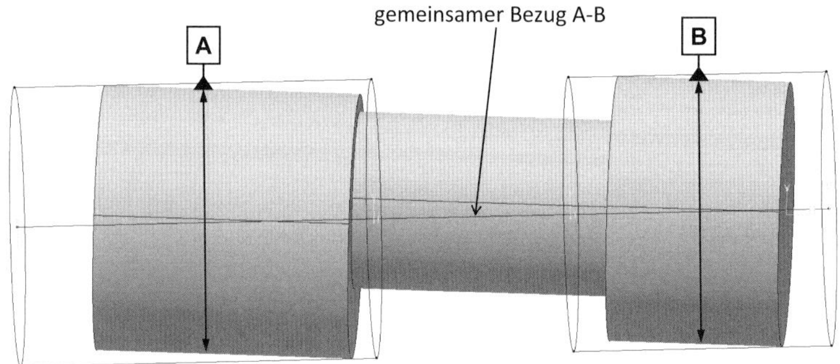

Bild 7.13 Bildung gemeinsamer Bezug mittels koaxialer Pferchzylinder

Das folgende Beispiel zeigt den gemeinsamen Bezug aus drei einzelnen Flächen. Hier greift die Nebenbedingung des Materials. Vom Grundgedanken her ist der gemeinsame Bezug eine Ebene, die auch physikalisch abbildbar ist. Das heißt, das Bauteil wird auf eine ebene Platte gestellt. Der gemeinsame Bezug ist diese Ebene bzw. theoretisch die Kontaktebenen der drei einzelnen Flächen.

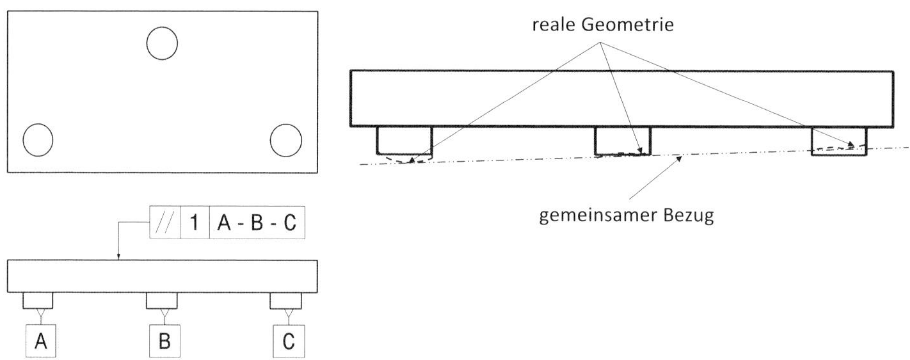

Bild 7.14 Ebenen als gemeinsamer Bezug

Da beim gemeinsamen Bezug die Reihenfolge der Einzelbezüge keine Rolle spielt, kann auch, wie in Bild 7.15 gezeigt, mittels einer kombinierten Zone (CZ) der Bezug über mehrere Geometrieelemente definiert werden. Damit es als gemeinsamer Bezug erkennbar ist, wird im Toleranzindikator die Schreibweise Buchstabe "-" Buchstabe verwendet. In diesem Fall ist es *A-A*.

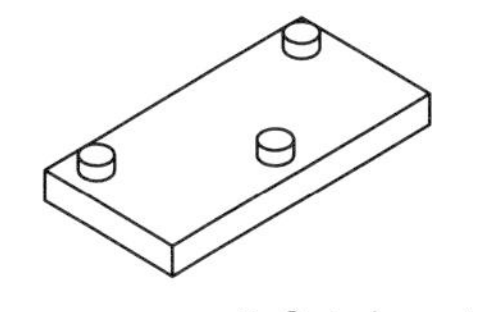

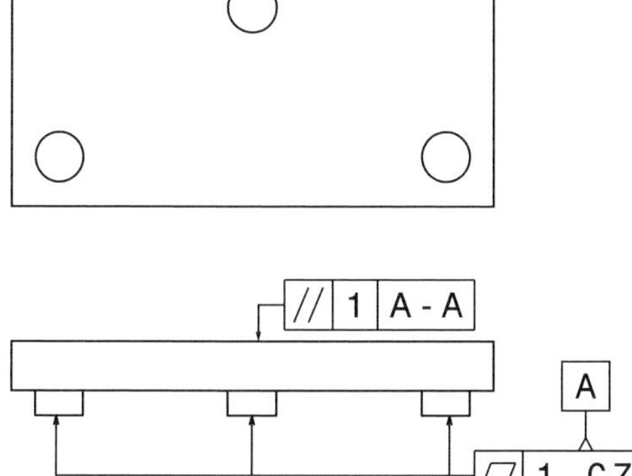

Bild 7.15 Alternative Schreibweise für koplanare Ebenen als gemeinsamer Bezug

Wenn die Ebenen nicht koplanar, sondern zueinander parallel versetzt sind, darf das Ebenheitssymbol nicht mehr verwendet werden. Stattdessen muss, wie in Bild 7.16 gezeigt, mit dem Flächenprofil gearbeitet werden.

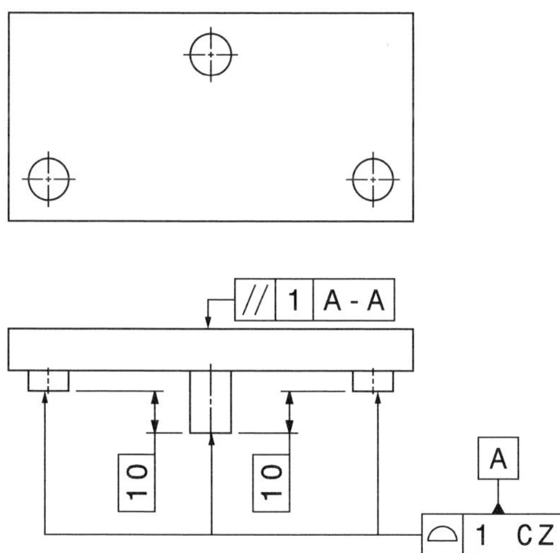

Bild 7.16 Alternative Schreibweise für versetzte Ebenen als gemeinsamer Bezug

7.4.2 Bezugssystem

Nach DIN EN ISO 5459 wird ein Bezugssystem aus zwei oder drei Bezügen gebildet. Das Bezugssystem muss nicht alle Freiheitsgrade einschränken, sondern nur so viele, wie die jeweilige Toleranzzone benötigt.

Das Bezugssystem ist ebenso wie der gemeinsame Bezug nur im Toleranzindikator erkennbar. Auf den Toleranzindikator wird genauer in Kapitel 8.2.1 eingegangen.

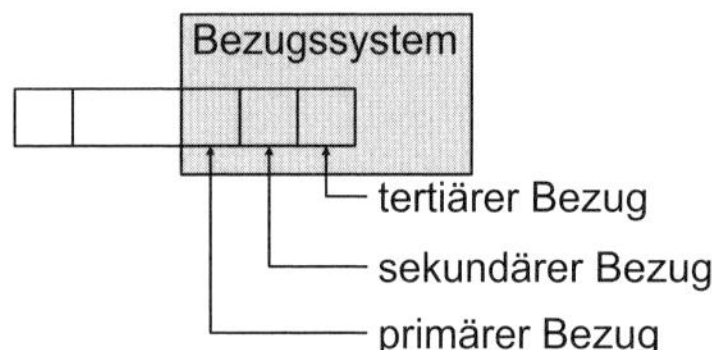

Bild 7.17 Bezugssystem im Toleranzindikator

Die Bezüge innerhalb eines Bezugssystems haben eine Reihenfolge. Zuerst wird nach dem primären Bezug ausgerichtet, dann nach dem sekundären und am Schluss, falls vorhanden, nach dem tertiären Bezug. Die Bedeutung ist in Tabelle 7.4 dargestellt.

Tabelle 7.4 Abhängigkeiten der Bezüge

Rangfolge des Bezugs	Abhängigkeit	Konsequenz
primär	keine	keine
sekundär	wird durch eine Nebenbedingung der Richtung vom primären Bezug beeinflusst	Richtung des sekundären Bezugs wird, falls erforderlich, durch den primären Bezug geändert
tertiär	wird durch eine Nebenbedingung der Richtung vom primären und sekundären Bezug beeinflusst	Richtung des tertiären Bezugs wird, falls erforderlich, durch den primären und/oder sekundären Bezug geändert

In Bild 7.18 ist der Unterschied zwischen einem Einzelbezug und einem Bezug im Bezugssystem dargestellt.

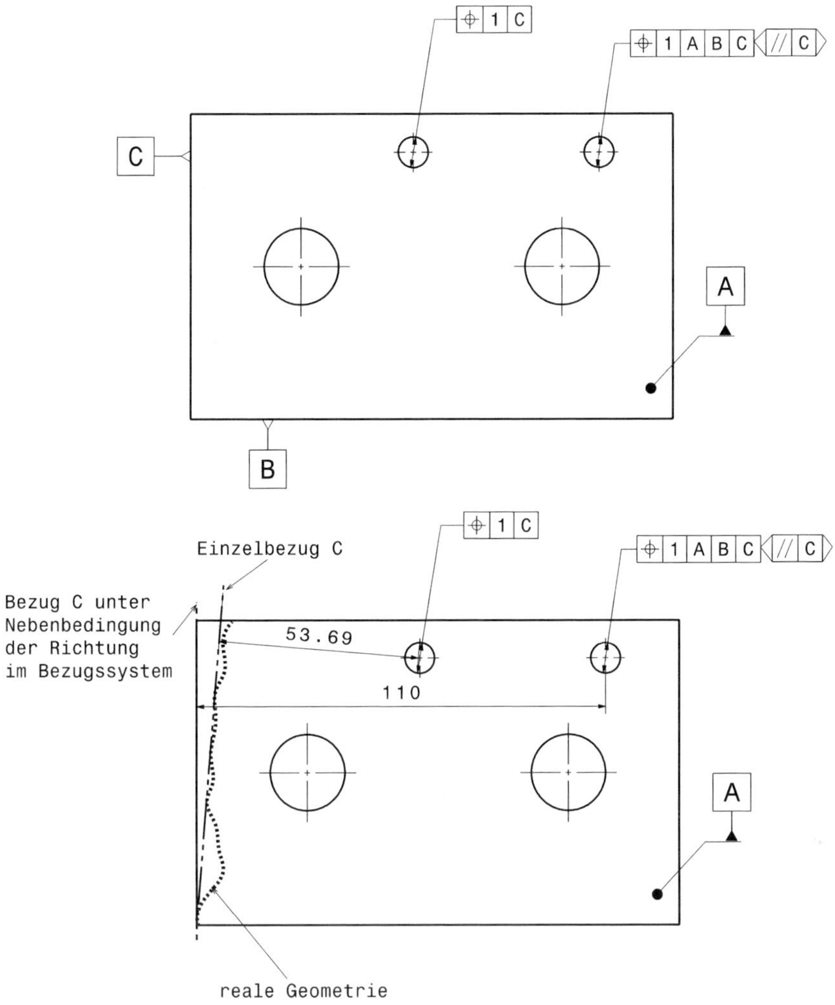

Einzelbezug C

Bezug C unter Nebenbedingung der Richtung im Bezugssystem

53.69

110

reale Geometrie

Bild 7.18 Einzelbezüge unter der Nebenbedingung der Richtung im Bezugssystem

Im Fall des Einzelbezugs *C* wird der Bezug aus der sich anschmiegenden Ebene gebildet. Senkrecht zu diesem wird das linke kleine Loch gemessen. Im Fall des Bezugssystems wird der Bezug *C* unter den Nebenbedingungen der Richtung von *A* und *B* gebildet. Im Bild ist nur die Abhängigkeit zu *B* dargestellt. Der Unterschied in der Messrichtung ist offensichtlich.

Wenn auf einer Zeichnung Toleranzen zu Einzelbezügen spezifiziert sind, darf das Bauteil nicht zum Bezugssystem ausgerichtet vermessen werden, sondern die Ausrichtung muss separat zum Einzelbezug erfolgen.

Im aktuellen Stand der DIN EN ISO 5459 gibt es keine explizite, umfassende Vorgabe, wie Bezugssysteme gebildet werden dürfen. Daher zeigt Bild 7.19 exemplarisch verschiedene Möglichkeiten.

a) drei orthogonale Ebenen

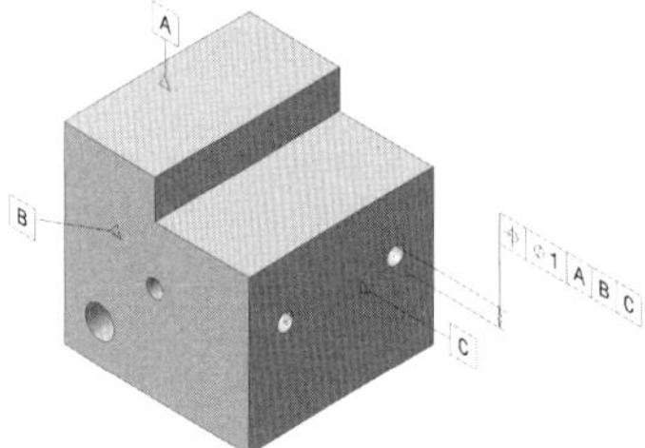

b) Achse und zwei orthogonale Ebenen

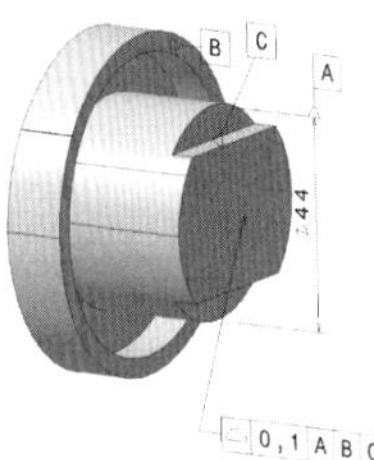

c) Ebene und zwei Achsen in ebenennormaler Richtung

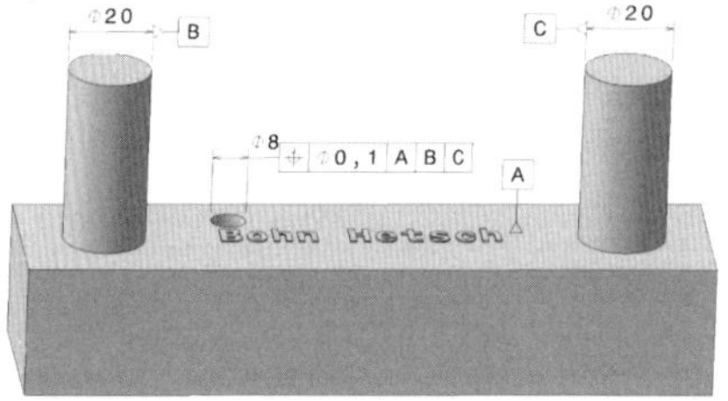

Bild 7.19 Verschiedene Möglichkeiten des Aufbaus von Bezugssystemen

Die häufigste Art, alle Freiheitsgrade einzuschränken, erfolgt durch drei zueinander orthogonale Ebenen (siehe *a)* in Bild 7.19). Es sind auch andere Varianten möglich. Solange in *b)* und *c)* die Bezugselemente senkrecht oder parallel stehen, kann die Wirkungsweise einfach nachvollzogen werden.

Solange das Bezugssystem nicht nur aus 6 Bezugsstellen gebildet wird, sollten die Bezugselemente in Abhängigkeit der Geometrie toleriert werden.

Tabelle 7.5 Tolerierung von Bezügen im Bezugssystem

	Primärbezug	Sekundärbezug	Tertiärbezug
Form	X	X	X
Richtung	(bei gemeinsamen Bezügen)	X	X
Ort			X

Das folgende Bild zeigt zwei Beispiele für die Tolerierung von Bezugselementen. In dem Bild dient die Positionstoleranz jeweils lediglich dazu, das Bezugssystem zu zeigen.

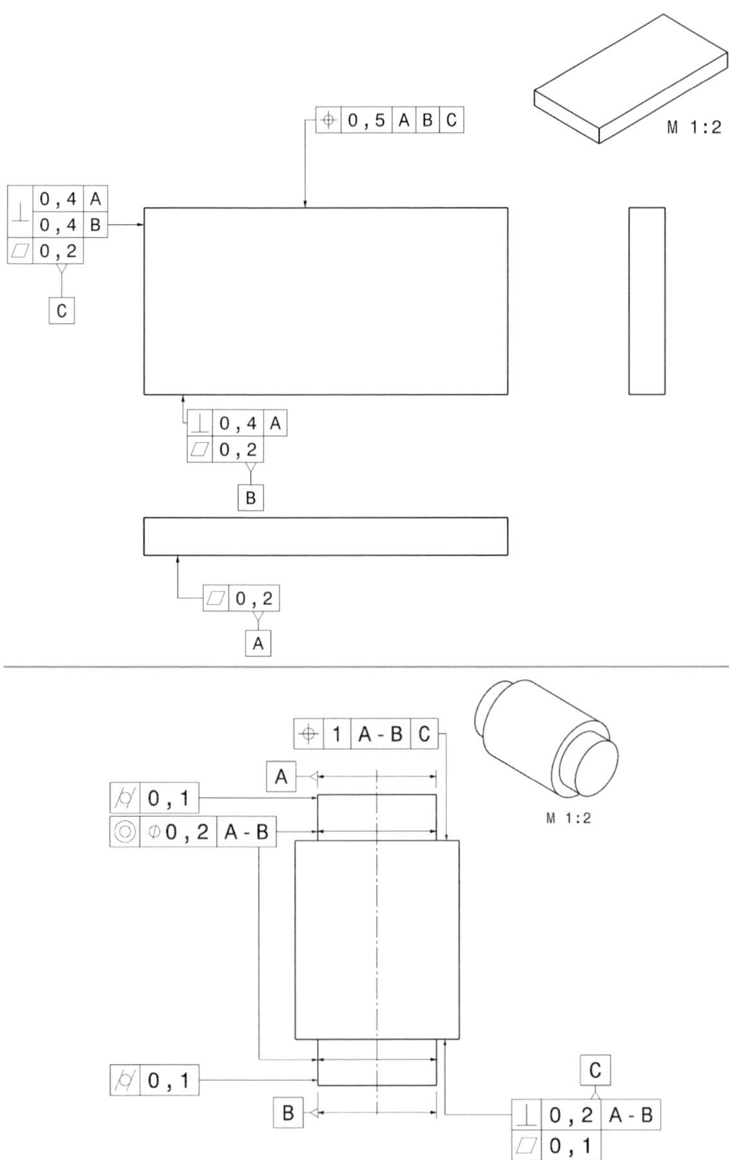

Bild 7.20 Tolerierung von Bezugselementen

7.5 Vermittlung von Bezügen

Mit dem Wort „Vermittlung“ wird in der Praxis oft die Verwendung eines abgeleiteten Bezugs gemeint. In der industriellen Praxis besteht gelegentlich der Wunsch durch Vermittlung ein Bauteil auszurichten. Das folgende Beispiel zeigt eine Vermittlung am tertiären Bezug.

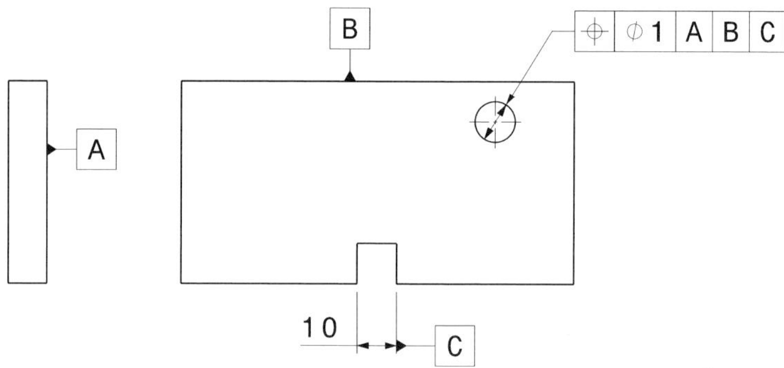

Bild 7.21 Vermittlung am tertiären Bezug

Die korrekte Umsetzung der Vermittlung bei der Fertigung insbesondere bei der Ausrichtung zum Fügen ist mittels geeigneter Mittel sicherzustellen Bild 7.21 zeigt eine ungenügende Vorrichtung für die obenstehende Spezifikation.

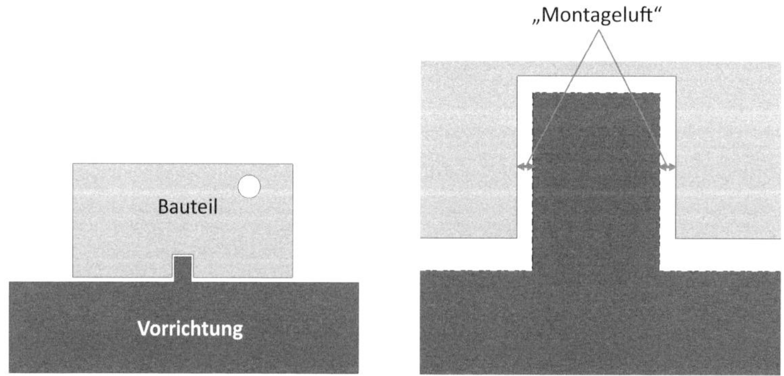

Bild 7.22 Ungenügende Vermittlung

Die Vorrichtung greift physikalisch mit einem Steg in den abgeleiteten Bezug *C* ein. Um dies zu realisieren, ist eine Montageluft, auch Spiel genannt, erforderlich. Somit findet keine Vermittlung (Zentrierung) statt. Wenn die Montageluft sehr viel kleiner ist als alle betroffenen Ortstoleranzen an dem Bauteil, kann dieses Prinzip verwendet werden. Dazu sollte die Montageluft höchstens 1/10 der kleinsten betroffenen Ortstoleranz sein, da diese Montageluft in die Ortstoleranzen eingeht. In dem Beispiel sollte die gesamte Montageluft kleiner 0,1 mm sein.

Um die Vermittlung korrekt zu realisieren, ist eine aktive Vermittlung erforderlich. Dies kann beispielsweise durch einen Keil realisiert werden. Ist dies nicht möglich, sollte auf eine Vermittlung verzichtet werden und stattdessen ein Bezug auf der Bauteiloberfläche (integraler Bezug) gewählt werden, siehe Bild 7.23. Dann muss nur sichergestellt werden, dass der Bezug *C* auch in Realität anliegt.

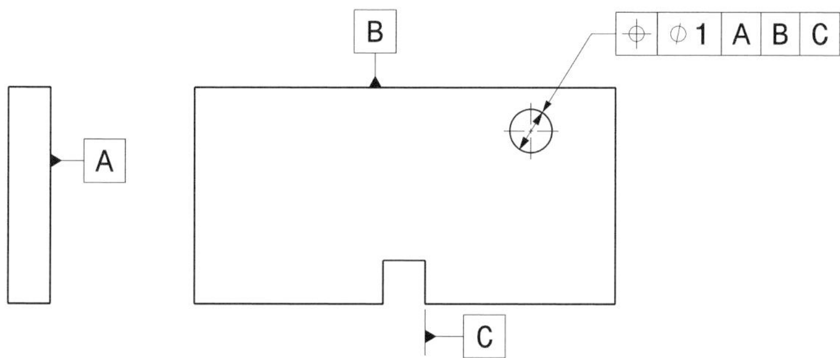

Bild 7.23 Alternative ohne Vermittlung

Die Vermittlung mittels Bezugsstellen ist nach Norm zeichnungstechnisch aufwändiger, da die Bezugsstellen auf unterschiedlichen Geometrieelementen unterschiedlich bezeichnet werden müssen. Dies zeigt Bild 7.24. Die Einzelbezüge *C* und *D* sind Punkte. Unter der Nebenbedingung der Richtung im Bezugssystems ist der gemeinsame Bezug *C-D* die Mittelebene zwischen den beiden durch die Bezugsstellen gehenden, zu *A* und *B* senkrechten Ebenen.

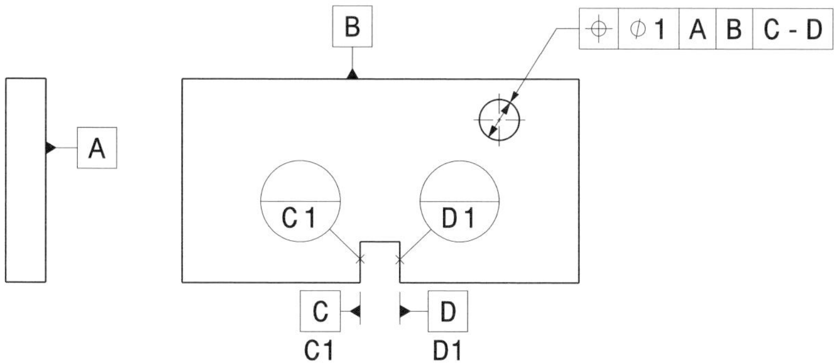

Bild 7.24 Vermittlung am tertiären Bezug mittels Bezugsstellen

Vermittlungen werden auch am sekundären Bezug verwendet. Bild 7.25 zeigt ein einfaches Beispiel.

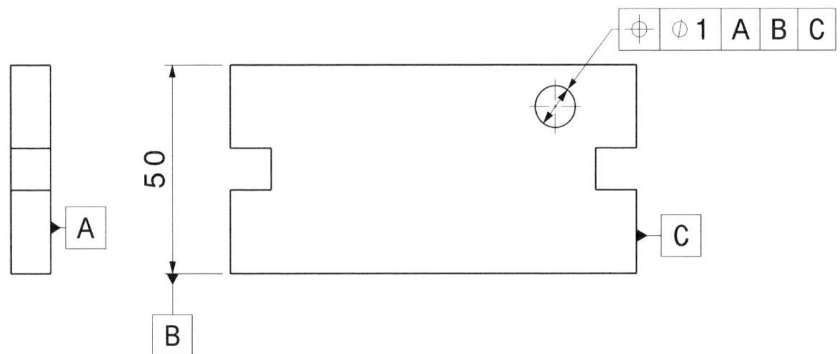

Bild 7.25 Vermittlung am sekundären Bezug

Hier ist sehr genau auf die Funktion zu achten. Hat das Loch wirklich eine Funktion zu Mittelebene *B*? Wird das Bauteil im Fügeprozess wirklich aktiv an *B* vermittelt?

In Bild 7.26 ist ein Messergebnis entsprechend der vorhergehenden Spezifikation dargestellt. Das Loch ist zu weit von der Mittelebene *B* entfernt.

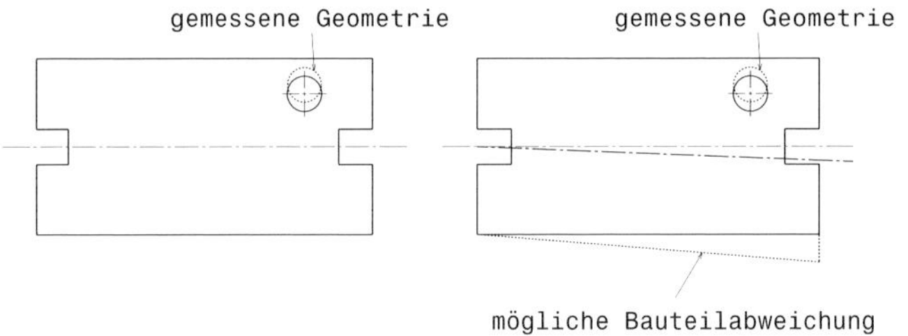

Bild 7.26 Interpretation der Messergebnisse beim vermittelten Bezug

Die Ursachen der Abweichung im Bauteil könnten sowohl ein Fehler in der Lochlage als auch eine Abweichung in den bezugsbildenden Flächen sein. Bei Vermittlungen des sekundären Bezugs kann sich im Gegensatz zu Vermittlungen des tertiären Bezugs das Bauteil verdrehen. Dies erschwert die Ursachenanalyse und kann zusätzliche Spezifikationen und Messungen erforderlich machen. Um dies zu realisieren, kann eine Tolerierung wie in Bild 7.27 verwendet werden.

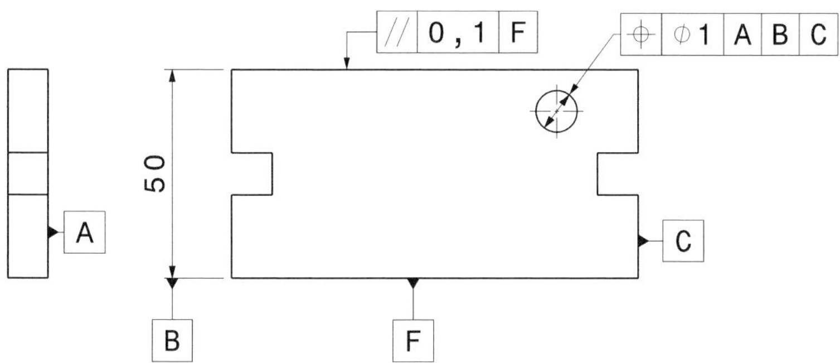

Bild 7.27 Tolerierung der bezugsbildenden Flächen

Die Tolerierung der Richtung mittels der Parallelitätstoleranz minimiert die Verdrehung des Bauteils.

Vermittlungen des sekundären Bezugs erschweren die Ursachenanalyse. Die anschließende aktive Vermittlung unterliegt ebenfalls einer Toleranz. Diese Toleranz muss wesentlich kleiner sein als die Bauteiltoleranzen, damit ein Nutzen einer Vermittlung vorhanden ist. Ansonsten ist auf Vermittlungen zu verzichten.

In den folgenden Beispielen wird auf die Tolerierung verzichtet, da nur die verschiedenen Schreibweisen der Vermittlung dargestellt werden.

Das vorhergehende Beispiel kann auch mittels Bezugsstellen realisiert werden.

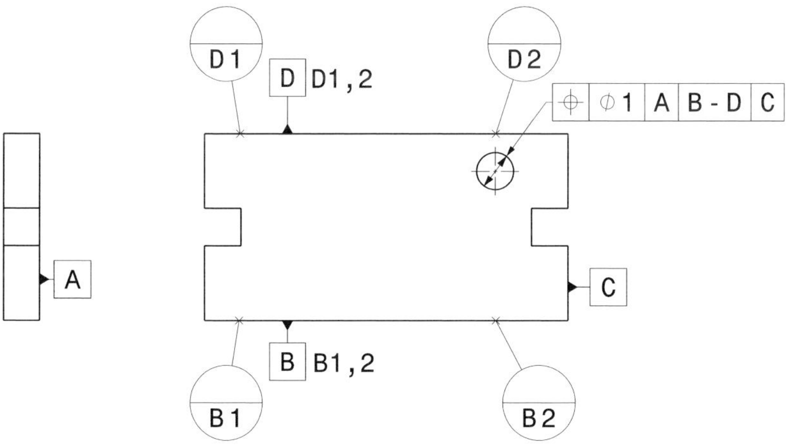

Bild 7.28 Vermittlung am sekundären Bezug (*B-D*)

Die bisherigen Beispiele am sekundären Bezug waren die Vermittlung anhand zweier integraler (realer) Geometrieelemente. Komplexer wird die die Vermittlung anhand zweier abgeleiteter (bereits vermittelter) Geometrieelemente.

Das folgende Beispiel zeigt die Bezugsbildung anhand des gemeinsamen Bezugs aus den abgeleiteten Bezügen *B* und *D*. Der Bezug *B-D* ist die Mittelebene durch die beiden Schlitze.

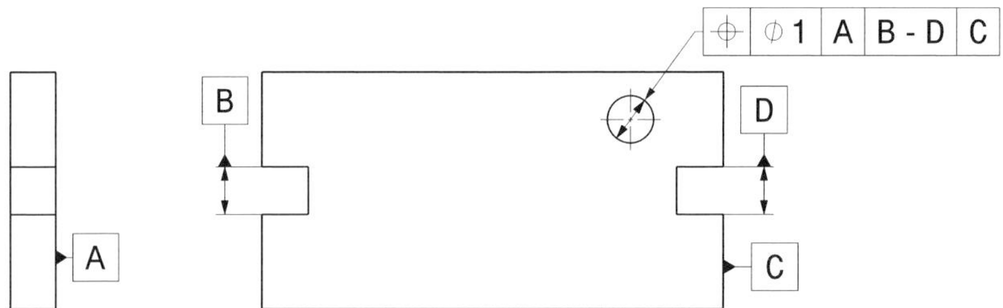

Bild 7.29 Vermittlung am sekundären Bezug anhand abgeleiteter Bezüge

Alternativ kann dies auch mittels nur eines Buchstabens für beide Schlitze dargestellt werden. Dazu muss der Bezug, wie im nächsten Bild dargestellt, an einer Toleranz, die beide Mittelebenen betrifft, definiert werden.

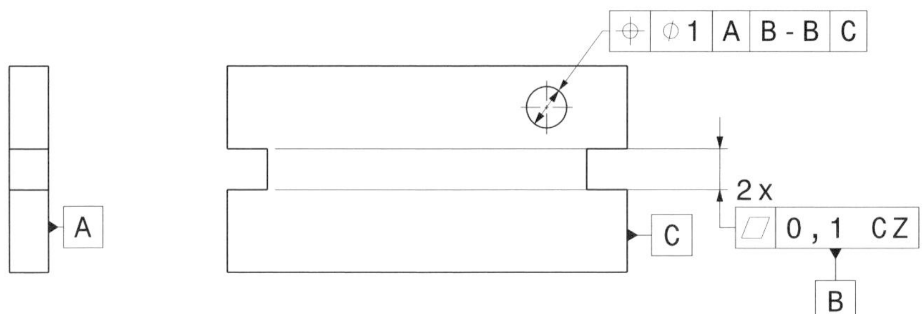

Bild 7.30 Vermittlung am sekundären Bezug anhand abgeleiteter Toleranz

Am realen Bauteil kann diese Vermittlung auch mittels Bezugsstellen erfolgen. Leider bietet die DIN EN ISO 5459 keine Schreibweise, mit der die Bezugsstellen und der gemeinsame Bezug bezeichnet werden können, siehe Bild 7.31.

Daher schaffen sich Firmen mittels spezieller Firmennormen eigene Nomenklaturen. Bild 7.32 zeigt ein solches firmenspezifisches Beispiel.

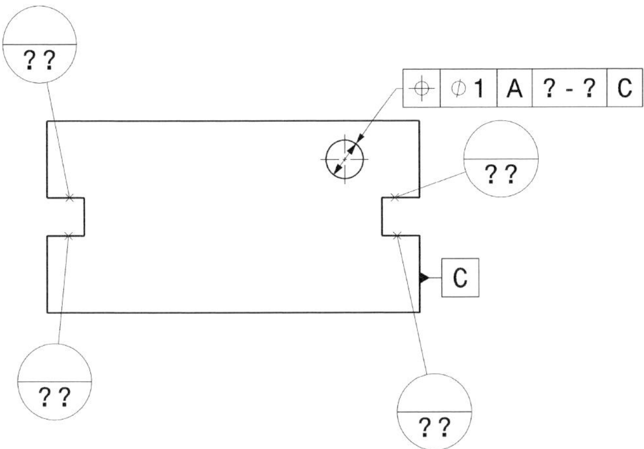

Bild 7.31 Fehlende normgerechte Vermittlung mittels Bezugsstellen

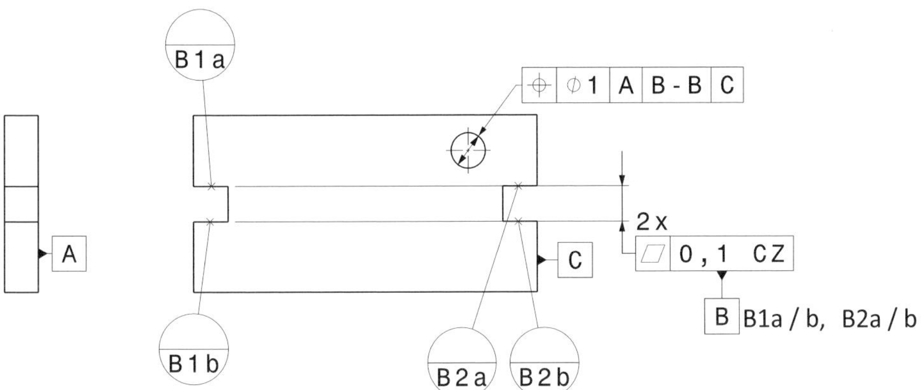

Bild 7.32 Firmenspezifische Nomenklatur am Beispiel einer Vermittlung

Die Logik hier ist, dass jeweils zwischen Bezugsstellen mit gleicher Nummer vermittelt wird. Anstatt *a* und *b* an den Bezugsstellen *B2a* und *B2b* wird teilweise auch *-1* und *-2* verwendet.

7.6 Referenzpunktsystem (RPS)

Das Referenzpunktsystem ist nicht nach DIN EN ISO genormt. Da die Schreibweisen eines Bezugssystems nach ISO schnell komplex werden, wird in der Industrie teilweise anstatt des Bezugssystems ein alternatives System zur Ausrichtung der Bauteile verwendet. Dies ist das Referenzpunktsystem. Dieses System lehnt sich an die ASME Y14.5 an.

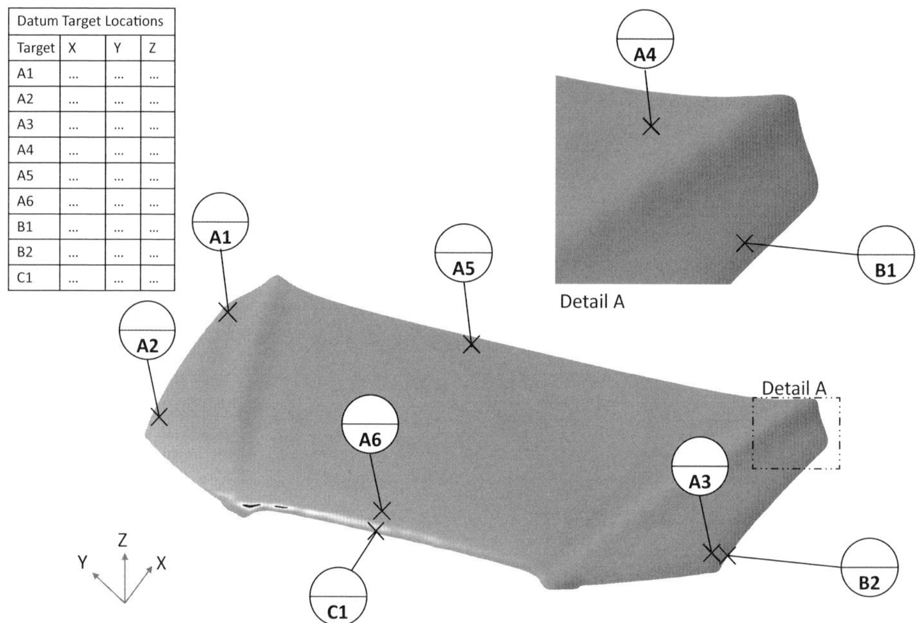

Datum Target Locations			
Target	X	Y	Z
A1	...	...	...
A2	...	...	...
A3	...	...	...
A4	...	...	...
A5	...	...	...
A6	...	...	...
B1	...	...	...
B2	...	...	...
C1	...	...	...

Bild 7.33 Bezugsstellen nach ASME Y14.5

Das Bezugssystem sind drei aufeinander senkrecht stehende Ebenen. Die Bezugsstellen *A1-6* aus dem Beispiel liegen auf unterschiedlichen Flächen. Daher erfolgt auch keine Zusammenfassung mittels Bezugselementsymbol *A* und *A1-A6*.

Das RPS-System geht noch einen Schritt weiter. Die drei aufeinander senkrecht stehenden Ebenen sind die Koordinatenebenen *X*, *Y*, und *Z*. Die Bezugsstellen werden auf diese Ebenen projiziert.

Die Bezugsstellen *Z1*, *Z2* und *Z3* liegen auf zwei verschiedenen Geometrieelementen. Daher müssten sie nach DIN EN ISO 5459 mit unterschiedlichen Buchstaben bezeichnet werden. Alle drei Bezugsstellen schränken jedoch nur die Z-Richtung ein. Die unterschiedlichen Z-Niveaus werden in der Messaufnahme durch verschieden hohe Aufnahmen realisiert.

Dieses Konzept führt insbesondere bei einer Loch-/Langloch-Ausrichtung zu einer Veränderung der Sekundär- und Tertiärbezüge. Dies zeigt Bild 7.35.

Der sekundäre Bezug *B* in der ISO-Darstellung wird zu einer Ebene durch die Bezugsstellen *X4* und *X5*. Diese Ebene steht senkrecht zur Primärebene *Z*. Der tertiäre Bezug *C* wird durch den Lochmittelpunkt *Y6* zu einer Ebene, die orthogonal zu der Primär- und Sekundärebene steht.

Die RPS-Darstellung offenbart noch einen weiteren Unterschied zur DIN EN ISO-Darstellung. Bezugsstellen (*X4*, *Y6* und *X5*) werden an abgeleiteten Elementen verwendet.

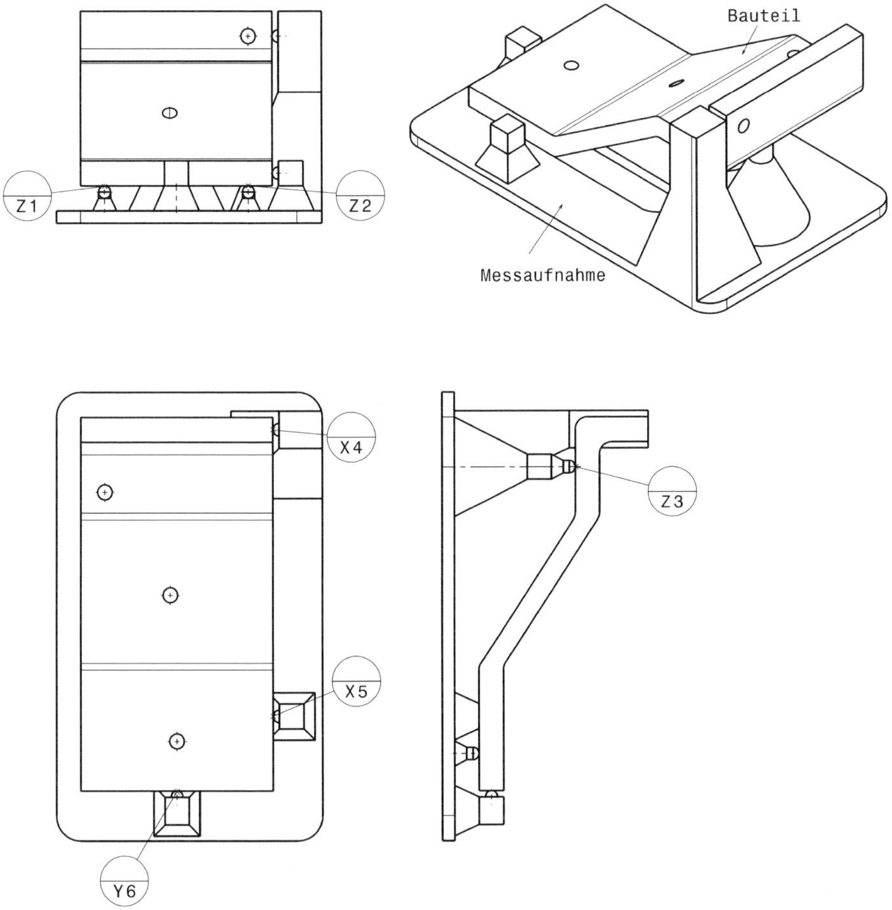

Bild 7.34 Bezugsstellen nach RPS

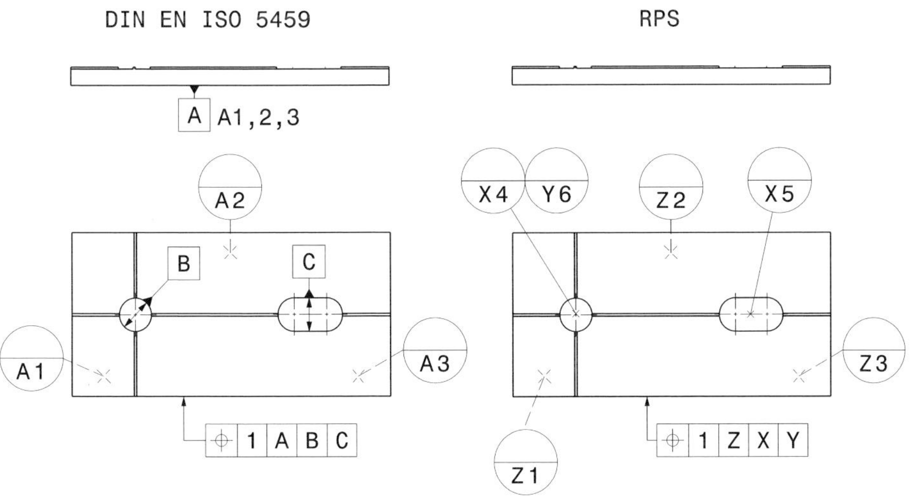

Bild 7.35 Sekundärer und tertiärer Bezug bei Loch-/Langloch-Ausrichtung

7.7 Statisch überbestimmte Bezüge und Bezüge bei elastischen Bauteilen

Nach der DIN EN ISO 8015 gilt der Grundsatz des starren Werkstücks. Das folgende Beispiel zeigt die daraus erwachsenden Schwierigkeiten.

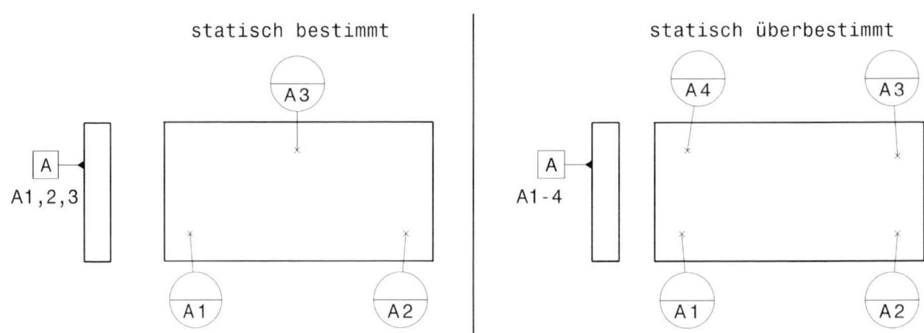

Bild 7.36 Primäre Bezugsstellen

Ein Tisch auf 3 Beinen wird immer stabil stehen, einer mit 4 Beinen kann wackeln. Dies gilt übertragen auf das vorhergehende Beispiel. Bei 3 Bezugsstellen ist der Bezug eine Ebene durch alle 3 Punkte. Bei 4 Bezugsstellen wird bei der Assoziation eine Gaußebene bestimmt, die die kleinste quadratische Abweichung hat. Diese Ebene berührt im Allgemeinen keine der Bezugsstellen. Dies ist eine rechnerische Ausrichtung. Eine physikalische Ausrichtung ist nicht trivial möglich.

Wenn stattdessen das Bauteil verformt werden soll und beispielsweise alle Bezugsstellen auf Nominalposition gebracht werden sollen, muss dies explizit angegeben werden.

Aktuell ist die einzige Norm, die eine Verformung zulässt, die DIN EN ISO 10579 *Nicht-formstabile Teile*. Daher wird im Folgenden kurz auf diese Norm eingegangen.

Als nicht formstabile Teile werden Teile bezeichnet, die sich durch Schwerkraft oder innere bzw. äußere Kräfte verformen. Zur Anwendung der Norm muss im oder in der Nähe des Schriftfeldes die Angabe: „ISO 10579-NR“ erfolgen. Darüber hinaus müssen die einschränkenden Zusatzbedingungen, denen das Teil unterliegt, um den Zeichnungsanforderungen zu entsprechen, angegeben werden. Dies zeigt Bild 7.37.

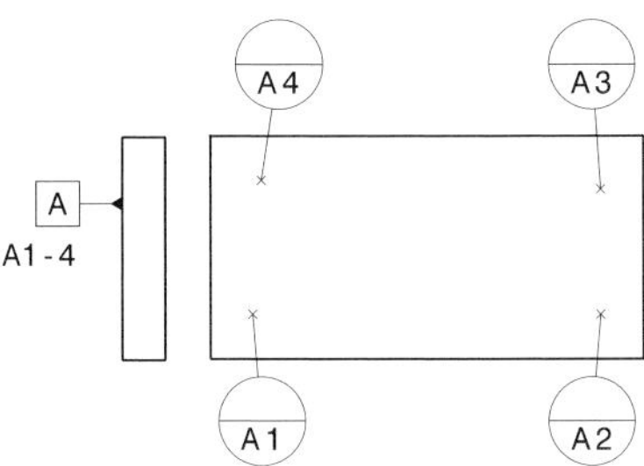

DIN EN ISO 10579-NR

Einschränkende Zusatzbedingung:
Bauteil wird an den Bezugsstellen A1-4 hart auf Nominalmaß gespannt
Schwerkraft in negativer Z-Richtung

Bild 7.37 Anwendung DIN EN ISO 10579

Gründe für ein überbestimmtes Bezugssystem können z. B. aus dem Verbauprozess kommen. Das Bauteil des folgenden Beispiels soll vollflächig auf ein Gegenstück geklebt werden. Im verklebten Zustand soll es eine Ebenheitstoleranz von 1 mm erfüllen. Die Anforderung bei 3 Bezugsstellen ist schärfer als bei 4 Bezugsstellen, da die 4. Bezugsstelle eine Torsion aus dem Bauteil nimmt und diese somit nicht in die Ebenheit eingeht.

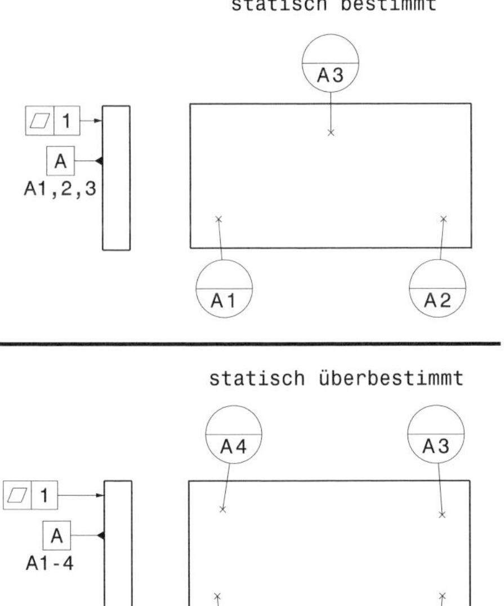

DIN EN ISO 10579-NR

Einschränkende Zusatzbedingung:
Bauteil wird an den Bezugsstellen A1-4 hart auf Nominalmaß gespannt
Schwerkraft in negativer Z-Richtung

Bild 7.38 Vorteil überbestimmter Bezug

Allerdings hat dies auch Grenzen. Wenn beispielsweise die Verspannung auf Grund der Torsion größer ist als die Haltekraft des Klebers, wird das Bauteil nicht halten. Um dies einzuschränken, gibt es zwei Lösungen:

- Messung der Fläche im freien Zustand
- Begrenzung der Spannkräfte und Messung der eventuellen Nichtanlage des Bezugs

Der freie Zustand nach DIN EN ISO 10579 ist der Zustand ohne die einschränkende Zusatzbedingung. Die Toleranzen im freien Zustand werden durch den Modifikator **F** gekennzeichnet. Die Ebenheitstoleranz von 2 mm im freien Zustand soll den Funktionsbereich des Klebers abdecken, die Ebenheitstoleranz von 1 mm soll den Funktionsbereich im Zusammenbau abdecken. Dies zeigt Bild 7.39.

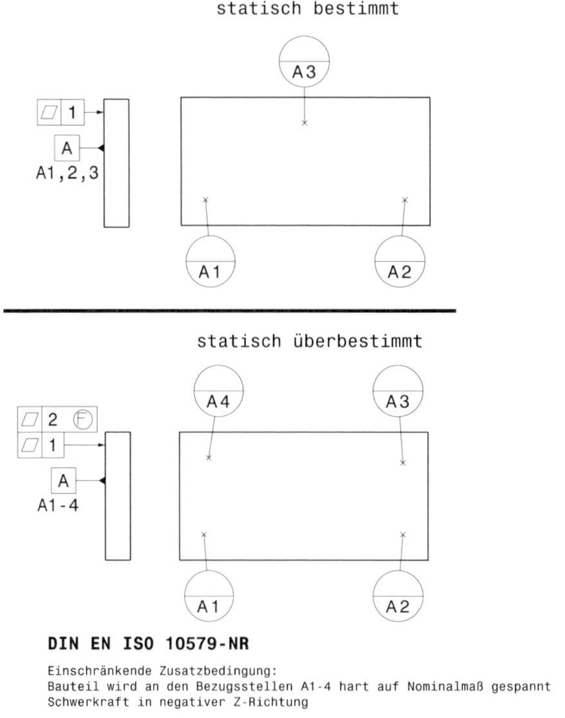

Bild 7.39 Überbestimmter Zustand und freier Zustand

Somit ist eine doppelt so große Ebenheitstoleranz im freien Zustand verglichen mit dem statisch bestimmten Fall möglich.

Die Begrenzung der Spannkräfte und Messung der eventuellen Nichtanlage des Bezugs könnten wie folgt definiert werden.

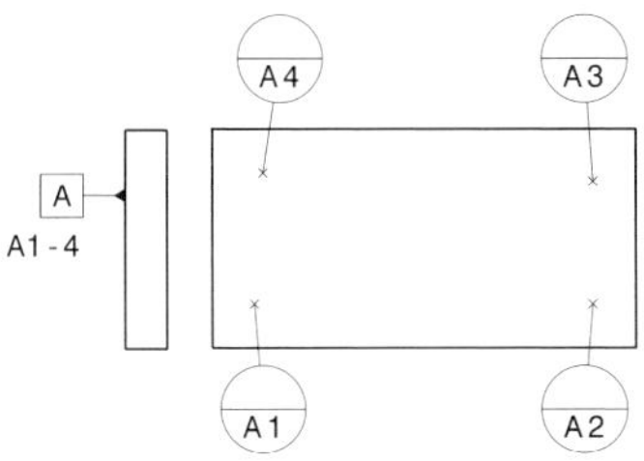

DIN EN ISO 10579-NR

Einschränkende Zusatzbedingung:
Bauteil wird an den Bezugsstellen A1-3 hart gespannt
Die Bezugsstelle A4 wird mit max. 25 N gespannt
Max. Abweichung von A4 zur Ebene A1-3 0,25 mm
Schwerkraft in negativer Z-Richtung

Bild 7.40 Überbestimmter Zustand und Kraftbegrenzung

Die Hauptunterschiede zur Variante mit freiem Zustand sind zum einen die verschiedene Wertigkeit der Bezugsstellen und zum anderen die Auswertung. Die Bezugsstellen *A1-3* werden immer hart gespannt, die Kraftbegrenzung und die Messung der Abweichung erfolgt nur an der Bezugsstelle *A4*. Damit ist die Lage von *A1-3* immer NULL, *A4* kann von NULL abweichen.

Die Herausforderungen können am besten an einem Blechbauteil gezeigt werden. Durch die Anforderung die Lage zu messen wird es erforderlich, den Spanner der Messaufnahme (im Gegensatz zum Spanner in der Produktion) nicht direkt auf die Bezugsstelle zu legen, sondern in unmittelbare Nähe. Hier muss jedoch gewährleistet sein, dass keine Hebel- oder Rückfederungseffekte zur Wirkung kommen. Denn sonst kann das Bauteil verkippen bzw. die Bezugsstelle liegt dann nicht auf ihrer Sollposition. Bild 7.41 zeigt ein gutes und ein schlechtes Beispiel.

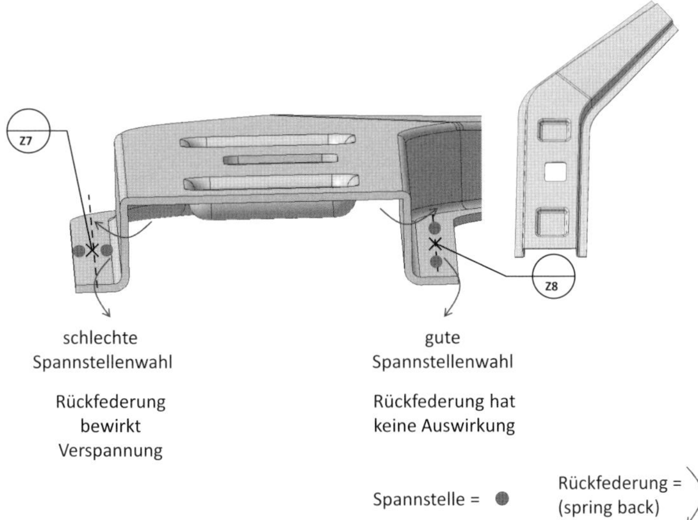

Bild 7.41 Positionierung von Spannern in der Messaufnahme

7.8 Einschränkung der Wirkung eines Bezugs

Nach der DIN EN ISO 5459 wird der Bezug verwendet, um den Ort und/oder die Richtung eines tolerierten Geometrieelements festzulegen. Das folgende Beispiel zeigt eine typische Anwendung, siehe Bild 7.42.

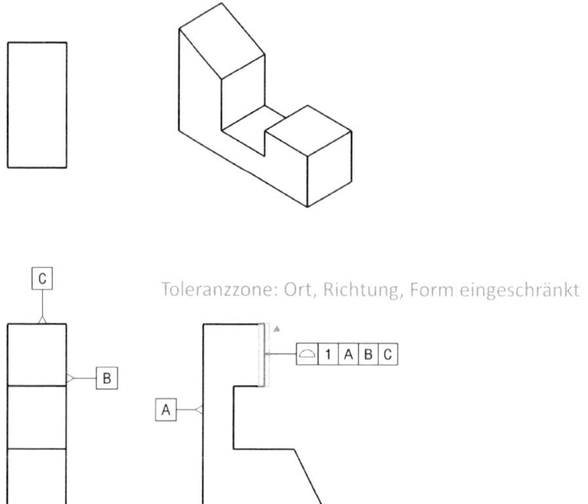

Bild 7.42 Bezug, der gleichzeitig Ort und Richtung einschränkt

Die DIN EN ISO 5459 und die DIN EN ISO 1101 bieten die Möglichkeit, den Bezug durch die Anwendung des Symbols „><" auf die Richtung einzuschränken, siehe Bild 7.43.

Dies bedeutet, dass die tolerierte Fläche im Abstand zum Bezug beliebig schwanken darf. In der Richtung jedoch nur um 1 mm geneigt sein darf. In dem konkreten Beispiel ist die Ortstoleranz zusätzlich auf ±1 mm (2 mm) eingeschränkt.

Es gibt nach der DIN EN ISO 5459 noch viele weitere Möglichkeiten, den Bezug genauer zu spezifizieren. Die folgende Tabelle zeigt einige der Möglichkeiten. Diese werden jedoch in der Praxis eher selten angewendet.

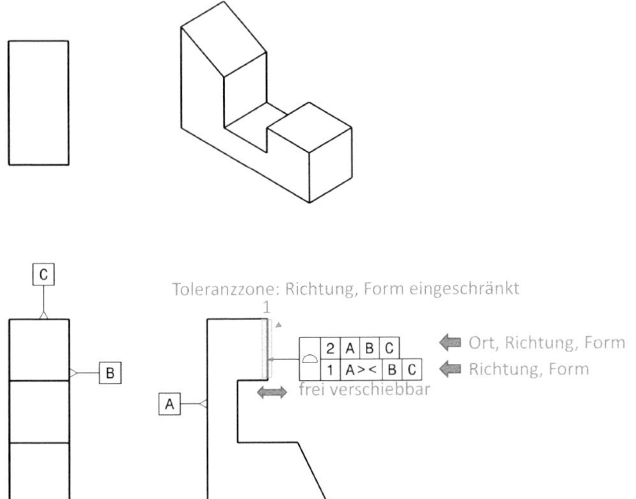

Bild 7.43 Bezug, der nur die Richtung einschränkt

Tabelle 7.6 Weitere Modifikatorsymbole auf den Bezugsbuchstaben

Symbol	Beschreibung
[PD]	Flankendurchmesser
[MD]	Außendurchmesser
[LD]	Kerndurchmesser
[ACS]	jeder beliebige Querschnitt
[ALS]	jeder beliebige Längsschnitt
[CF]	berührendes Geometrieelement
[DV]	veränderlicher Abstand (für einen gemeinsamen Bezug)
[PT]	(Situationselement vom Typ) Punkt
[SL]	(Situationselement vom Typ) Gerade
[PL]	(Situationselement vom Typ) Ebene

7.9 Beispiele von Bezügen

Im Folgenden werden für verschiedene Geometrieelemente bzw. abgeleitete Elemente Beispiele gezeigt, wie der Bezug am Bauteil aussieht und wie in der Folge das Bauteil aufgenommen werden muss.

Geometrieelement

Punkt, aus Punkten gebildete Linie oder Fläche

Eine Auflage an Punkten wird häufig mittels Kugeln realisiert. In Bild 7.44 sind diese dargestellt.

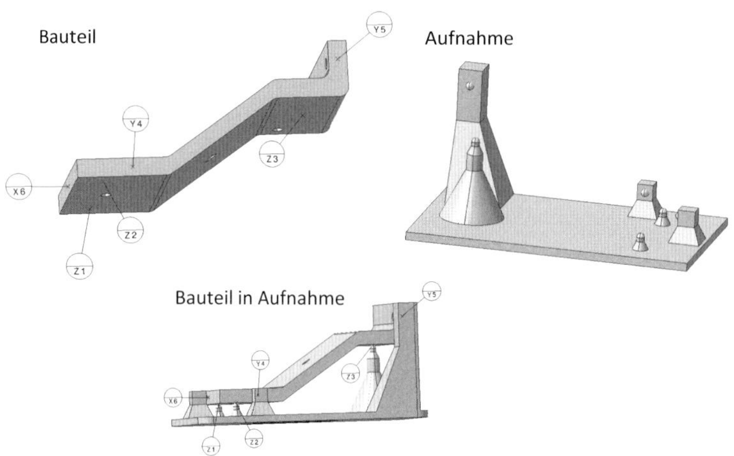

Bild 7.44 Beispiel Punkte als Bezugsstellen in der RPS-Schreibweise

Mantelfläche eines Zylinders

Nach der DIN EN ISO 5459 kann ein Bezug nur eine Ebene, Linie oder Punkt sein. Ein typisches Beispiel für einen Verstoß gegen diese Regel ist die Aufnahme in einem Loch bzw. Langloch mit einem feststehenden zylindrischen Bolzen. Auf der Zeichnung wird korrekterweise das abgeleitete Element als Bezug definiert. Das folgende Bild zeigt die mangelhafte Umsetzung in der Realität, da ein Bolzen nicht die Achse positioniert, sondern nur die Mantelfläche in einem Punkt berührt. Sofern das Lochspiel im Vergleich zu den Toleranzen am Bauteil vernachlässigt werden kann, ist diese Form der praktischen Ausrichtung zulässig.

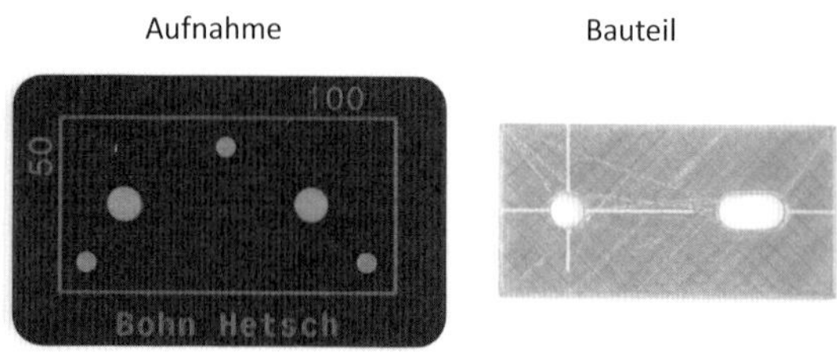

Bild 7.45 Beispiel: Mantelfläche eines Zylinders als Bezug

Abgeleitete Elemente

Mittelpunkt Kreis bzw. Mittelachse Zylinder

Ein typischer Vertreter für das abgeleitete Element ist die Aufnahme mittels Dreibackenfutter.

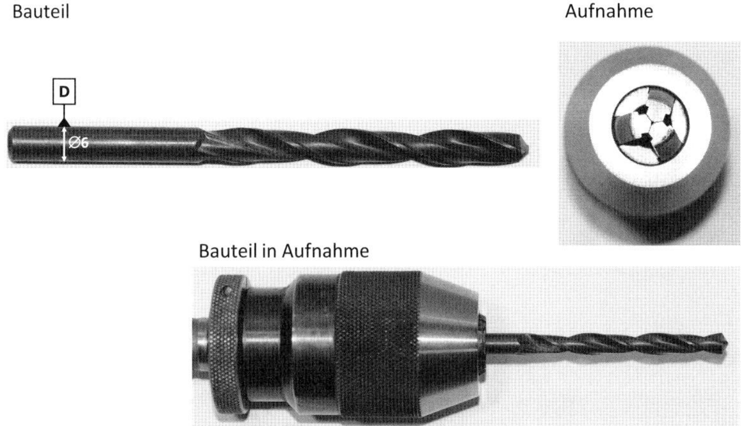

Bild 7.46 Beispiel: Mittelpunkt bzw. Mittelachse als Bezug

In Löchern kann auch mittels eines Spreizdorns aufgenommen werden.

Mittellinie bzw. Mittelebene

Um diese als Bezug zu verwenden, wird meist eine aktive Vermittlung durchgeführt.

7.10 Bezugsstellen vergeben

Das Kapitel gliedert sich in

- die allgemeinen Regeln zur Vergabe
- die Bezugsstellen am Einzelteil bzw. Zusammenbau sowie
- die Auswirkungen eines Bezugsstellenwechsels

7.10.1 Regeln zur Vergabe von Bezugsstellen

Für die Vergabe von Bezugsstellen gilt, dass diese **immer** entsprechend der Funktion zu vergeben sind.

Die Bezugsstellen werden entsprechend der Funktion vergeben und sind als Aufnahmen in der Fertigung und Messung zu verwenden.

Bei der Vergabe von Bezugsstellen ist zwischen zwei Fällen zu unterscheiden.

- *Direkte Ausrichtung Bauteil an Bauteil*
  Die Bezugsstellen können nur auf den gemeinsamen Kontaktflächen liegen.
- *Ausrichtung der Bauteile zueinander über Vorrichtung*
  Es ist ein größerer Spielraum der Wahl der Bezugsstellen vorhanden. Dies hat Auswirkungen auf die Gestalt der Vorrichtung. Die Bezugsstellen müssen an den Kontaktstellen zwischen Bauteil und Vorrichtung liegen. Die Kontaktstellen können physikalische Anschläge sein oder virtuell als Messstellen vorliegen.

Bild 7.47 zeigt als Beispiel die Ausrichtung der Bauteile zueinander über eine Vorrichtung mittels Messstellen.

Bild 7.47 Ausrichtung über Vorrichtung mittels Laserliniensensoren

In diesem Beispiel wird die Tür im Fahrzeug mittels eines Roboters (Vorrichtung) positioniert. Dazu erfassen die Sensoren umlaufend die Breite der Türfugen. Der Roboter vermittelt dann aufgrund der Messwerte die Tür vor dem Verschrauben.

Sollen die folgenden drei Bauteile zu einer Wanne gefügt werden, können die Bauteile unterschiedlich zueinander ausgerichtet werden. Dadurch ergeben sich verschiedene Bezugssysteme.

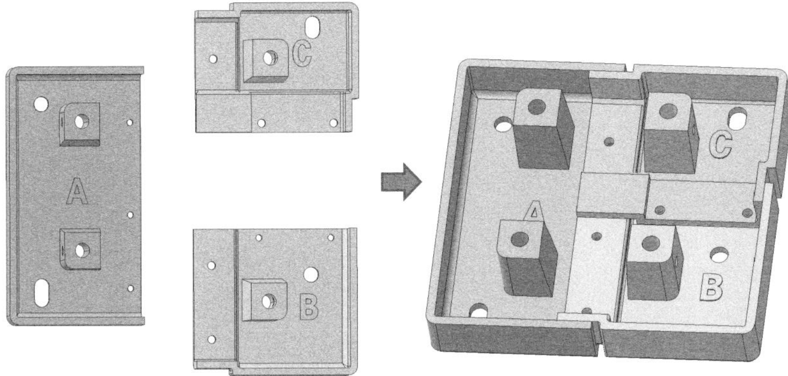

Bild 7.48 Beispiel: Zusammenbau

Unter der Annahme, dass das Bauteil *A* immer zuerst in der Vorrichtung liegt und *B* an *A* und dann *C* an *AB* gefügt werden, können die Varianten für die Ausrichtung und Bezugssysteme der Bauteile *B* und *C* gebildet werden.

Bauteile richten sich aneinander aus

In der Primärebene können die Bezugsstellen nur auf den Flanschen in der Nähe der Schraubpunkte liegen.

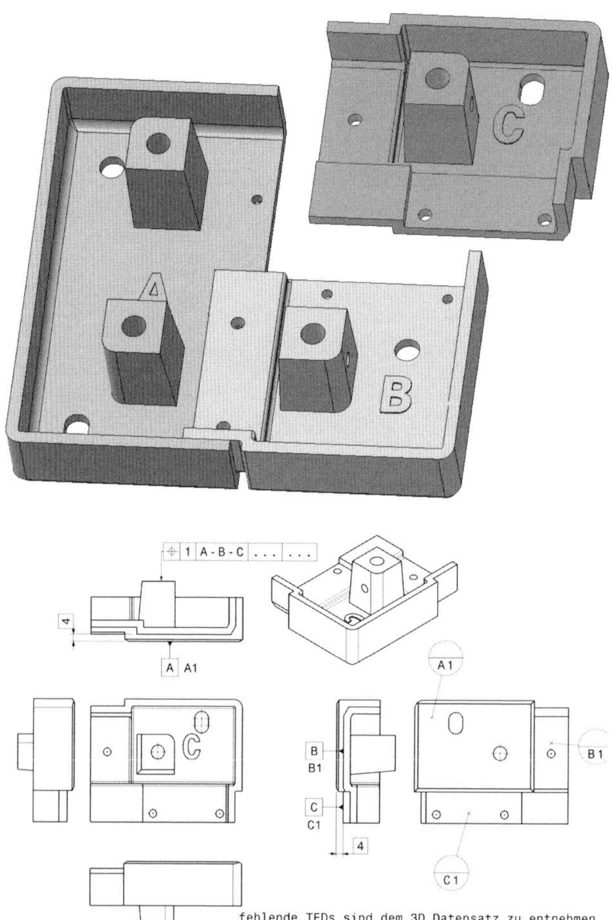

Bild 7.49 Primäre Bezugsstellen Bauteil C

Die sekundären und tertiären Bezugsstellen sind mehr oder weniger unbestimmt. Die weniger unbestimmte Variante, da nur Passschrauben zentrieren, ist die folgende.

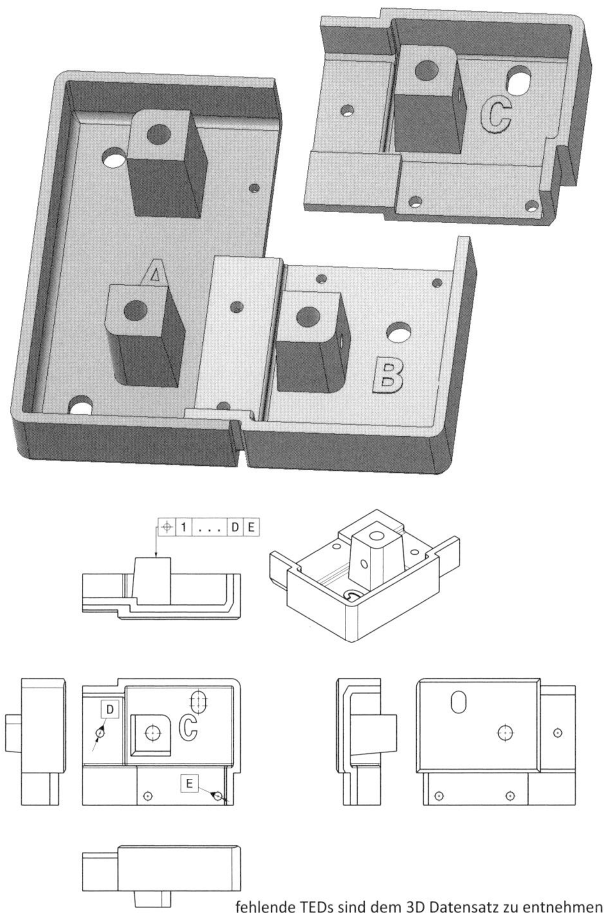

Bild 7.50 Sekundäre und tertiäre Bezugsstellen Bauteil C

Die in der Praxis häufig anzutreffende Variante ist, dass alle Löcher gleich groß sind und die Lage des Bauteils im Rahmen des Lochspiels unbestimmt ist. Es bleibt die Frage, wohin die Bezugsstellen zur Beurteilung des Teils gelegt werden können.

Bei der Ausrichtung ist sowohl die Schraubrichtung (welche Flächen kommen zur Anlage) als auch die Schraubreihenfolge (die erste Schraube fixiert alle Freiheitsgrade) entscheidend.

Deutlich bestimmter ist die Ausrichtung mittels einer Vorrichtung.

Ausrichtung mittels einer Vorrichtung

Mit einer Vorrichtung kann das Bauteil entsprechend seiner Funktion definiert positioniert werden. In den folgenden Bildern ist zusätzlich zu den Vorrichtungen noch das Bezugssystem des Bauteils C dargestellt.

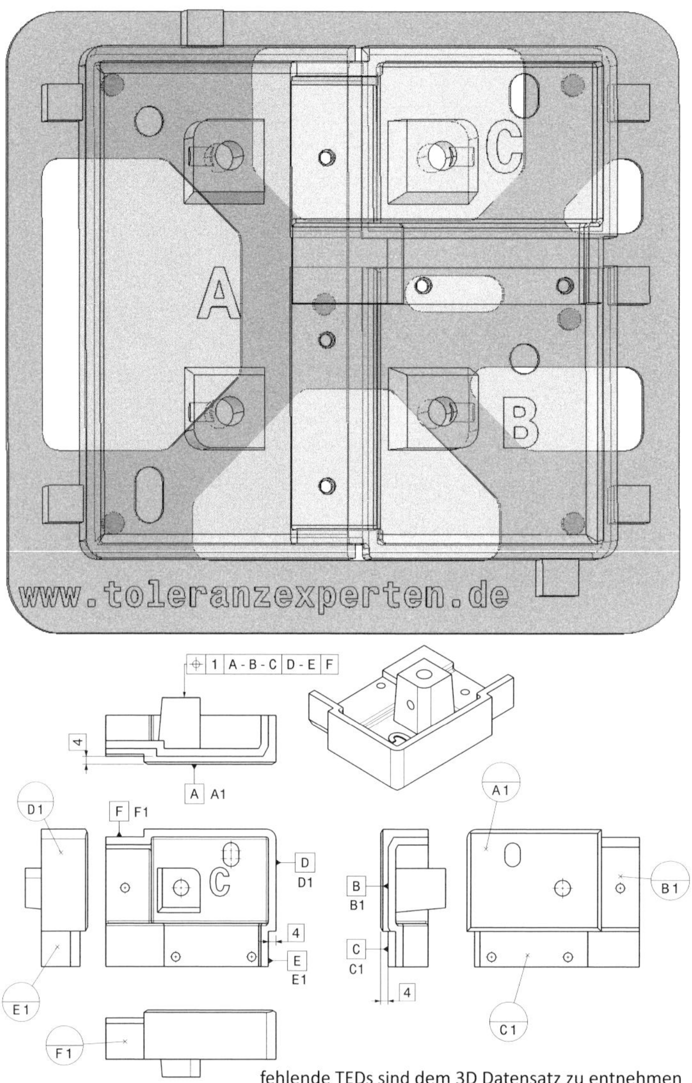

Bild 7.51 Bauteile in Vorrichtung mit Anschlägen

An den Bezugsstellen berührt das Bauteil entweder die Vorrichtung oder die anderen Bauteile. Spanner sind erforderlich, damit das Bauteil an der Bezugsstelle anliegt. Diese sind in Bild 7.51 nicht dargestellt.

Im Gegensatz zur vorher beschriebenen Ausrichtung *Bauteil an Bauteil* ist hier die Schraubrichtung bzw. die Schraubreihenfolge nur von untergeordneter Bedeutung. Es müssen allerdings die konstruktiven Toleranzausgleiche wie Lochspiele oder Verschieblichkeiten vorhanden sein.

Eine weitere, oft verwendete Variante ist die Aufnahme mittels Bolzen. Dies ist insbesondere in der Rohbaufertigung der Automobilhersteller eine gängige Methode.

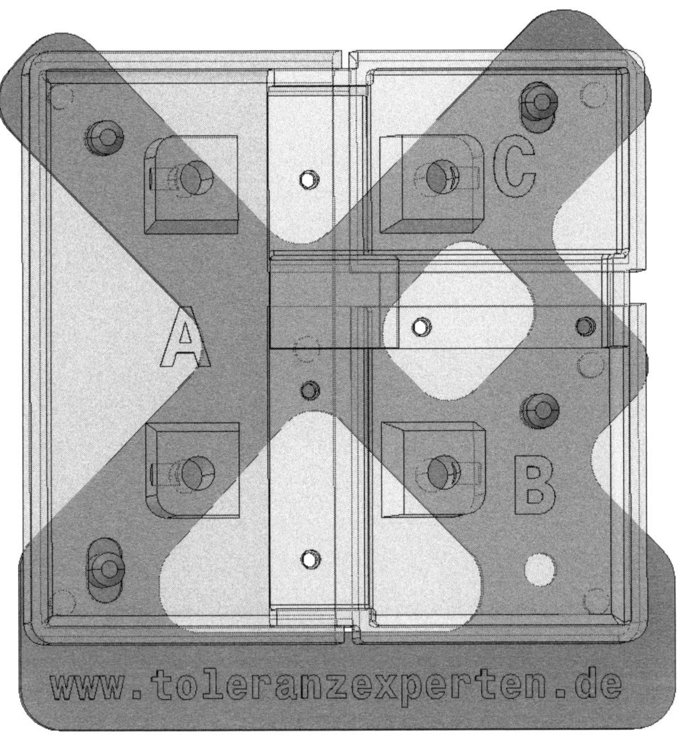

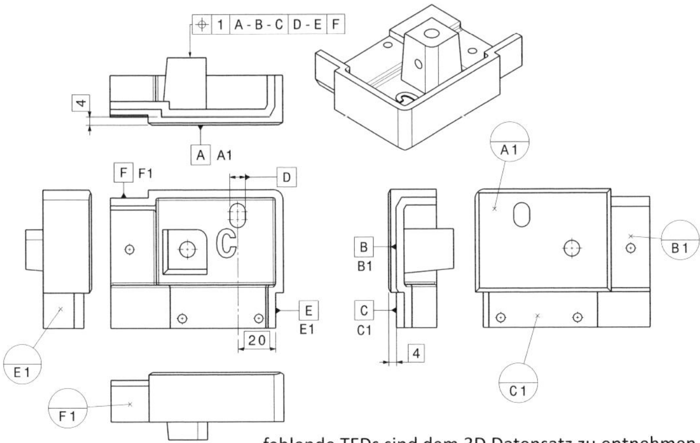

Bild 7.52 Bauteile in Vorrichtung mit Bolzen

Bauteil *A* wird durch die drei Auflage und die beiden Bolzen vollständig fixiert. Für die Bauteile *B* und *C* ist noch die Anlage an den Pfeilen sicherzustellen. Dies kann entweder durch Spanner oder eine entsprechende Fügetechnik erfolgen.

Funktion, Ausrichtung, Fügetechnik und Bezugsstellen beeinflussen sich gegenseitig.

Nach der Funktionsorientierung wird nun auf die Anordnung von Bezugsstellen aus Stabilitätsgründen eingegangen.

Die durch die primären Bezugsstellen aufgespannte Fläche sollte möglichst groß sein, um ein Verkippen zu verhindern. In der Praxis hat sich bei 3 Bezugsstellen eine anzustrebende Mindestgröße von 33 % der größten Fläche bewährt. Der Abstand der sekundären Bezugsstellen sollte ebenfalls maximiert werden, um eine Verdrehung zu verhindern. Als Mindestgröße sind 50 % der größten Gesamtlänge anzustreben. Dies zeigt Bild 7.53.

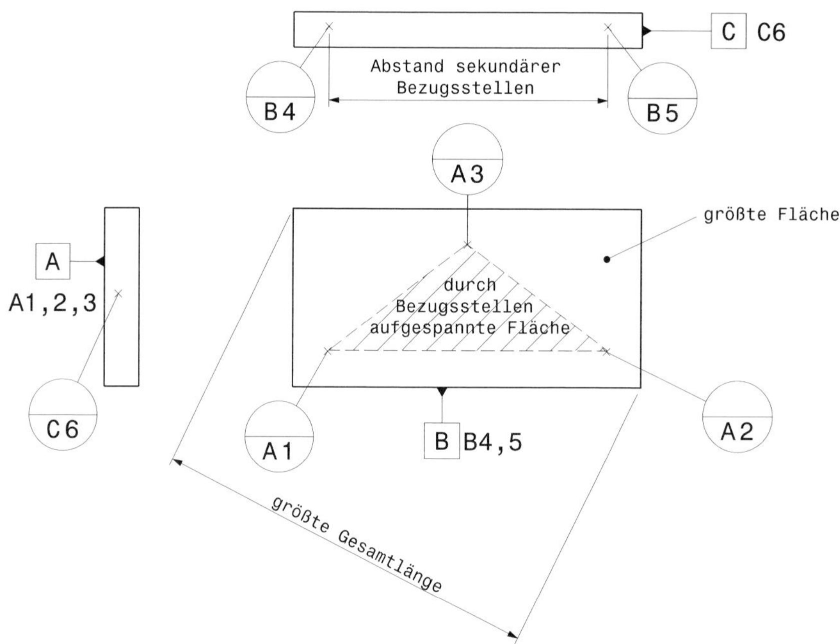

Bild 7.53 Stabilität von Bezügen

Bild 7.54 zeigt schematisch bei gewölbten und schräg im Raum liegenden Flächen den Zusammenhang der Flächen mittels Projektion. Die maximal projizierte Fläche und die projizierte Fläche aus den Bezugsstellen können in unterschiedlichen Projektionsrichtungen liegen. Die Richtung der Fläche aus den Bezugsstellen wird in Wirkrichtung projiziert.

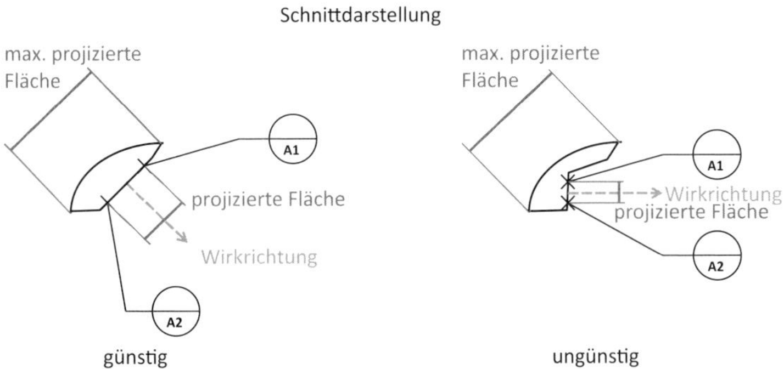

Bild 7.54 Flächenverhältnisse der projizierten Flächen (hier nur 2D dargestellt)

Das Flächenverhältnis zwischen der wirksamen Bezugsfläche und der größtmöglichen projizierten Fläche des Bauteils ist ein Maß für die Stabilität des Bezugs. Die wirksame Bezugsfläche ergibt sich aus der Projektion der Fläche zwischen den Bezugsstellen in Wirkrichtung der Bezugsstellen. Ziel ist ein Flächenverhältnis von mindestens ⅓.

Außerdem ist es wichtig, dass alle Bezugsstellen die gleiche Wirkrichtung haben, denn sonst kann es bei Maßabweichungen, wie in der folgenden Darstellung gezeigt, zu einem Fehler in den anderen Ebenen kommen. Im Beispiel erzeugt ein Fehler in X-Richtung bei nicht senkrechten oder parallelen Wirkrichtungen einen Fehler in Z-Richtung.

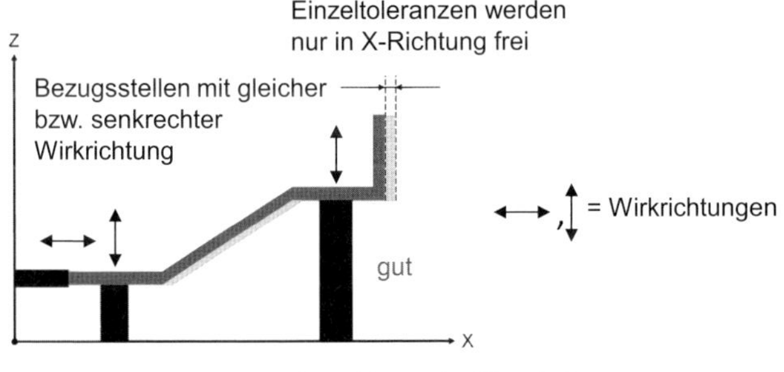

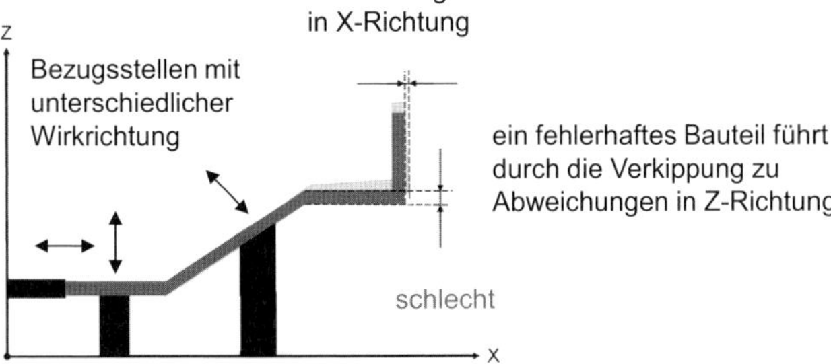

Bild 7.55 Gut-Schlecht-Beispiel der Wirkrichtung von primären Bezugsstellen

Hilfreich ist es, wenn die Wirkrichtungen der Bezugsstellen in die Achsrichtung des Produktkoordinatensystems zeigen, denn dies ist einfacher nachvollziehbar und meist leichter in der Anlage zu korrigieren.

Beim Abstand der Bezugsstellen ist zwischen Abstand und Wirkabstand zu unterscheiden, denn besonders bei einer Loch-Langloch-Kombination hängt der wirksame Abstand von der Winkelstellung ab. Bild 7.56 zeigt dies am Beispiel von zwei Langlöchern mit identischem Absolutabstand zum Rundloch. Der real wirksame Abstand ist deutlich unterschiedlich. Daher ist es sinnvoll, das Langloch in Richtung der Verbindung Loch zu Langloch auszurichten.

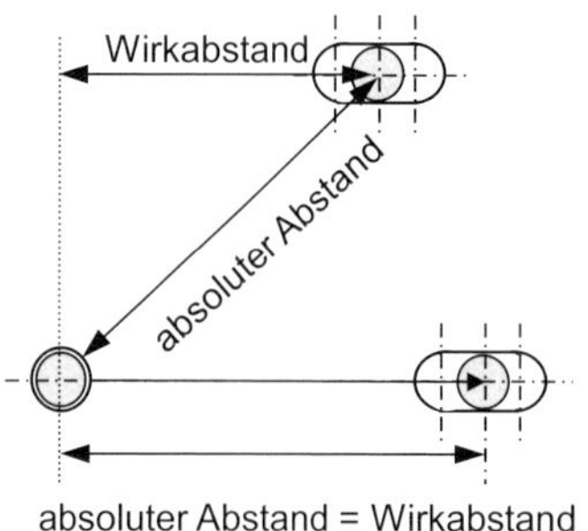

Bild 7.56 Zusammenhang zwischen absolutem Abstand und Wirkabstand

Da sich das wirksame Spiel zwischen Loch und Bolzen mit zunehmender Winkelstellung ebenfalls vergrößert, ist die Ausrichtung des Langlochs in Richtung der Verbindungslinie doppelt sinnvoll. Die Veränderung des Lochspiels ist in der folgenden Darstellung visualisiert.

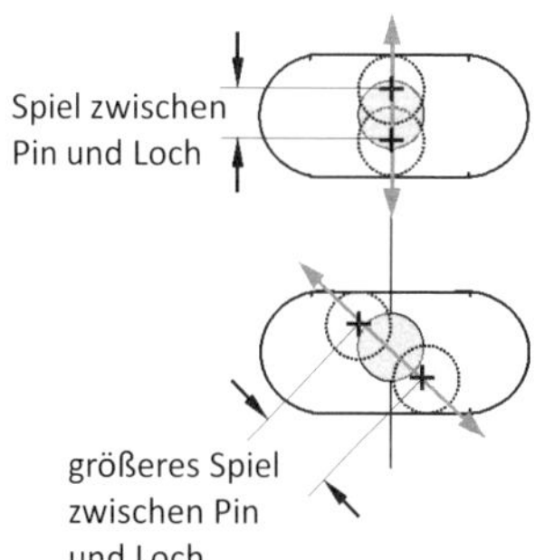

Bild 7.57 Auswirkung der Winkelstellung zwischen Langloch und Wirkrichtung

Es lässt sich ein Grenzbereich für den Winkel definieren, ab dem eine Loch-Langloch-Kombination problematisch wird. Dieser Grenzbereich wird oft aus Erfahrung firmenspezifisch festgelegt und ist Bild 7.58 dargestellt.

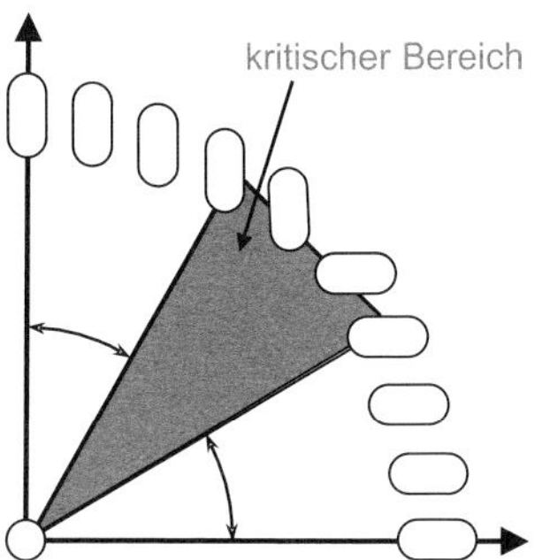

Bild 7.58 Kritischer Bereich eines Loch-Langlochsystems

Diesen Zusammenhang zeigt auch das praktische Beispiel eines Blechteils (Bild 7.59), das mittels einer Loch-Langloch-Kombination aufgenommen werden soll. In der linken Variante kommt es zu Spiel in der Aufnahme und das Bauteil kann nicht reproduzierbar gefügt werden. Die naheliegende Lösung, das Langloch um 45° gegen den Uhrzeigersinn zu drehen, ist nicht möglich, da die Verstellmöglichkeiten in der Anlage im Regelfall nur in die Koordinatenrichtungen vorhanden sind. Bei einem schrägen Langloch wäre eine Verstellung des Bolzens nur sehr kompliziert möglich. Daher ist es einfacher, den Lochstempel des runden Lochs zu versetzen und so, wie in der rechten Variante dargestellt, in einen stabilen Winkelbereich der Loch-Langloch-Kombination zu kommen.

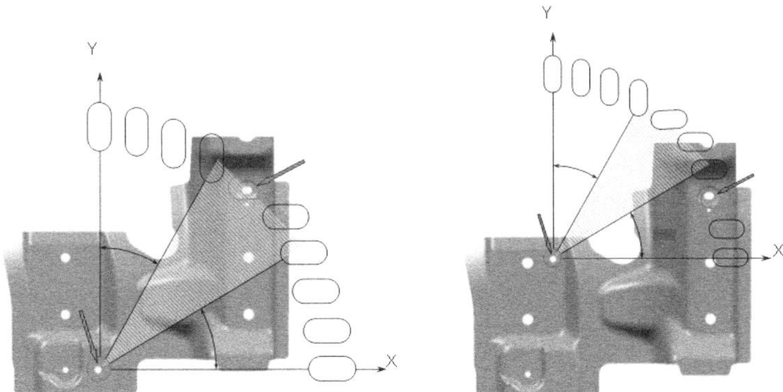

Bild 7.59 Loch-Langloch-Paarung am realen Bauteil

Koordinatenparallele Bezugsebenen und Bezugsstellen vereinfachen die Verstellung und die Analyse, da die Anlagen häufig von ihren Verstellmöglichkeiten in Koordinatenrichtung ausgerichtet sind. Somit bewirkt dann eine Verstellung in eine Koordinatenrichtung keine Verschiebung in die anderen Richtungen.

7.10.2 Vergabe von Bezugsstellen im Zusammenbau

Die Bezugsstellen an Einzelteilen oder Zusammenbauten werden an denjenigen Punkten definiert, welche die Lage im übergeordneten Zusammenbau festlegen. Dabei ist auch auf die Durchgängigkeit der Bezüge zu achten. Jede Bezugsstelle im Zusammenbau muss sich in den untergeordneten Zusammenbauten oder Einzelteilen wiederfinden, siehe Bild 7.60.

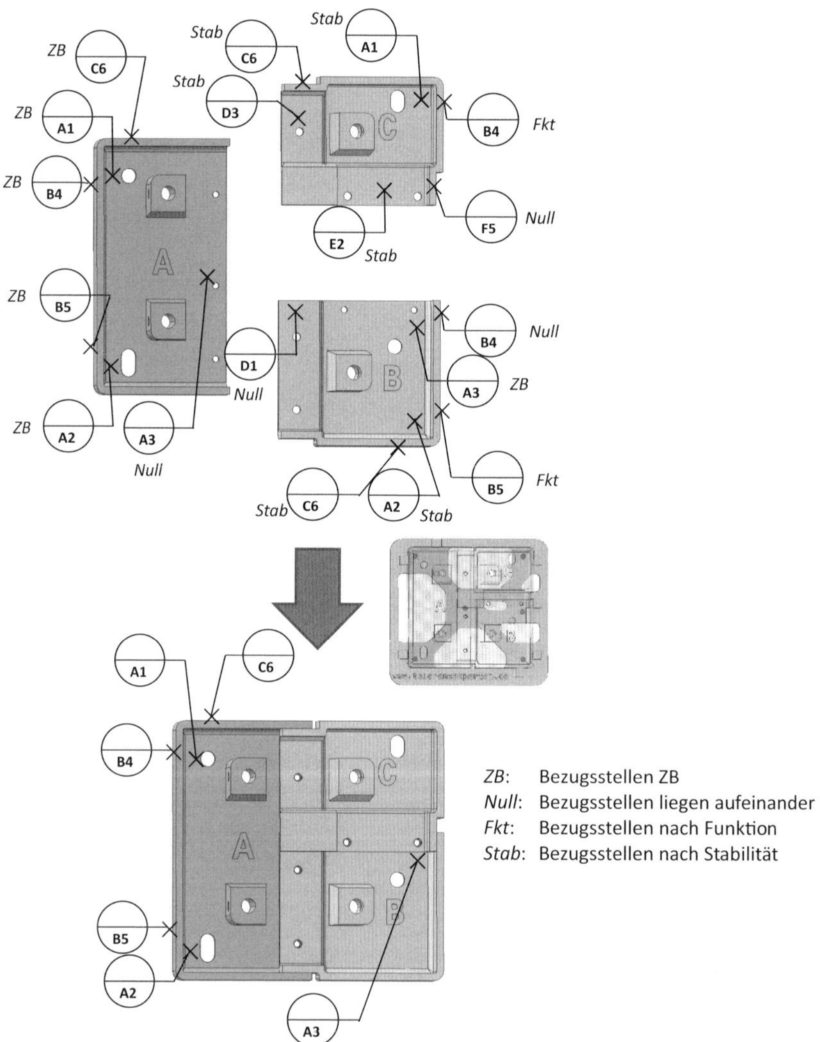

Bild 7.60 Durchgängigkeit der Bezugsstellen am Zusammenbau

Alle Bezugsstellen des Zusammenbaus finden sich in den Einzelteilen. Im Bild 7.60 sind diese mit *ZB* gekennzeichnet. Dies gewährleistet die Analysefähigkeit, denn nur so kann von den Messungen der Einzelteile auf den Zusammenbau geschlossen werden.

Geschickt – im Sinne der Analysefähigkeit und kurzer Toleranzketten – ist es, Bezugsstellen der Bauteile direkt aufeinanderzulegen. In dem vorhergehenden Bild sind diese Bezugsstellen mit *Null* gekennzeichnet. Der Vorteil ist, dass beide Bauteile von der gleichen Bezugsstelle aus gemessen werden und somit der Zusammenbau einfacher analysierbar ist.

Die weiteren Bezugsstellen werden nach der der Funktion, gekennzeichnet mit *Fkt*, und der Stabilität *(Stab)* festgelegt.

7.10.3 Wechsel von Bezugsstellen

Durch den Bezugsstellenwechsel geht der Funktionsbezug verloren. Darüber hinaus hat der Bezugsstellenwechsel gravierende Auswirkungen auf die Beurteilung des Bauteils, da die neue Bezugsstelle auf einer toleranzbehafteten Fläche liegt und das Bauteil somit eine andere Lage bekommt. Daher ist ein Wechsel der Bezugsstellen zu vermeiden.

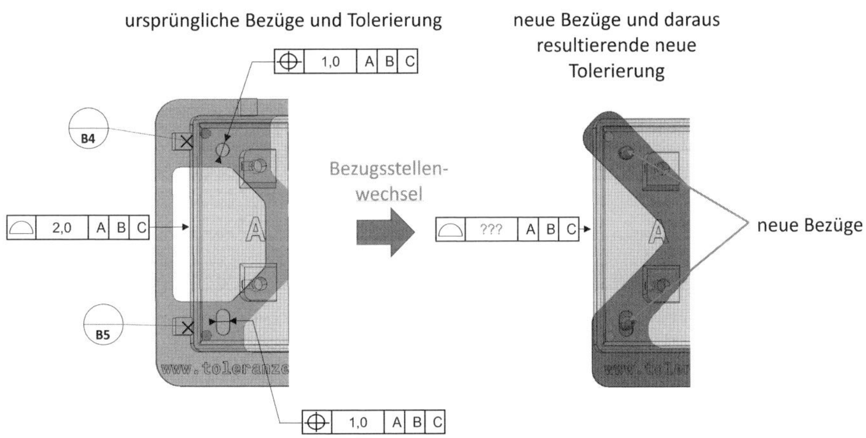

Bild 7.61 Wechsel von Bezugsstellen

Das folgende Beispiel in Bild 7.61 zeigt mögliche Auswirkungen. In der linken Vorrichtung liegen die Bezugsstellen außen auf der Fläche. Die restliche Fläche wird zu den Bezugsstellen bewertet. Die Löcher haben eine Toleranz zu den Bezugsstellen. Wenn nun die Bezugsstellen gewechselt und Bezugsstellen wie in der rechten Darstellung in die Löcher gelegt werden, kommt zur ursprünglichen Toleranz *Bezugsstelle zu Fläche* noch der Term *Loch zu Bezugsstelle* hinzu. In dem Beispiel liegt die resultierende Toleranz zwischen 2,2 mm und 3 mm.

In besonderen Fällen kann es aufgrund der Analysemöglichkeit erforderlich sein das Bezugsstellensystem zu wechseln. Ein Beispiel dafür sind die klassischen Hut-Profile. Das Bauteil findet seine Lage im Zusammenbau an den Flanschen. Daher liegen dort aus Funktionssicht oft die Bezüge. Eine Analyse anhand von Bezugsstellen auf dem Flansch ermöglicht keine Aussagen über notwendige Korrekturen im Umformprozess. Die Korrektur kann nur über die Schenkel und den Flansch erfolgen. Die Basisfläche unterliegt nur einer geringen Schwankung im Fertigungsprozess. Daher gibt es in diesem Fall ein zweites Bezugssystem für die Analyse des Umformprozesses. Für die Bemusterung ist immer im funktionsorientieren Bezugssystem für den Verbau zu messen. Daher wird in der Produktdokumentation normalerweise nur das Bezugssystem aus funktionaler Sicht für den Verbau dokumentiert.

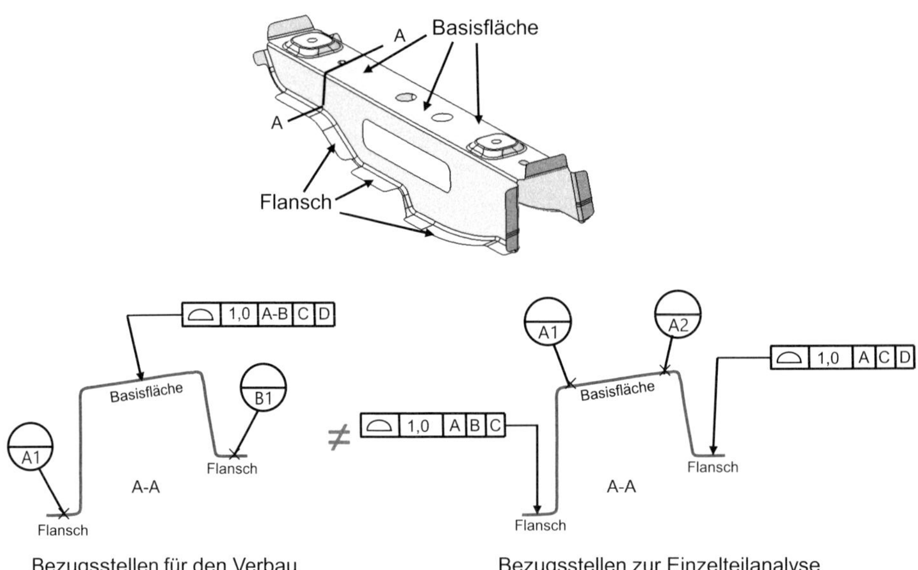

Bild 7.62 Wechsel von Bezugsstellen am Beispiel eines Hut-Profils

Zusammenfassung

- Bezüge sind per Definition exakt.
- Bewusste Entscheidung der Verwendung von Bezügen nach DIN EN ISO 5459 oder dem weit verbreiteten RPS-System.
- Bezugsstellen an den Stellen anordnen, an denen das Bauteil seine Lage findet.
- Stabile Bezugssysteme anstreben, u. a. möglichst große Basis und orthogonale Wirkrichtungen der Bezüge.
- Bei elastischen Bauteilen nur so viele Hilfsbezugsstellen, wie zwingend erforderlich sind.
- Bezugsstellen müssen zwingend in der Fertigung und der Messtechnik verwendet werden.

8 Toleranzen

Nach DIN EN ISO 286-1 ist die Toleranz definiert als Differenz der oberen und unteren Toleranzgrenze, siehe Bild 8.1.

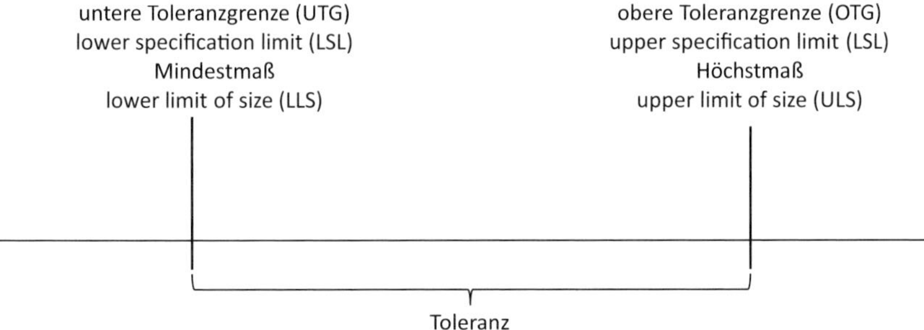

Bild 8.1 Begriffe für die Toleranzgrenzen

Die verwendeten Begriffe und Übersetzungen für die Toleranzgrenzen unterscheiden sich je nach Norm und Textquelle. Im Folgenden wird das Wort Toleranzgrenze verwendet.

Das Ziel der Toleranzvergabe ist die Erfüllung der Funktion durch das Bauteil bzw. den Zusammenbau. Aus dieser Funktionserfüllung lassen sich die Toleranzgrenzen ableiten.

Hinweis: Funktions- und Toleranzgrenzen können unterschiedlich sein. Ein Beispiel ist ein bestimmtes funktional erforderliches Maß bei erhöhter Temperatur (z. B. 400 °C). Die Toleranz wird jedoch bei Raumtemperatur gemessen. Daher kann eine Übersetzung der Funktionsmaßgrenzen in die Toleranz erforderlich sein.

Bevor auf die verschiedenen Toleranzarten eigegangen werden kann, muss zunächst der Tolerierungsgrundsatz erläutert werden.

Das **Unabhängigkeitsprinzip** ist in der DIN EN ISO 8015 definiert. Beim Unabhängigkeitsprinzip gilt der Grundsatz der Unabhängigkeit der einzelnen Toleranzen voneinander. Dabei muss jede Toleranzanforderung an ein Geometrieelement oder eine Beziehung zwischen Geometrieelementen unabhängig von anderen Anforderungen erfüllt werden, d. h. jeder eingetragene Toleranzwert gilt unabhängig für sich und muss separat eingehalten sowie überprüft werden. Dies ist der Standard. Wenn etwas anderes gelten soll, muss es explizit angegeben sein und kann durch die Modifikationssymbole Ⓜ nach ISO 2692, CZ nach ISO 1101 oder Ⓔ nach ISO 14405-1 erfolgen.

Die **Maximum-Material-Bedingung** (MMR) ist in der DIN EN ISO 2692 geregelt. Der entsprechende Modifikator ist Ⓜ. Zielsetzung ist es, das Fügen zu ermöglichen. In der Maximum-Material-Bedingung werden gleichzeitig das Größenmaß und die geometrische Abweichung überprüft, siehe Bild 8.2.

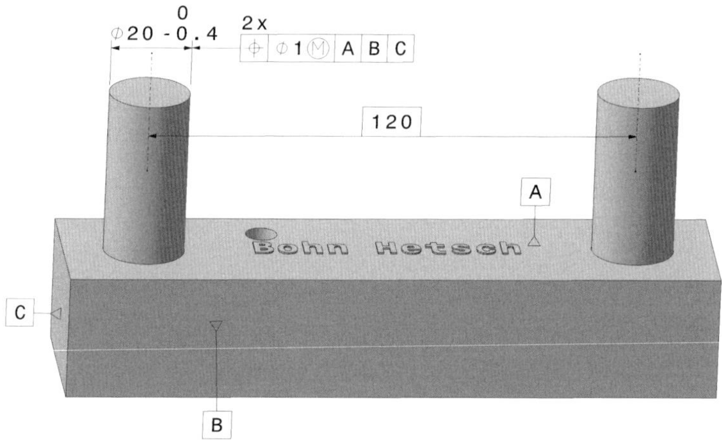

Bild 8.2 Maximum-Material-Bedingung

Die Überprüfung im gezeigten Beispiel erfolgt mittels einer Lehre, die zwei Bohrungen mit einem Durchmesser von 21 mm im Abstand von 120 mm besitzt.

In der DIN EN ISO 14405-1 ist die **Hüllbedingung** beschrieben. Diese wurde früher auch als **Taylor'scher Grundsatz** bezeichnet. Der entsprechende Modifikator im Toleranzindikator ist Ⓔ. Die **Hüllbedingung** beschreibt die gleichzeitige Verwendung einer Kombination aus dem Zweipunktmaß als Spezifikationsoperator, angewendet auf die Minimum-Material-Bedingung der Maßtoleranz, und entweder dem kleinsten umschriebenen Maß oder dem größten einbeschriebenen Maß als Spezifikationsoperator, angewendet auf die Maximum-Material-Bedingung der Maßtoleranz.

Standardmäßig gilt das Unabhängigkeitsprinzip nach DIN EN ISO 8015. Alle Toleranzen und alle Geometrieelemente werden unabhängig voneinander überprüft.

8.1 Dimensionelle Tolerierung nach DIN EN ISO 14405

Hier werden die klassischen Maßtolerierungen nach DIN EN ISO 14405 vorgestellt. Die verwendeten Zweipunktmaße sind der Abstand zwischen zwei sich gegenüberliegender Punkte auf dem Maßelement. Die industrielle Praxis weicht leider häufig von der Norm ab. Daher sind die Zeichnungen oft nicht eindeutig und/oder unvollständig. Eine eindeutige Verwendung von Maßtoleranzen nach DIN EN ISO 14405 wird schnell aufwändig. Daher ist meist ein Wechsel auf die Form- und Lagetolerierung nach DIN EN ISO 1101 sinnvoll.

Das Beispiel in Bild 8.3 zeigt eine typische Zeichnung, wie sie sich in der Praxis findet.

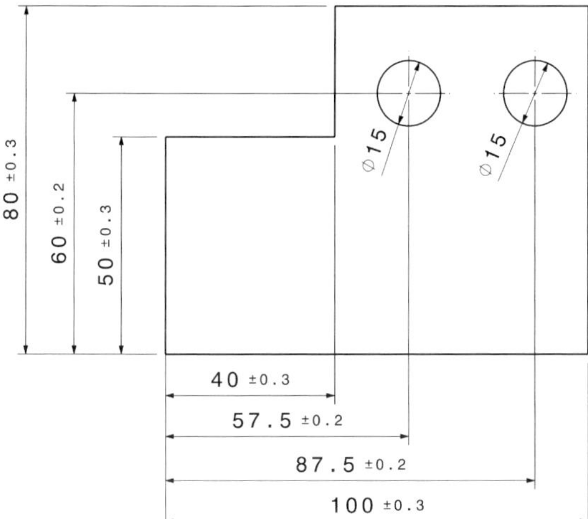

Bild 8.3 Mit Zweipunktmaßen toleriertes Bauteil

Auf den ersten Blick scheint das Bauteil vollständig beschrieben zu sein und kann so gefertigt werden. Das folgende Bild zeigt in gestrichelter Darstellung die zulässigen Abweichungen eines real gefertigten Bauteils.

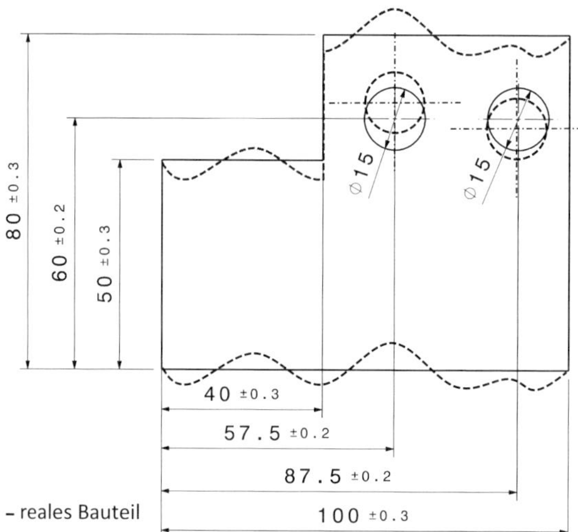

Bild 8.4 Abweichungen des real gefertigten Bauteils

Ob dieses Bauteil die geplante Funktion erfüllt, hängt von der Funktion ab. Die Abweichungen sind jedoch zulässig. Die generelle Ursache liegt in der Definition. Ein Zweipunktmaß, z. B. der Abstand, gilt für zwei gegenüberliegende Punkte. So lange im Beispiel die gestrichelten Linien nur parallel verschoben sind, können sie beliebig gekrümmt sein. Damit verschieben sich auch die Löcher auf die gestrichelten Positionen.

Eine einfache Spezifikation eines Zweipunktmaßes zeigt Bild 8.5. Das Bauteil soll 20 mm vom Rand entfernt eine Breite von 50 mm besitzen.

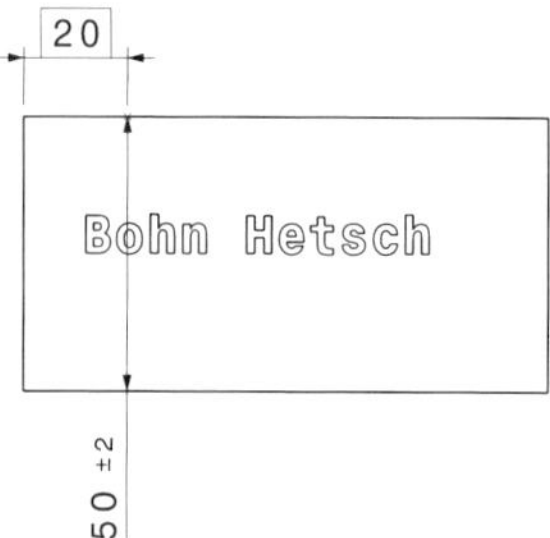

Bild 8.5 Spezifikation eines Zweipunktmaßes

In der Praxis wird dieses Maß mittels eines Messschiebers gemessen. Um die Probleme bei der Messung zu zeigen, wird im folgenden Bild ein extrem falsches Bauteil gemessen. Es ist mit dem Messschieber nicht möglich den korrekten Ort sowie die korrekte Richtung für die Messung zu finden.

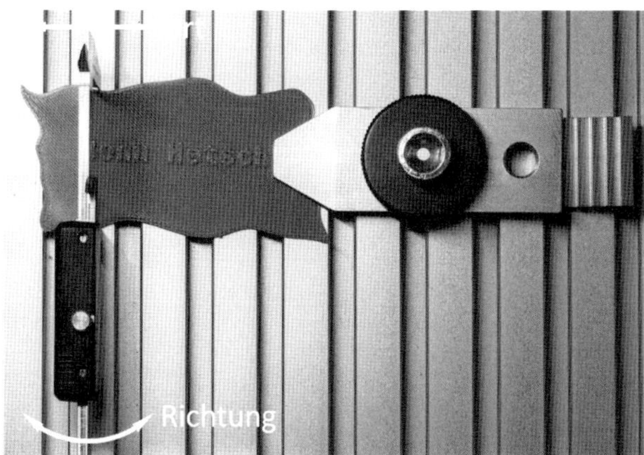

Bild 8.6 Herausforderung bei der Messung eines Zweipunktmaßes

Der korrekte Messablauf ist in Bild 8.7 beschrieben. Allein die Notwendigkeit auf Grund der großen Formabweichungen die Mittelebene zu bestimmen, erfordert eine Messmaschine.

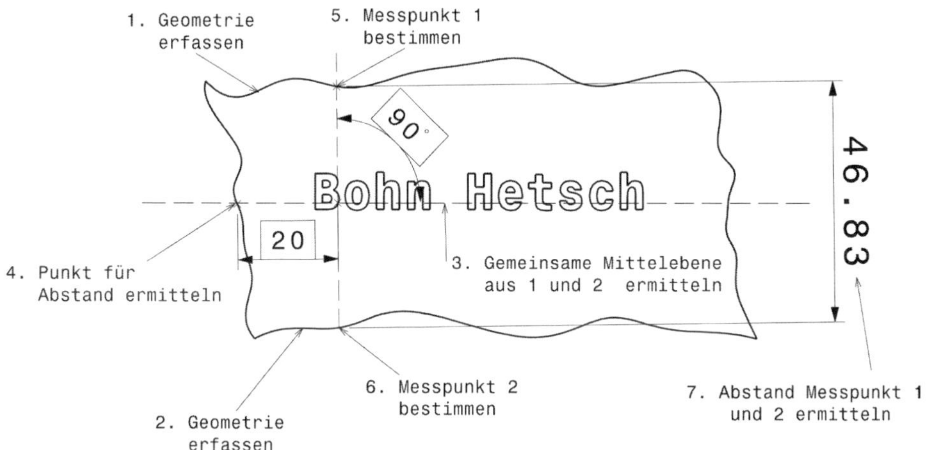

Bild 8.7 Korrekte Messung eines Zweipunktmaßes

Daher zeigt Bild 8.8 der Carl Zeiss Industrielle Messtechnik GmbH die Messung auf einer Koordinatenmessmaschine.

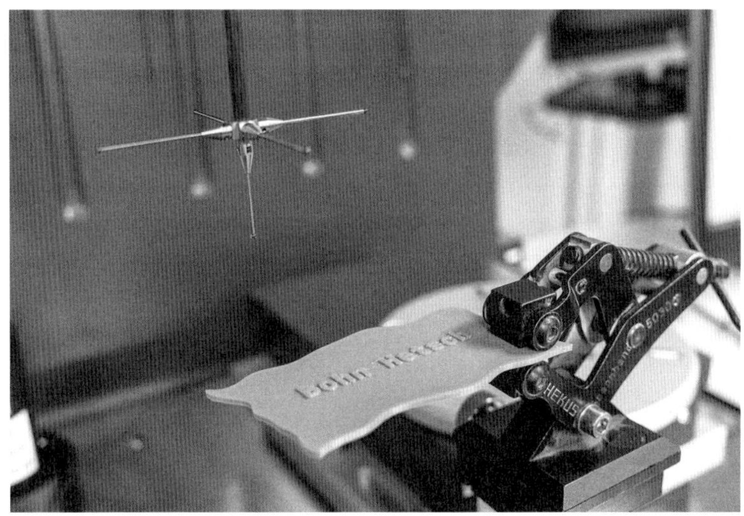

Bild 8.8 Messung auf einer Koordinatenmessmaschine

Dieses Beispiel ist auf Grund der großen Formabweichung extrem. Bei sehr kleinen Formabweichungen kann die Messung bei bestandener Messsystemanalyse mit dem Messschieber gemessen werden. Als Faustformel gilt, dass die Formabweichung 10-mal kleiner sein soll als die Toleranz des Größenmaßes.

Die DIN EN ISO 14405 empfiehlt aus Gründen der Eindeutigkeit auch für Zweipunktmaße eine GPS-Symbolik.

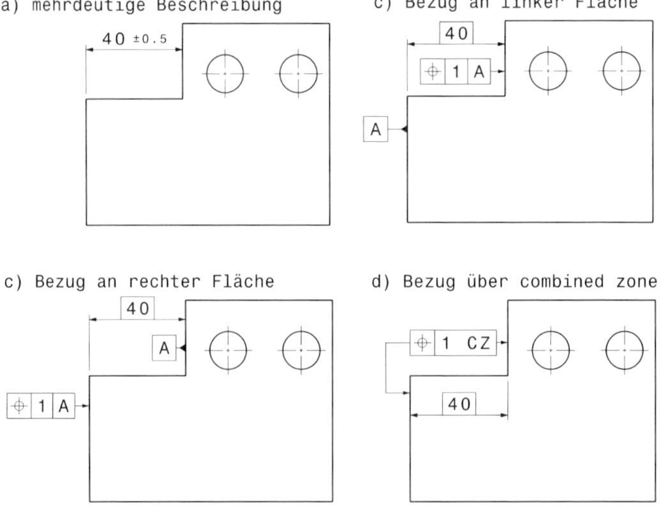

Bild 8.9 Eindeutigkeit der Zweipunktmaßtolerierung nach DIN EN ISO 14405

Im Fall a) ist nicht definiert, von wo nach wo gemessen werden soll. Des Weiteren ist nicht klar, wie mit Form- und Richtungsabweichungen umgegangen werden soll. Daher ist entsprechend der Beispiele b), c) und d) zu tolerieren. Im Fall b) ist die linke Fläche der Bezug. Von dieser Fläche aus wird gemessen. Die Toleranzzone wird durch zwei parallele Ebenen im Abstand zum realen Bezug von 40 mm begrenzt. Diese Ebenen haben einen Abstand von 1 mm zueinander. Der Fall c) ist identisch aufgebaut, nur ist der Bezug auf der anderen Seite. Die Positionstoleranz bietet noch eine weitere Möglichkeit. Diese ist im Fall d) dargestellt. Mittels des Modifikators CZ kann ohne Bezug gearbeitet werden, da mit dem CZ-Symbol eine gemeinsame Toleranzzone gebildet wird.

Bild 8.10 zeigt den Unterschied an einem Bauteil mit Abweichungen, den die Wahl des Bezugs auf das Messergebnis hat.

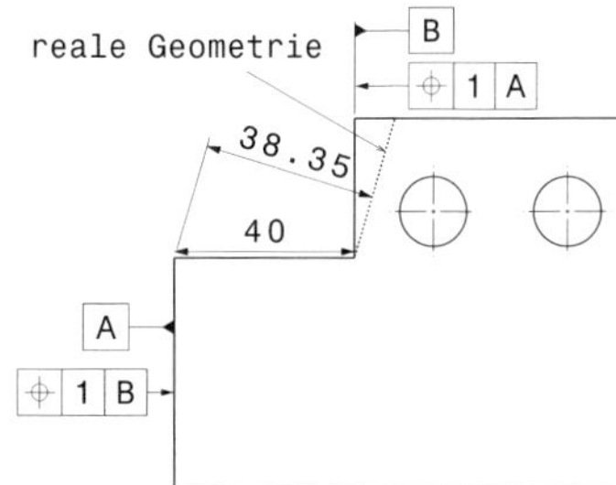

Bild 8.10 Einfluss der Wahl des Bezugs (Messrichtung) auf das gemessene Maß

Vom Bezug A aus gemessen, beträgt der kleinste Abstand 40 mm. Das Bauteil wäre am Eckpunkt exakt NULL. Vom Bezug B aus gemessen, wäre das Bauteil um 1,65 mm zu klein und somit außerhalb der Toleranz (vgl. Bild 8.9). Anhand dieser Beispiele wird klar, dass auch bei Zweipunktmaßen Bezüge und Positionstoleranzen benötigt werden.

Bild 8.11 zeigt die komplette Tolerierung des Bauteils nach DIN EN ISO 14405.

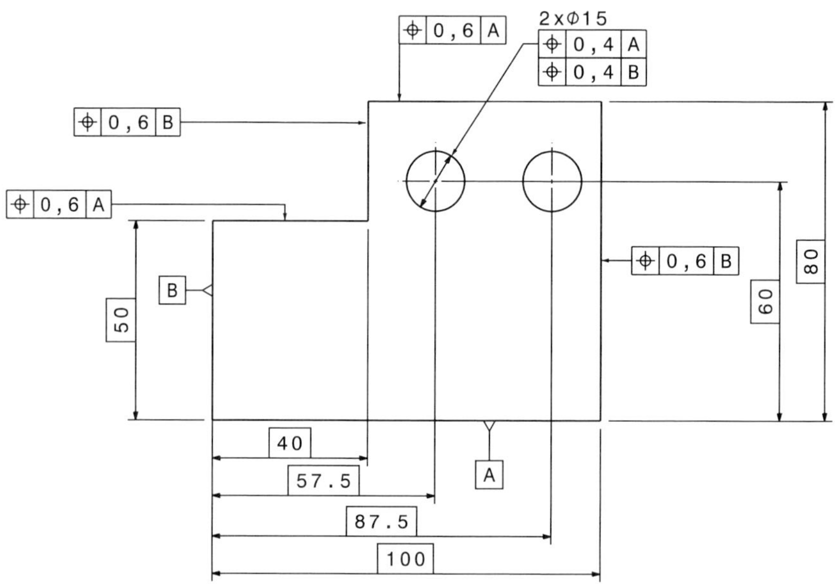

Bild 8.11 Komplette dimensionelle Tolerierung nach DIN EN ISO 14405

Als Bildunterschrift steht zwar "komplette dimensionelle Tolerierung", diese ist jedoch nur insofern vollständig, da alle Zweipunktmaße aus der Ursprungszeichnung übersetzt wurden. Es fehlen die Tolerierungen der Form der Bezüge, der Rechtwinkligkeit der Bezüge und der Lochdurchmesser.

Ein Wechsel auf das komplette Spektrum der Form- und Lagetolerierung nach DIN EN ISO 1101 vereinfacht die Beschreibung und gibt zusätzliche Möglichkeiten.

8.2 Form- und Lagetolerierung nach DIN EN ISO 1101 bzw. DIN EN ISO 5458

In der DIN EN ISO 1101 sind die verschiedenen Form- und Lagetoleranzen beschrieben. Bild 8.12 gibt einen Überblick über die verschiedenen Toleranzarten.

Die Formtoleranzen beziehen sich auf sich selbst und benötigen daher keinen Bezug. Die Toleranzen der Richtung und des Ortes (Lage) benötigen zwingend einen Bezug. Einzige Ausnahme ist die Positionstoleranz.

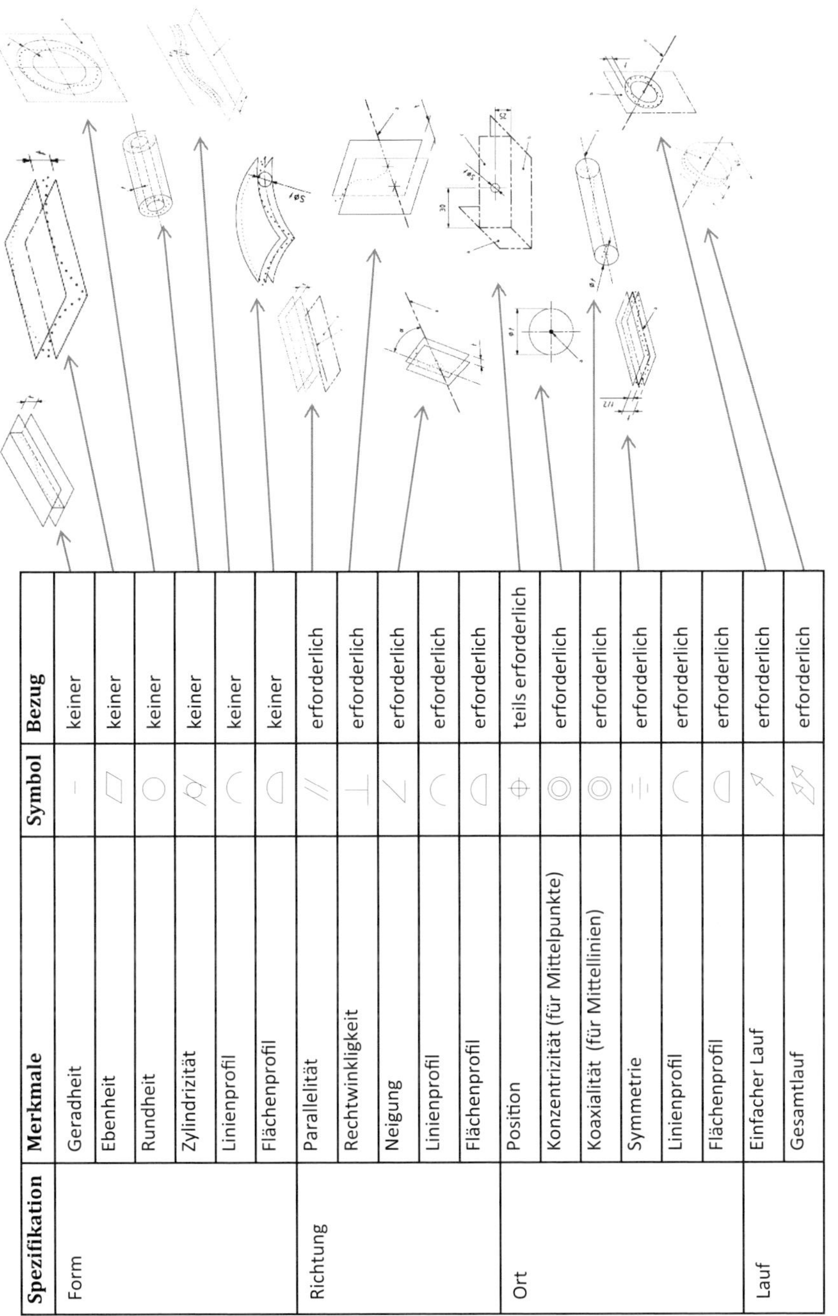

Spezifikation	Merkmale	Symbol	Bezug
Form	Geradheit	—	keiner
	Ebenheit	⏥	keiner
	Rundheit	○	keiner
	Zylindrizität	⌭	keiner
	Linienprofil	⌒	keiner
	Flächenprofil	⌓	keiner
Richtung	Parallelität	∥	erforderlich
	Rechtwinkligkeit	⊥	erforderlich
	Neigung	∠	erforderlich
	Linienprofil	⌒	erforderlich
	Flächenprofil	⌓	erforderlich
Ort	Position	⌖	teils erforderlich
	Konzentrizität (für Mittelpunkte)	◎	erforderlich
	Koaxialität (für Mittellinien)	◎	erforderlich
	Symmetrie	⌯	erforderlich
	Linienprofil	⌒	erforderlich
	Flächenprofil	⌓	erforderlich
Lauf	Einfacher Lauf	↗	erforderlich
	Gesamtlauf	⌰	erforderlich

Bild 8.12 Toleranzen nach DIN EN ISO 1101

Die Begrifflichkeiten Lage, Ort und Richtung werden in der DIN EN ISO 1101 nicht durchgängig verwendet. Es wird von Form- und Lagetoleranzen gesprochen. Es gibt jedoch keine Klasse der Lagetoleranzen, sondern lediglich Orts- und Richtungstoleranzen. Daher ist es empfehlenswert, bei einer exakten Beschreibung nur die Begriffe Ort und Richtung zu verwenden.

Die Toleranzen innerhalb einer Art (Form, Richtung, Ort) sind nicht alle unabhängig voneinander. Ebenheit kann durch Profiltoleranzen ohne Bezug ausgedrückt werden. Parallelität, Rechtwinkligkeit und Neigung können durch Profiltoleranzen oder Positionstoleranzen mit Bezug ausgedrückt werden.

Konzentrizität und Koaxialität können durch Positionstoleranzen beschrieben werden.

Daher sind die wichtigsten Toleranzen *Position* und *Linien-/Flächenprofil*. Diese werden im Folgenden nach den allgemeinen Grundlagen im Detail beschrieben. Einige weitere Toleranzen werden danach anhand von Beispielen kurz vorgestellt.

8.2.1 Symbolik des Toleranzindikators

Die Symbolik des Toleranzindikators ist in der DIN EN ISO 1101 beschrieben. Bild 8.13 zeigt dessen Maximalumfang.

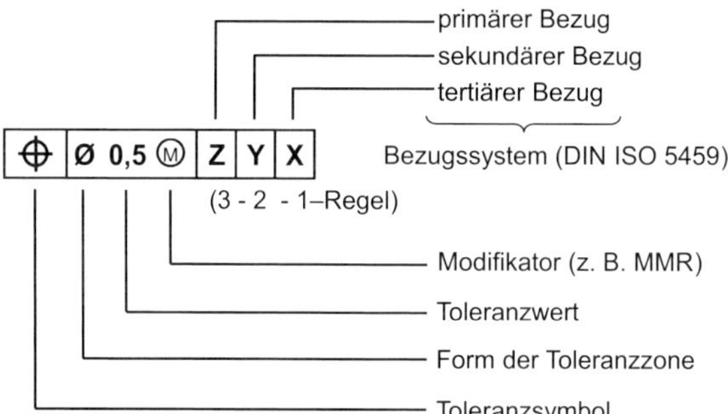

Bild 8.13 Toleranzindikator nach DIN EN ISO 1101

Im Toleranzindikator sind verschiedene Angaben zwingend erforderlich, während andere optional sind. Das Toleranzsymbol ist zwingend erforderlich, damit klar ist, um welche Toleranz es sich handelt. Im Fall der Positionstoleranz kann es sinnvoll sein, zusätzlich das Durchmessersymbol zu verwenden, um eine runde bzw. zylindrische Toleranzzone zu erhalten. Ansonsten ist die Toleranzzone einer Positionstoleranz quadratisch oder quaderförmig. Die Richtung wird durch den Bezug oder die Orientierungsebene bestimmt. Beim Toleranzwert ist zu beachten, dass dieser im Toleranzindikator die Breite der Toleranzzone angibt. Bei den Toleranzarten *Linienprofil*, *Flächenprofil* und *Position* ist der Wert symmetrisch. In dem oben gezeigten Beispiel ist die Toleranz 0,5 mm, dies entspricht ±0,25 mm. Der Modifikator wird bei Bedarf verwendet. Mögliche Varianten sind u. a. in der DIN EN ISO 2692 beschrieben. Der Bezug ist bei Richtungs-, Orts und Lauftoleranzen erforderlich. Formtoleranzen sind immer ohne Bezug.

8.2.2 Symbolik des Toleranzpfeils

Der Toleranzpfeil wird in der DIN EN ISO 1101 als Hinweispfeil bezeichnet. Zur Unterscheidung von weiteren Pfeilen wird hier der gängige Begriff Toleranzpfeil verwendet. Der Toleranzindikator wird durch den Toleranzpfeil mit dem tolerierten Element bzw. einer Maßlinie verbunden. Der Toleranzpfeil trifft grundsätzlich senkrecht auf das Element. Bei der Darstellung des Toleranzpfeils ist sorgsam darauf zu achten, das richtige Geometrie- bzw. Maßelement zu treffen. Das folgende Beispiel zeigt am Fall einer Welle den Unterschied in der Bedeutung.

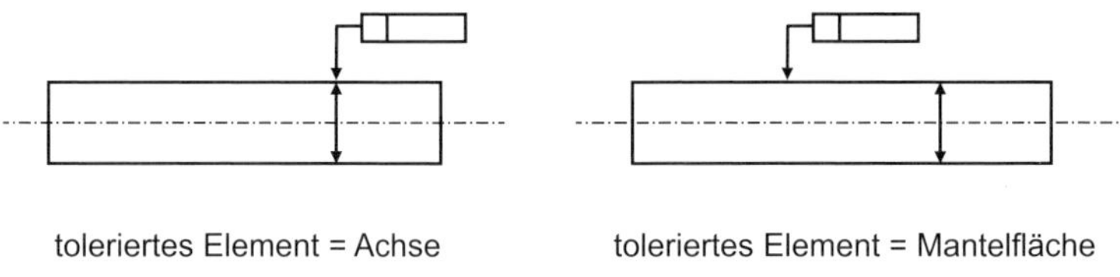

Bild 8.14 Toleriertes Element

Im linken Beispiel zeigt der Toleranzpfeil auf den Bemaßungspfeil. Da dieser für einen Durchmesser steht, ist das tolerierte Element die Achse. Im rechten Beispiel zeigt der Toleranzpfeil auf die Mantelfläche. Daher ist diese zu tolerieren. Die Logik bezüglich realer bzw. abgeleiteter Geometrieelemente ist somit analog zu den Bezugspfeilen.

GPS-Normen zielen auf die Darstellung in der Zeichnung ab. Folgende Symbole für den Toleranzpfeil sind in der Zeichnung anzuwenden.

Ist das tolerierte Element nur linienförmig erkennbar, ist die Spitze des Toleranzpfeils als Pfeil auszuführen. Ist das tolerierte Element als Fläche zu erkennen, ist das Ende ein Kreis. Wenn das tolerierte Element sichtbar ist, wird der Kreis ausgefüllt und die Linie ist durchgezogen. Für nicht sichtbare Elemente ist der Kreis nicht ausgefüllt und die Linie ist eine Strichlinie.

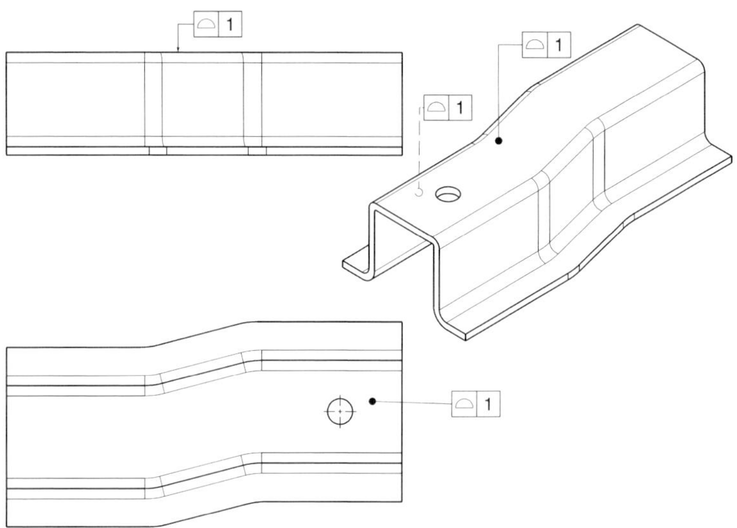

Bild 8.15 Toleranzpfeile nach DIN EN ISO 1101 in der Zeichnung in 2D und 3D

8.2.3 Ergänzende Symbole

Schnitt- und Orientierungsebenen sowie Richtungsgeometrieelemente beeinflussen bzw. definieren die Lage von Toleranzzonen. Sie sind in der DIN EN ISO 1101 beschrieben.

Durch das **Schnittebenensymbol** kann das tolerierte Element unabhängig von der Ansicht festgelegt werden. Ein typischer Anwendungsfall ist der Schnitt durch ein Bauteil bei der Verwendung der Toleranz *Linienprofil* ohne Bezug oder der *Geradheit*. Bild 8.16 zeigt die Symbolik.

Bild 8.16 Symbolik der Schnittebene

Voraussetzung für die Anwendung ist die Existenz eines Bezugs. Das Schnittebenensymbol wird direkt an das Toleranzsymbol angehängt.

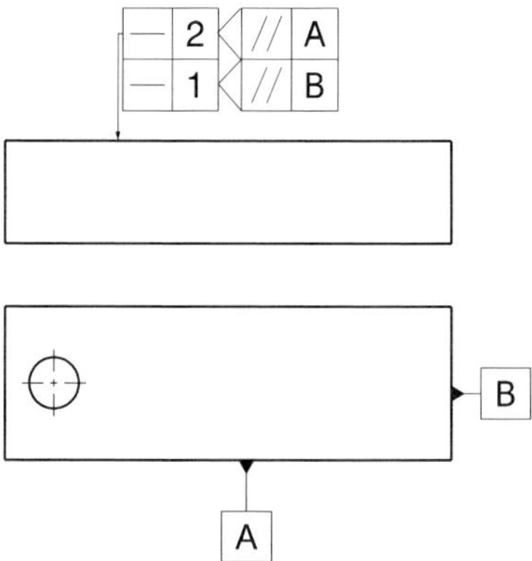

Bild 8.17 Anwendung des Schnittebenensymbols

Durch die **Orientierungsebene** wird die Orientierung der Toleranzzone eines abgeleiteten Geometrieelements definiert. Die Symbole sind in der folgenden Darstellung abgebildet.

Bild 8.18 Symbolik der Orientierungsebene

Die Anwendung erfolgt analog der Schnittebene direkt hinter dem Toleranzsymbol.

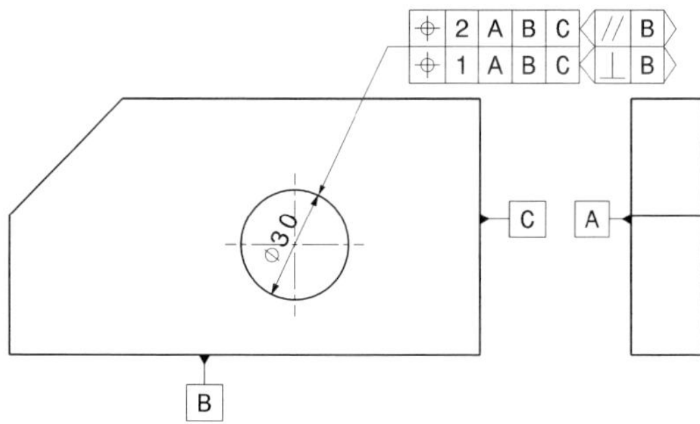

Bild 8.19 Anwendung des Symbols der Orientierungsebene

Der Unterschied in der Anwendung zwischen der Orientierungsebene und des im Folgenden beschriebenen Richtungsgeometrieelements ist die Art des tolerierten Elements. Orientierungsebenen werden bei abgeleiteten tolerierten Geometrieelementen (z. B. Position von Lochmittelpunkten) verwendet, Richtungsgeometrieelemente werden bei integralen tolerierten Geometrieelementen (z. B. Lauf oder Rundheit) verwendet.

Das **Richtungsgeometrieelement** ist ein extrahiertes Geometrieelement (Ebene, Zylinder oder Kegel), das die Richtung der Breite der Toleranzzone festlegt. Es wird bei komplexen Flächen/Profilen verwendet, wenn die Richtung des Toleranzwertes nicht senkrecht zur spezifizierten Geometrie sein soll. Das Beispiel Bild 8.20 zeigt die Symbolik und die Anwendung.

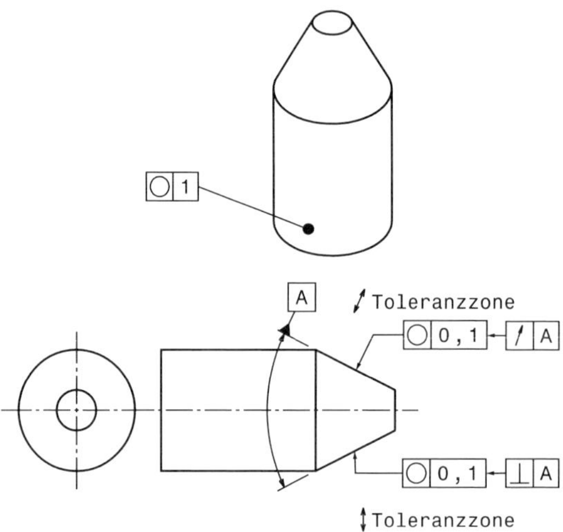

Bild 8.20 Anwendung und Auswirkung des Symbols des Richtungsgeometrieelements

Bei der Anwendung ist darauf zu achten, dass die Pfeilspitze der Hinweislinie in Toleranzrichtung ausgerichtet ist.

Zur Verknüpfung von Toleranzzonen bestehen zwei Möglichkeiten. Die erste Möglichkeit ist die **combined zone** aus der DIN EN ISO 1101. Das folgende Beispiel zeigt die Anwendung. Die sechs koplanaren Flächen sollen eine gemeinsame (kombinierte) Toleranzzone haben. Dies wird durch den Modifikator *CZ* definiert. Damit gilt nicht mehr für jede Fläche einzeln die Ebenheit, sondern für alle gemeinsam.

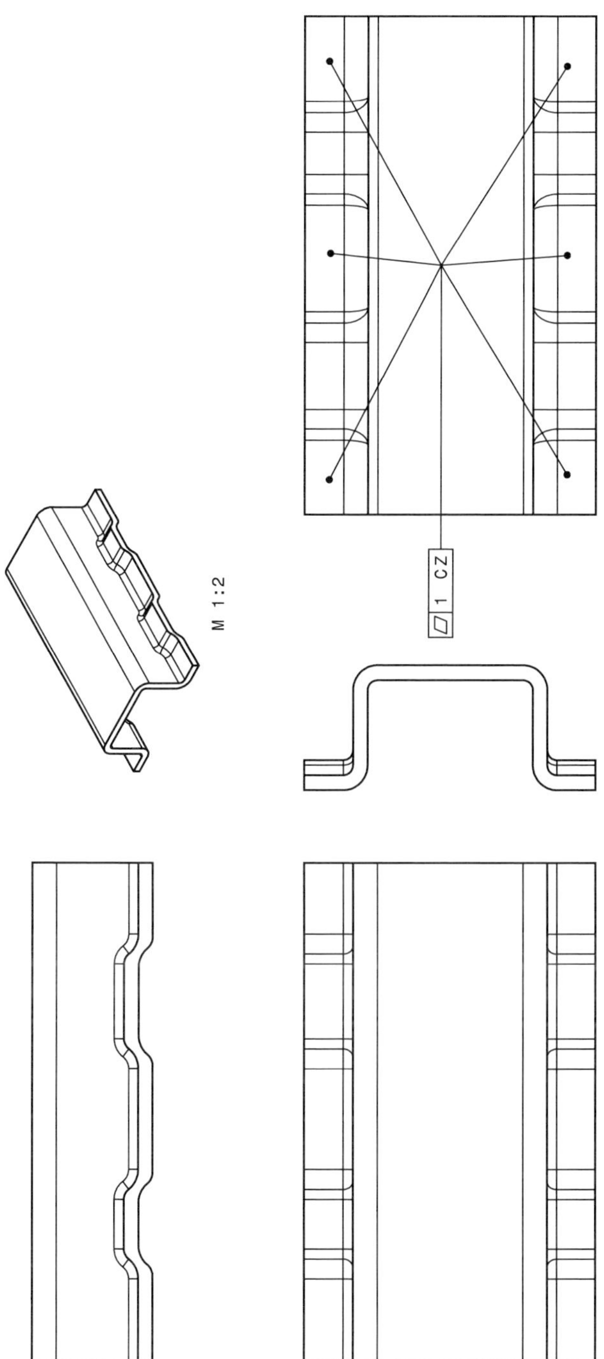

Bild 8.21 Combined zone (CZ) nach DIN EN ISO 1101

Die zweite Möglichkeit sind **simultaneous requirements** nach der DIN EN ISO 5458. Deren Anwendung zeigt das folgende Beispiel.

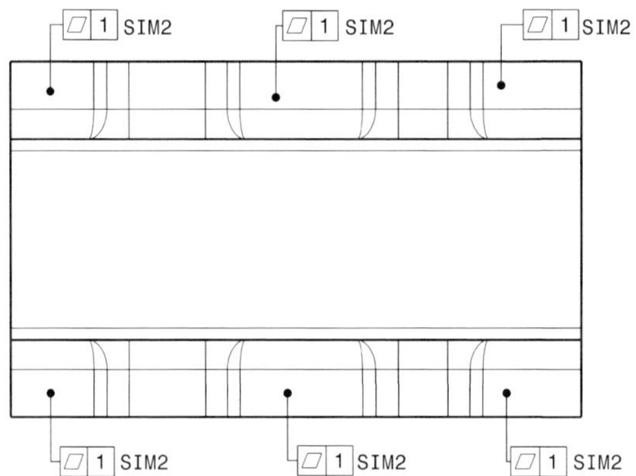

Bild 8.22 Simultaneous requirement (SIM) DIN EN ISO 5458

Die Bedeutung entspricht der Bedeutung von *CZ*. Die Vorgehensweise ist eine andere. Bei *CZ* wird eine Gruppe mittels eines Toleranzsymbols toleriert. Bei *SIM* werden die einzelnen Toleranzen zu einer Gruppe zusammengefasst. Bei komplexen Bauteilen kann es zeichnungstechnisch schwierig werden, alle Gruppenmitglieder mittels eines Symbols zu tolerieren. Hier bietet *SIM* Vorteile.

Eine weitere Möglichkeit bietet das United Feature *(UF)*. Dieses fasst nicht die Toleranzzonen zusammen, sondern vereinigt die Geometrieelemente. Über dieses eine vereinigte Geometrieelement wird die Toleranzzone gebildet.

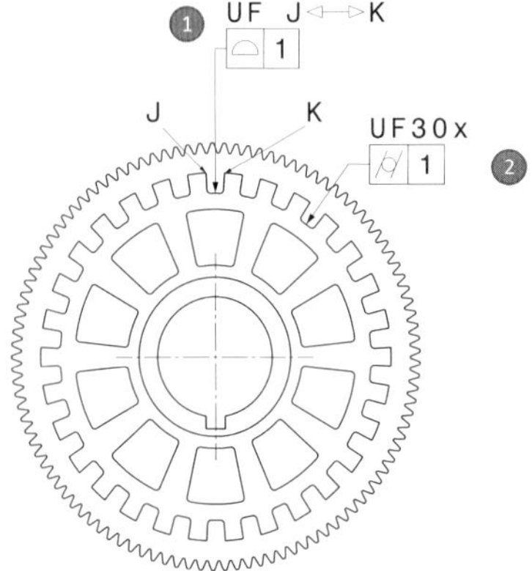

Bild 8.23 United Feature (UF)

Im ersten Fall werden alle Geometrieelemente zwischen *J* und *K* zu einem Geometrieelement vereinigt und dann wird die Toleranzzone für das Flächenprofil gebildet. Im zweiten Fall werden alle 30 Kreissegmente der Innenverzahnung zu einem "Zylinder" vereinigt. Über diesen wird dann die Zylinderformtoleranz gebildet.

Im Detail sehen die Toleranzzonen bei *UF* und *CZ* unterschiedlich aus. Dies zeigt Bild 8.24.

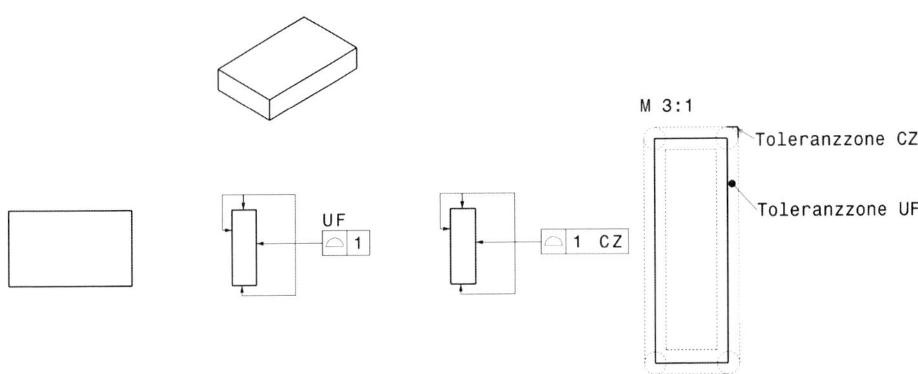

Bild 8.24 Vergleich CZ und UF

Bei der Verwendung von *UF* rollt die Kugel, die die Toleranzzone bildet, auf der gesamten Geometrie ab. Daher ist die Toleranzzone an den Außenkanten abgerundet.

Bei der Verwendung von *CZ* rollt die Kugel, die die Toleranzzone bildet, auf den einzelnen Geometrien ab. Diese Toleranzzonen werden vereinigt. Daher ist die Toleranzzone an den Außenkanten scharfkantig.

Eine Toleranz gilt nur für das Geometrieelement, auf das der Hinweispfeil zeigt. Soll die Toleranz für mehrere Geometrieelemente gelten, kann beispielsweise das Rundum Symbol verwendet werden. Dann muss zwingend der Kollektionsebenen-Indikator verwendet werden. Es muss ebenfalls immer die Beziehung der einzelnen Toleranzen mittels *SZ* (separate zone), *CZ* (combined zone) oder *UF* (united feature) angegeben werden.

Symbole *SZ* und *CZ* sind wirkungslos, da die einzelnen Geometrien über das Bezugssystem zusammenhängen. Anders ist dies bei der Formtoleranz, da die Geometrien nicht über das Bezugssystem zusammenhängen. Im Fall der separaten Toleranzzonen bei Ort und Form wird das Abstandsmaß aus der *Ort*toleranz gebildet. Im Fall der kombinierten Toleranzzonen bei Ort und Form wird das Abstandsmaß aus der *Form*toleranz gebildet. Somit ist die Toleranz des Abstandsmaßes nur noch ±0,5 mm.

8.2.4 Formtoleranzen

Formtoleranzen beziehen sich immer auf sich selbst. Bezügen können daher nur für Schnittebenen, etc. verwendet werden.

Die Formtoleranzen werden in der Reihenfolge entsprechend Bild 8.29 dargestellt.

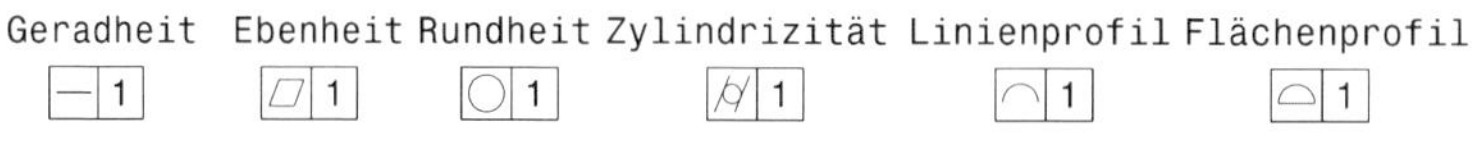

Bild 8.29 Formtoleranzen

Geradheit

Die Geradheitstoleranz kann auf extrahierten Geraden, z. B. im Schnitt, wie auch auf abgeleiteten Elementen, z. B. Mittelachsen, angewendet werden.

Die Anwendung für eine extrahierte Gerade zeigt Bild 8.30.

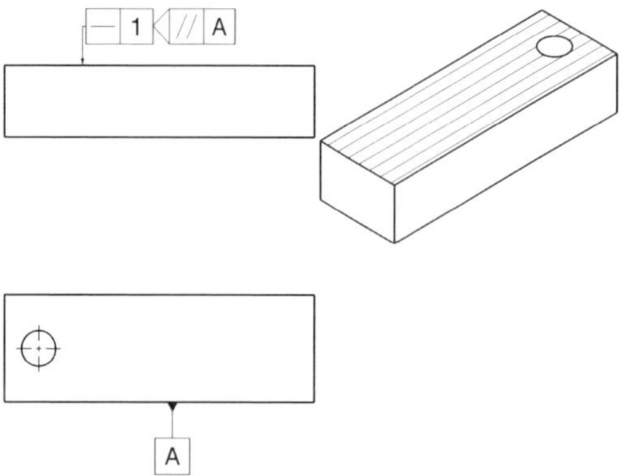

Bild 8.30 Geradheitstoleranz auf einer ebenen Fläche

Da hier kein theoretisch exaktes Maß für die Schnittebene angegeben ist, gilt die Toleranz für alle Schnittebenen, die parallel zum Bezug A sind. Die Toleranzzone ist durch zwei parallele Geraden mit einem Abstand 1 mm begrenzt.

Die Anwendung der Geradheit auf eine Fläche ist kritisch zu hinterfragen, denn es droht die Vermischung von Spezifikation und Verifikation. Ist von der Funktion her eine Linie zu tolerieren, oder mittels Ebenheit die Fläche? Wenn, in Bild 8.31 gezeigt, die Geradheit in zwei Richtungen unterschiedlich toleriert werden muss, gibt es zur Geradheit keine Alternative.

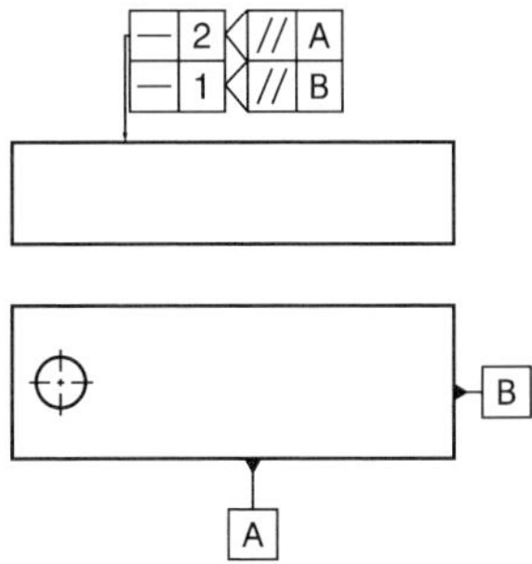

Bild 8.31 Geradheitstoleranz auf einer ebenen Fläche in 2 Richtungen

Die Anwendung für eine Mittellinie zeigt Bild 8.32.

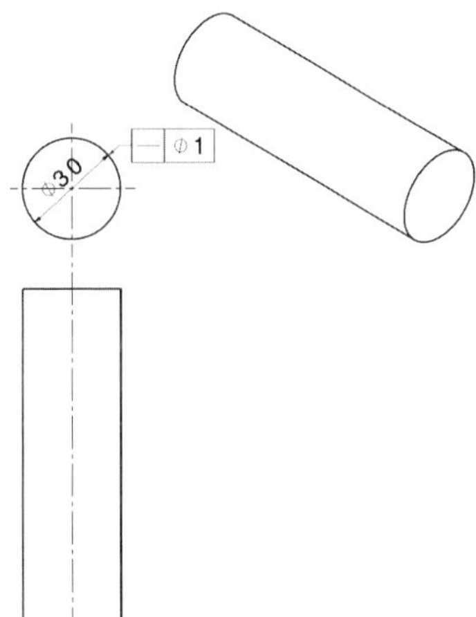

Bild 8.32 Geradheitstoleranz auf einer Mittellinie

Die extrahierte Mittellinie muss sich in diesem Beispiel innerhalb eines Zylinders mit einem Durchmesser von 1 mm befinden.

Am Beispiel der Geradheit kann sehr gut der Modifikator Ø erklärt werden. Im Beispiel der Geradheit im Schnitt ist die Toleranzzone zwischen zwei parallelen Linien. Es kann kein Ø verwendet werden. Im Fall der Geradheit der Mittellinie kann keine Toleranzzone zwischen 2 Linien bzw. Ebenen definiert werden. Durch die Anwendung des Ø Symbols wird die Toleranzzone in eine zylindrische Toleranzzone modifiziert. Dies bedeutet, dass bei Mittellinien immer der Modifikator Ø verwendet werden muss.

Ebenheit

Die Ebenheitstoleranz schränkt die Formabweichung von ebenen Flächen ein. Die Toleranzzone wird gebildet durch zwei parallele Ebenen vom Abstand des Toleranzwerts. Die Anwendung zeigt Bild 8.33.

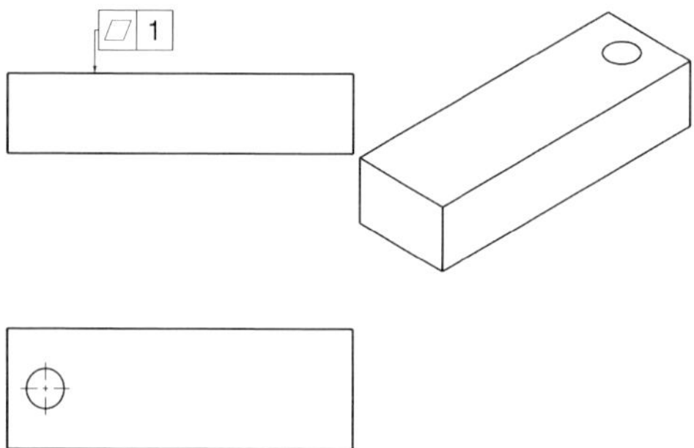

Bild 8.33 Ebenheitstoleranz

Im Beispiel muss die reale Oberfläche zwischen zwei parallelen Ebenen im Abstand von 1 mm liegen.

Rundheit

Bei zylindrischen und sphärischen Flächen gilt die Rundheitstoleranz, sofern nichts anders angegeben ist, in jeden Schnitt senkrecht zur Achse des Zylinders bzw. zum Mittelpunkt. Hier ist keine Angabe der Schnittebene erforderlich. Bild 8.34 und Bild 8.35 zeigen die Anwendung an einer Kugel und an einem Zylinder.

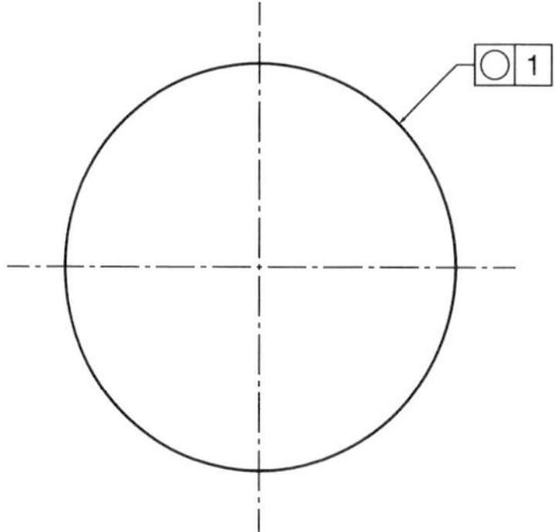

Bild 8.34 Rundheit einer Kugel

Die Toleranzzone ist durch 2 konzentrische Kugeln mit der Radiendifferenz von 1 mm begrenzt.

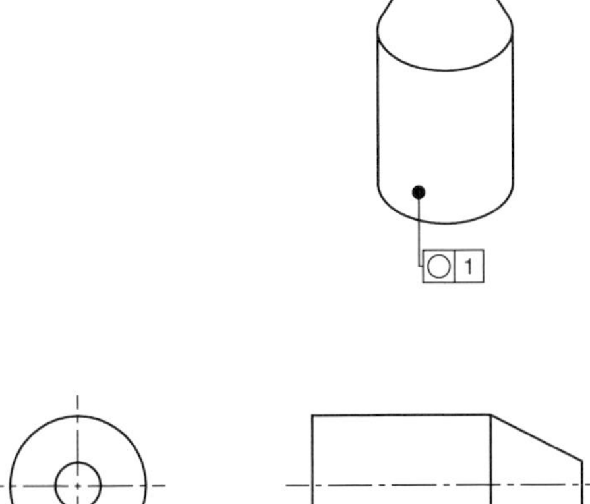

Bild 8.35 Rundheit eines Zylinders

Die Toleranzzone ist durch zwei konzentrische Kreise mit der Radiendifferenz von 1 mm begrenzt. Rundheit ist eine Formtoleranz, daher ist diese unabhängig vom Durchmesser.

Bei allen nicht zylindrischen und sphärischen Flächen muss immer das Richtungsgeometrieelementsymbol verwendet werden.

Im folgenden Beispiel ist zweimal die Toleranz in jeweils verschiedenen Richtungen angegeben.

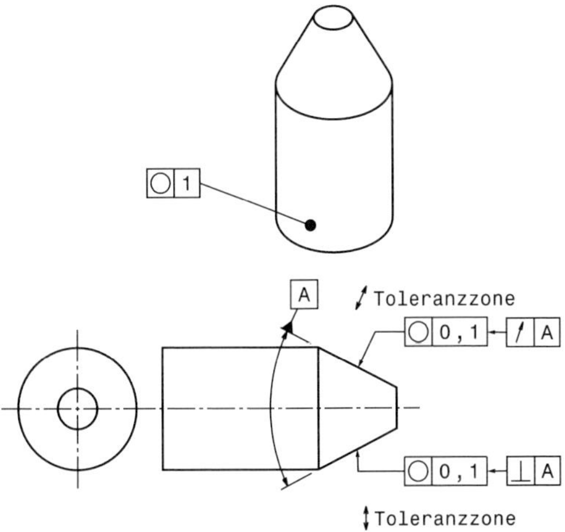

Bild 8.36 Rundheit eines Kegels mit Richtungsgeometrieelementen

Zylindrizität

Zylindrizität wirkt, wie der Name sagt, ausschließlich auf Zylinder. Die Toleranzzone ist begrenzt durch zwei koaxiale Zylinder. Bild 8.37 zeigt eine Anwendung.

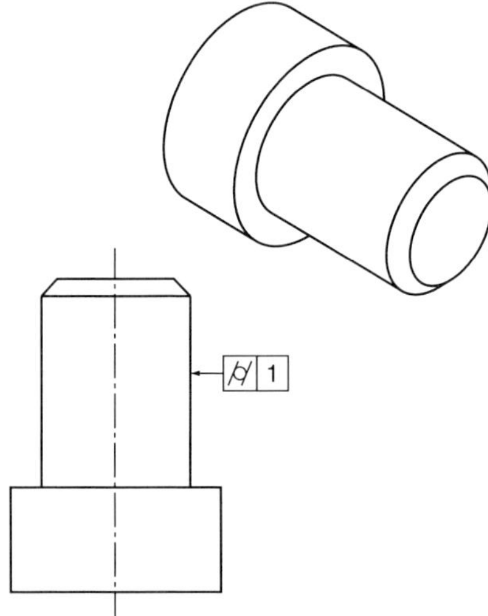

Bild 8.37 Zylindrizität

Linienprofil

Bevor die Toleranz erklärt werden kann, muss zunächst der Begriff Line definiert werden.

Der Begriff Linie wird in der Norm und der industriellen Praxis unterschiedlich interpretiert. In der Norm ist die Linie die Schnittkontur des Bauteils mit einer Schnittebene oder eine extrahierte Mittellinie. Dies zeigt Bild 8.38.

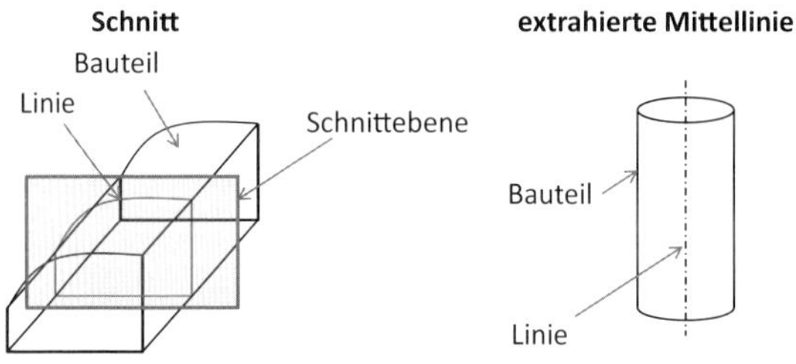

Bild 8.38 Definition einer Linie

In der Praxis wird die Linie auch als Kontur oder Beschnitt interpretiert.

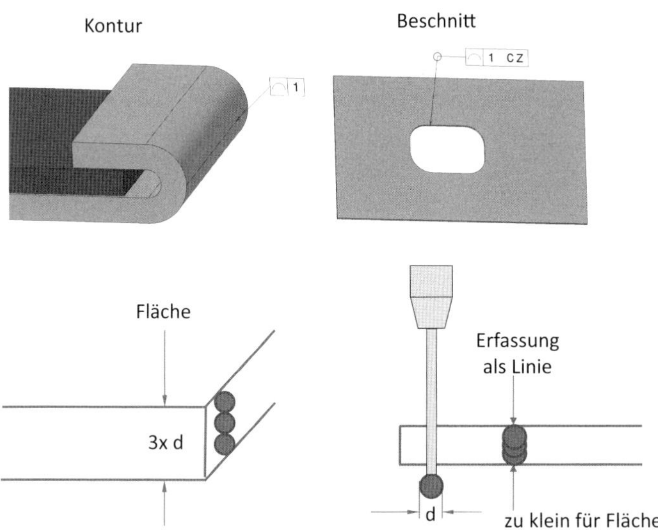

Bild 8.39 Kontur und Beschnitt

Ein wichtiges Kriterium hierbei ist die Größe der tolerierten *Fläche*. Soll diese als Fläche taktil erfasst werden, müssen mindestens drei Messpunkte nebeneinander passen. Ist nur die Linie gewünscht sollte die *Fläche* mit einem Messzylinder vermessen werden. So wird allerdings nur die Form einer Linie eindeutig erfasst.

Die Verwendung des Symbols *Linienprofil* wird in der Praxis oft für eine Kontur oder einen Beschnitt verwendet. Laut Norm sind diese strenggenommen aber keine Linien.

Bild 8.40 zeigt die normgerechte Verwendung nach DIN EN ISO 1101 im Schnitt.

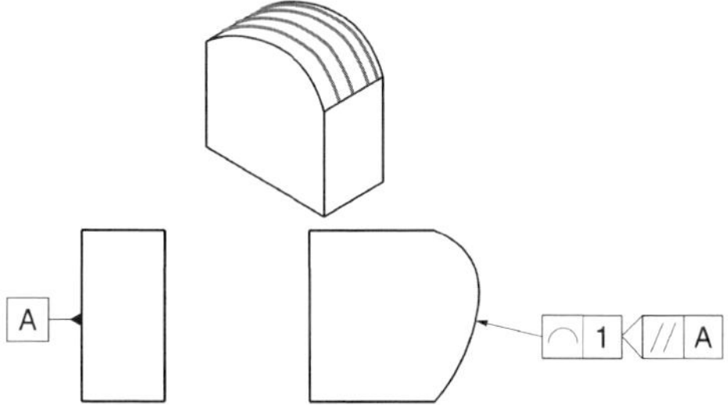

Bild 8.40 Linienprofil im Schnitt

Bei der Profiltoleranz im Schnitt wird die Toleranzzone nach DIN EN ISO 1101 durch zwei äquidistante Linien begrenzt, die um die halbe Toleranz versetzt zur idealen Geometrie liegen. Das Wort *Linie* bezeichnet in der Norm allgemein eine

Kurve. Ein Parallelversatz zur Kurve würde eine ungleich breite Toleranzzone erzeugen. Äquidistant beschreibt einen auf der Idealgeometrie laufenden Mittelpunkt eines Kreises mit dem Durchmesser des Toleranzwerts. Die dadurch gebildeten Einhüllenden sind die Toleranzgrenzen. Dies veranschaulicht die Skizze in Bild 8.41.

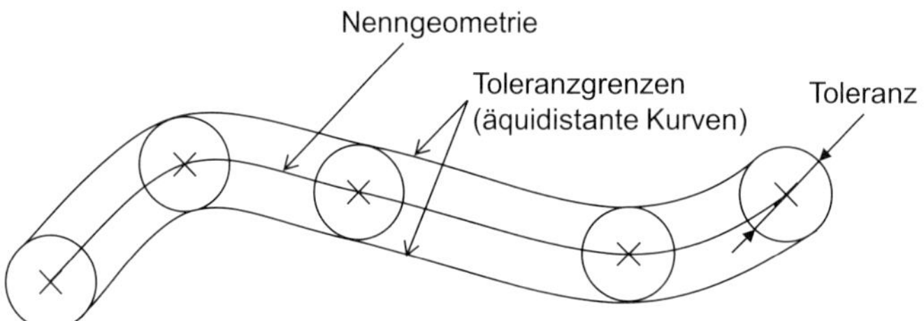

Bild 8.41 Bildung der Toleranzzone *Linienprofil*

Die zweite nach Norm zulässige Anwendung ist ausführlich in der DIN EN ISO 1660 beschrieben. Dies betrifft die Tolerierung der abgeleiteten Mittellinie. Die Mittellinie muss nicht zwingend gerade sein. Ein Beispiel ist die Mittellinie eines Schlauchs. Dies zeigt Bild 8.42.

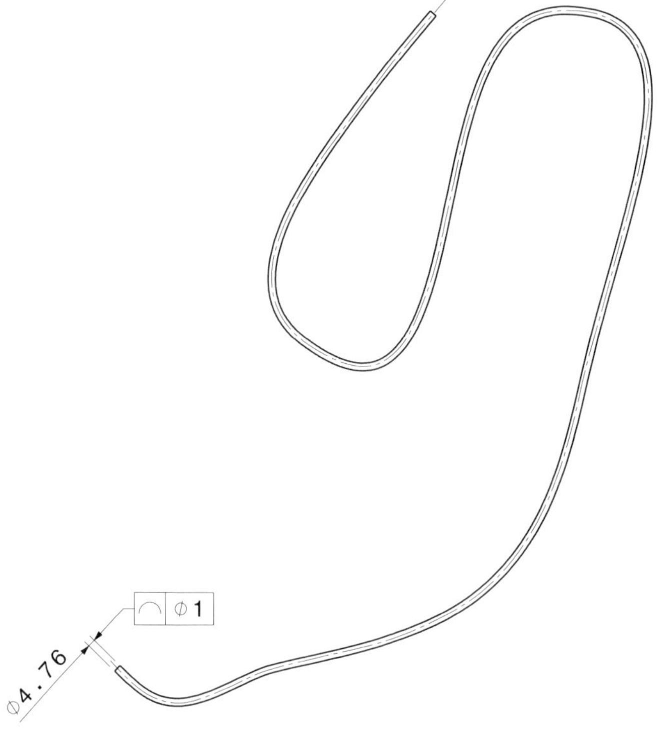

Bild 8.42 Linienprofil am Beispiel eines Schlauchs

Der Durchmessermodifikator definiert die Toleranzzone ebenfalls zu einem Schlauch mit rundem Querschnitt. Die Toleranzzone ergibt sich durch Abrollen des Kugelmittelpunkts auf der Nominalgeometrie der Mittellinie. Die Kugel hat den Durchmesser der Toleranz.

In der Praxis wird die Linienprofiltoleranz jedoch häufig entgegen der Norm für Körperkanten von dünnwandigen Bauteilen eingesetzt, da hier die Schnittkanten nur als Linie erfasst werden sollen. Dies zeigt Bild 8.43.

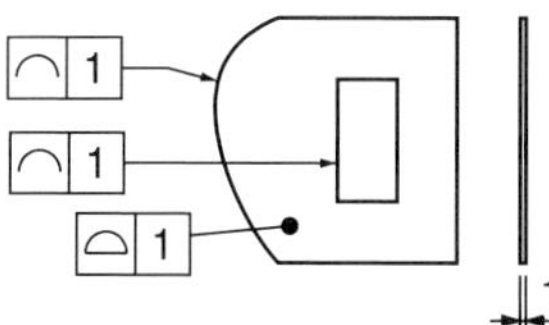

Bild 8.43 Nicht normgerechte Anwendung Linienprofil am einem dünnwandigen Bauteil

Die Toleranzzone geht in Richtung der großen Fläche, da senkrecht zur großen Fläche die Toleranz des Flächenprofils wirkt. Die Toleranzzone wird durch das Abrollen des Kreismittelpunkts auf der Sollgeometrie in Flächenrichtung gebildet.

Diese nicht normgerechte Anwendung führt zu weiteren Konsequenzen. Das Rundumsymbol ist nur in einer Kollektionsebene definiert. Das ist bei der normgerechten Anwendung Linienprofil im Schnitt kein Problem. Das Bild 8.44 eines Eckwinkels aus Blech zeigt jedoch eine typische, nicht normgerechte Darstellung.

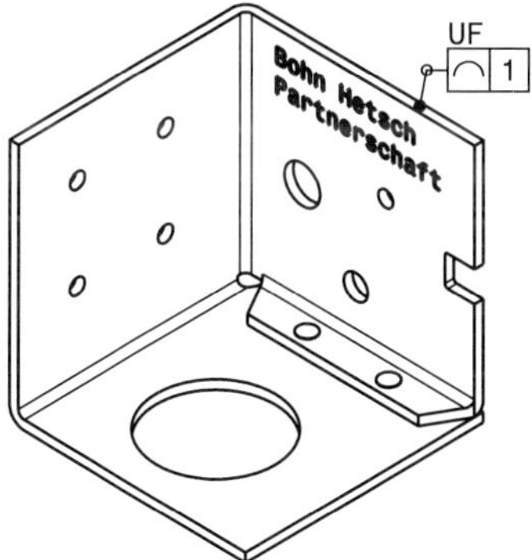

Bild 8.44 Rundum-Symbol bei Linienprofil in der Praxis

In diesem Beispiel gibt es keine Ebene, in der der komplette Verlauf liegt. Daher wird auch die Angabe einer Kollektionsebene verzichtet. In der Praxis wird stillschweigend davon ausgegangen, dass immer an der dünnen Kontur entlanggelaufen wird. Bei diesem Eckwinkel wäre zu hinterfragen, ob das im Fügebereich wirklich sinnvoll ist.

Flächenprofil

Prinzipiell ist die Toleranz *Flächenprofil* genauso aufgebaut wie die Toleranz *Linienprofil*. Jedoch rollt hier der Kugelmittelpunkt nicht auf einer Linie, sondern auf einer Fläche ab. Die Toleranzgrenzen sind die einhüllenden Flächen.

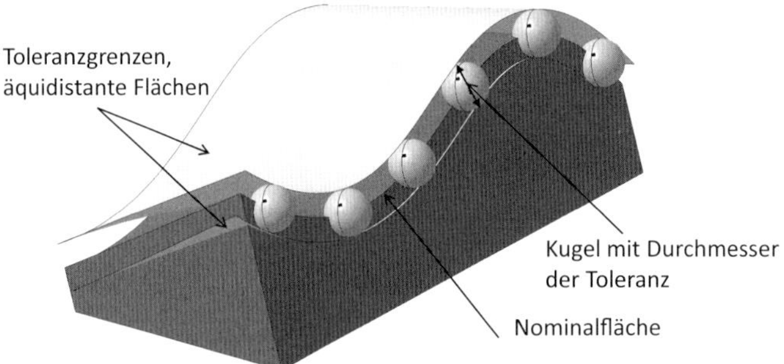

Bild 8.45 Toleranzzone bei *Flächenprofil*

Bei durch Freiformflächen geprägten Produkten ist die Toleranz *Flächenprofil* die am häufigsten verwendete Toleranz. Das folgende Bild zeigt die Spezifikation zur vorhergehenden Darstellung der Toleranzzone.

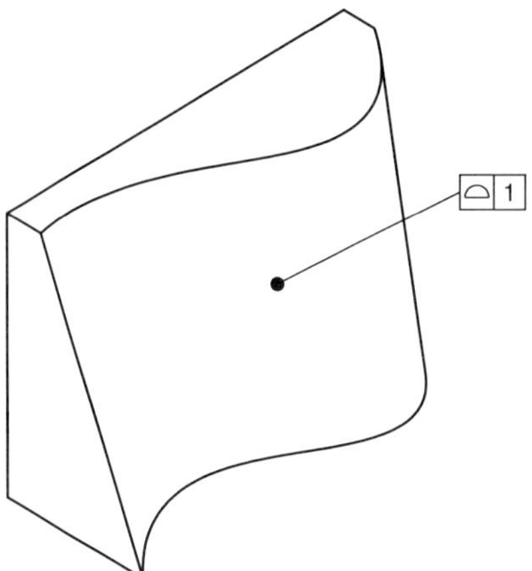

Bild 8.46 Flächenprofil

Wenn nur eine Teilfläche toleriert werden soll, ist es möglich, diesen Bereich durch eine Schraffur mit einer dicken Strich-Punkt-Linie zu begrenzen. Diese muss mittels theoretisch exakter Maße definiert werden.

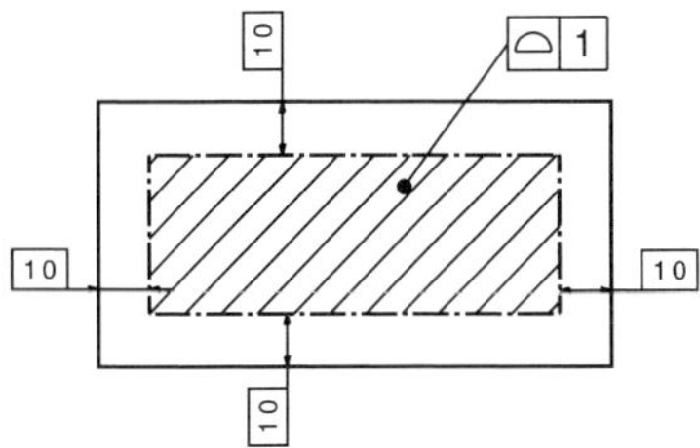

Bild 8.47 Eingeschränkter Bereich der Tolerierung mittels Flächenprofil

8.2.5 Richtungstoleranzen

Richtungstoleranzen benötigen immer einen Bezug.

Die Richtungstoleranzen werden in der Reihenfolge entsprechend Bild 8.48 dargestellt.

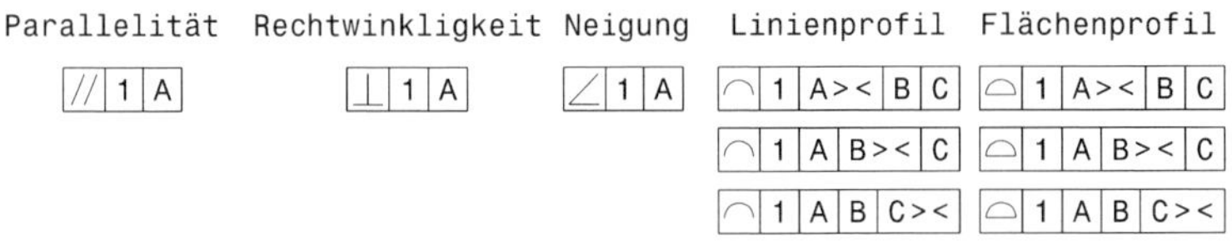

Parallelität	Rechtwinkligkeit	Neigung	Linienprofil	Flächenprofil
∥ | 1 | A	⊥ | 1 | A	∠ | 1 | A	⌒ | 1 | A>< | B | C	⌓ | 1 | A>< | B | C
			⌒ | 1 | A | B>< | C	⌓ | 1 | A | B>< | C
			⌒ | 1 | A | B | C><	⌓ | 1 | A | B | C><

Bild 8.48 Richtungstoleranzen

Parallelität

Parallelität kann allgemein zwischen Linien und Ebenen spezifiziert werden. Im Folgenden werden die häufigsten Kombinationen vorgestellt

Der häufigste Fall ist die Parallelität zweier Ebenen. Eine Ebene ist der Bezug, die zweite ist das tolerierte Element. Dies zeigt Bild 8.49. Hierbei ist zu beachten, dass theoretisch exakte Maße zwischen Bezug und toleriertem Element verwendet werden, weil die Parallelität nicht den Ort festlegt. Die Toleranzzone wird durch zwei zu A parallele Ebenen mit dem Abstand des Toleranzwerts gebildet.

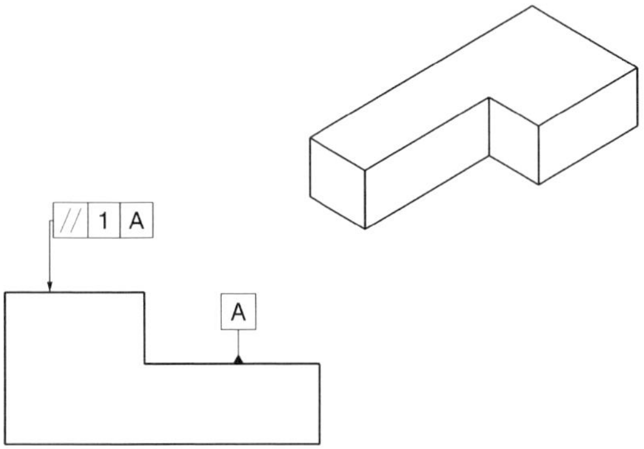

Bild 8.49 Parallelität von Ebenen

Bei der Kombination Ebene als Bezug und Gerade als toleriertes Element gibt es zwei Fälle. Die Gerade kann eine integrale Gerade auf der Bauteiloberfläche sein. Dies erfolgt typischerweise im Schnitt und ist Bild 8.50 der der Fall ①. Hier muss jede zu *B* parallele Schnittlinie innerhalb von zwei zu *A* parallelen Ebenen mit dem Abstand 1 mm liegen.

Die zweite Möglichkeit ist eine Gerade als abgeleitetes Element. Im Beispiel ist es die Mittelachse der Bohrung (Fall ②). Die Mittelline der Bohrung muss innerhalb von zwei, zu *A* parallelen Ebenen mit dem Abstand 1 mm liegen.

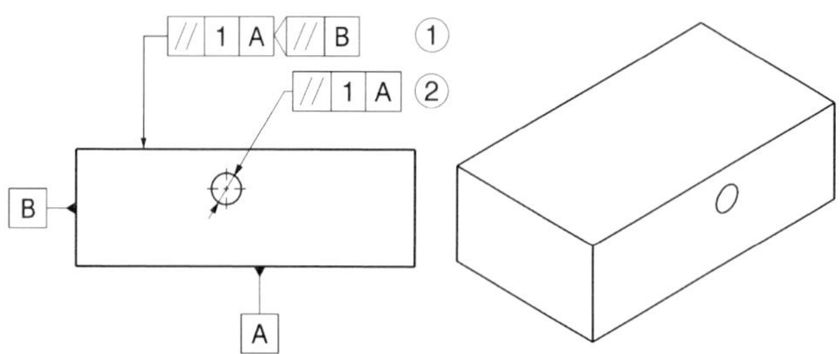

Bild 8.50 Parallelität von Linien zur Bezugsebene

Die Kombination von "Linie als Bezug" und "Linie als toleriertes Element" kann noch Richtungsangaben beinhalten. Im folgenden Beispiel bildet der Bezug *A* den Bezug für die Parallelitätstoleranzen. Der Bezug *B* wird lediglich für die Ausrichtung der Begrenzungsebenen der Toleranzzone mittels der Orientierungsebenen-Indikatoren benötigt.

Im Fall ① muss die Mittelline der Bohrung zwischen zwei zu *A* parallele Ebenen mit dem Abstand 1 mm liegen. Die Richtung der toleranzbegrenzenden Ebenen wird durch den Bezug **B** definiert. Der Bezug **B** ist hier sekundär zum Bezug **A**. Daher gilt die Nebenbedingung der Richtung. Eine Verdrehung innerhalb diese Toleranzzone ist nicht eingeschränkt. Dies geschieht im Fall ②, denn durch die Orientierungsebene senkrecht zum Bezug *B* wird diese Richtungen ebenfalls eingeschränkt.

Im Fall ③ ganz ohne Orientierungsebenen muss das Durchmessersymbol verwendet werden und somit ist die zum Bezug *A* parallele Toleranzzone zylindrisch.

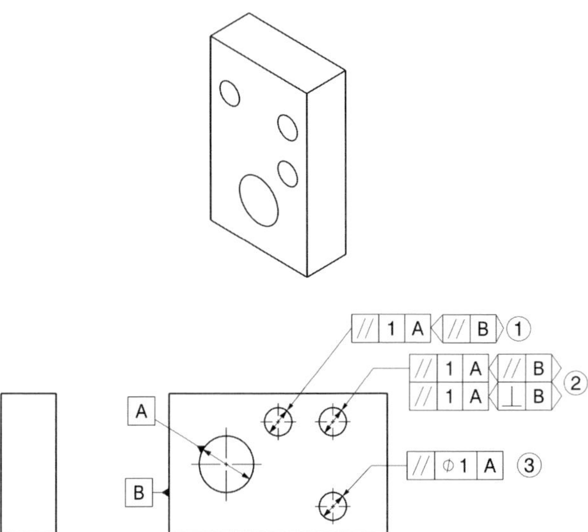

Bild 8.51 Parallelität von Achsen

Auch anders herum kann die Parallelität definiert werden. Sie kann auch ausgehend von der Achse eine Fläche einschränken. In diesem Fall wird die Rotation der Fläche nicht eingeschränkt. Dies zeigt das folgende Bild. Die Toleranzzone wird gebildet durch zwei zu *A* parallele Ebenen.

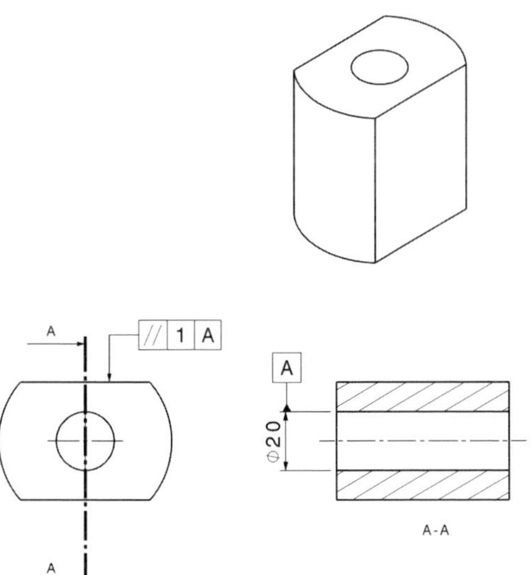

Bild 8.52 Parallelität einer Ebene zur Bezugsachse

Rechtwinkligkeitstoleranz

Die Rechtwinkligkeitstoleranz ist definiert zwischen Ebenen und/oder Geraden.

Bild 8.53 zeigt die Anwendung zwischen zwei Ebenen. Die Toleranzzone besteht aus zwei zum Bezug *A* senkrechten Ebenen, die zueinander parallel sind.

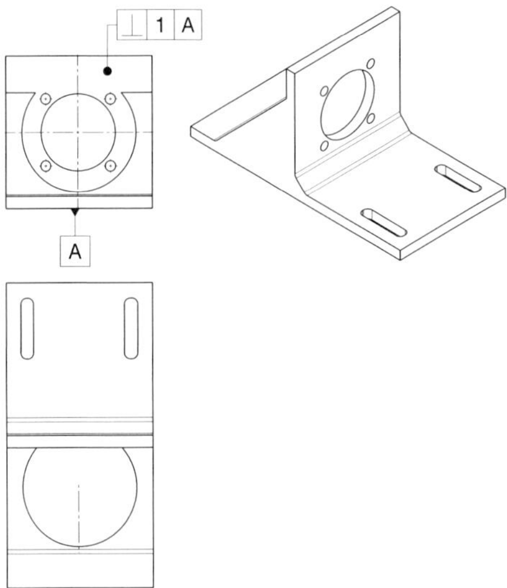

Bild 8.53 Rechtwinkligkeitstoleranz von Ebenen

Im Fall "Ebene als Bezug" und "Gerade als toleriertes Element" (Bild 8.54) muss der Durchmessermodifikator verwendet werden. Somit ist die Toleranzzone ein Zylinder, der senkrecht zum Bezug *A* steht.

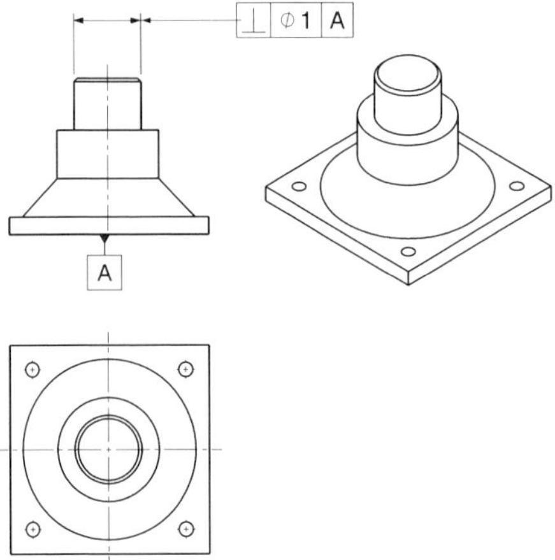

Bild 8.54 Rechtwinkligkeitstoleranz einer Achse

Die einzige Möglichkeit, keine zylindrische Toleranzzone zu verwenden, besteht im Einsatz von Orientierungsebenen. Dazu ist ein zusätzlicher Bezug erforderlich. Die Toleranzzone des folgenden Bilds besteht aus zwei Paaren paralleler Ebenen, die senkrecht bzw. parallel zum Bezug *B* ausgerichtet sind und senkrecht auf dem Bezug *A* stehen.

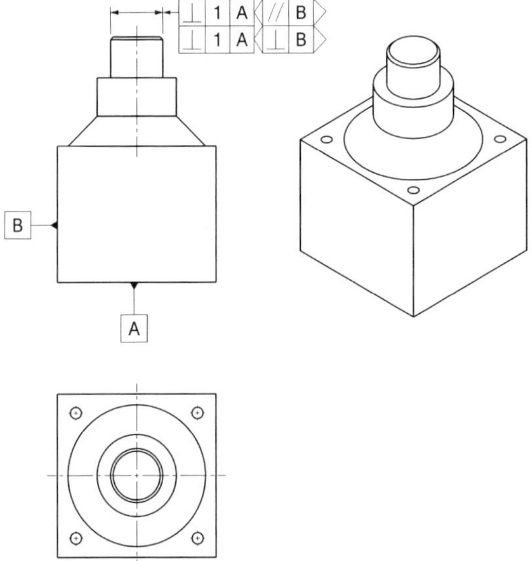

Bild 8.55 Rechtwinkligkeitstoleranz einer Achse mit quadratischer Toleranzzone

Bei der Anwendung der Rechtwinkligkeitstoleranz zweier Achsen entsprechend Bild 8.56, wird die Toleranzzone durch zwei zur Bezugsachse rechtwinklige parallele Ebenen definiert.

Bei der Parallelität und der Rechtwinkligkeit wird im Gegensatz zur Neigungstoleranz kein theoretisch exaktes Maß für den Winkel verwendet. Die Winkel 0° und 90° sind implizit definiert. Daher geht die Hinweislinie auch nicht, wie zu erwarten wäre, auf die Winkelbemaßung, sondern direkt auf das tolerierte Element. Dies ist eine Ausnahme von den ISO-Standardregeln der Tolerierung.

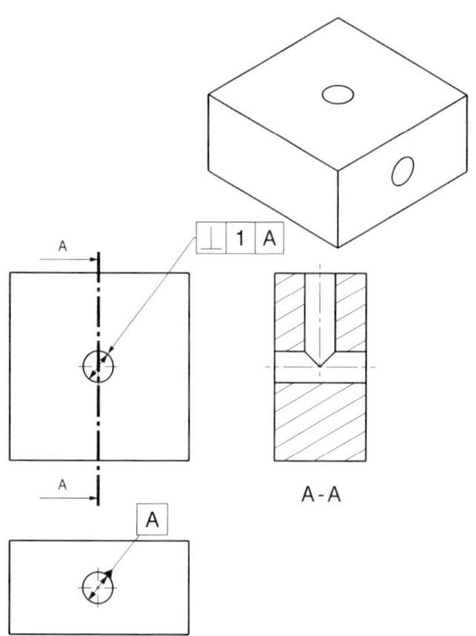

Bild 8.56 Rechtwinkligkeitstoleranz zweier Achsen

Neigungstoleranz

Bei der Neigungstoleranz wird als theoretisch exaktes Maß der Winkel benötigt. Auf diesen zeigt die Hinweislinie des Toleranzindikators. Die Toleranzzone von Bild 8.57 wird durch zwei zueinander parallele Ebenen gebildet, die im theoretisch exakten Winkel zum Bezug stehen.

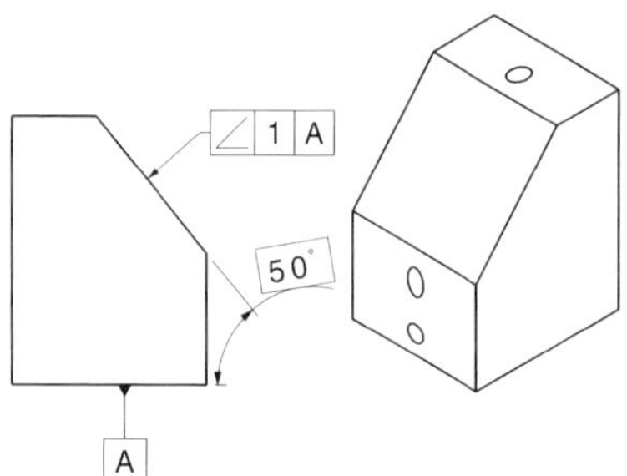

Bild 8.57 Neigungstoleranz von Ebenen

Bei der Tolerierung zweier Geraden, wie Bild 8.58 dargestellt, wird die Toleranzzone in der einen Richtung durch zwei zueinander parallelen Ebenen gebildet. Diese stehen im theoretisch exakten Winkel auf dem Bezug *A*.

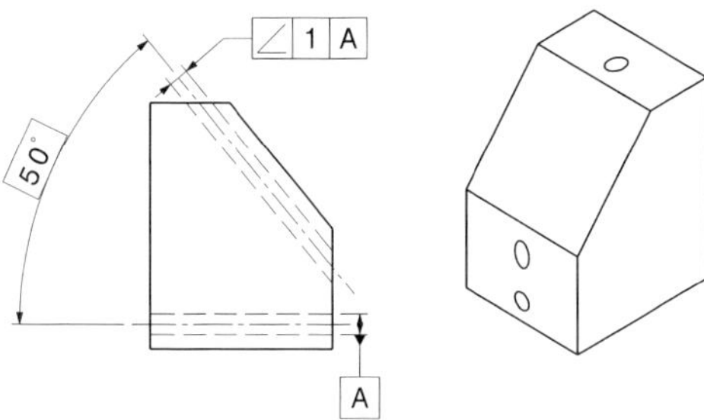

Bild 8.58 Neigungstoleranz zweier Achsen

Bei der Neigungstoleranz findet sich in der ISO 1101 auch ein Beispiel für die Anwendung zwischen zwei Mittellinien mit zylindrischer Toleranzzone, siehe Bild 8.59. Die Toleranzzone ist ein im theoretisch exakten Winkel zu *A* stehender Zylinder. Bei dieser Definition ist im Gegensatz zum vorhergehenden Beispiel die Neigung der Achse in der zweiten Richtung sowie die Geradheit der Achse ebenfalls eingeschränkt.

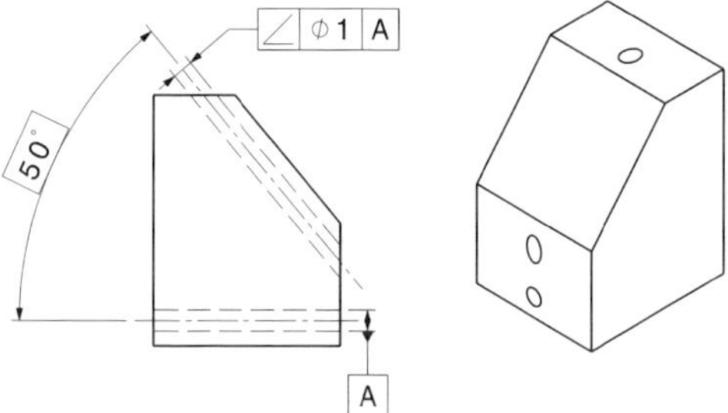

Bild 8.59 Neigungstoleranz zweier Achsen mit zylindrischer Toleranzzone

Durch die Verwendung eines Bezugssystems wie in Bild 8.60, wird die Toleranzzone gleichzeitig in zwei Richtungen eingeschränkt. Die Toleranzzone ist hier ein Zylinder im theoretisch exakten Winkel zum Bezug *A*, der parallel zum Bezug *B* liegt. Falls das tolerierte Geometrieelement einen Winkel ungleich 0° bzw. 90° zum zweiten Bezug hat, ist dies mittels eines theoretisch exakten Winkels anzugeben.

Wenn eine nichtzylindrische Toleranzzone gewünscht wird, kann dies mittels Orientierungsebenen erfolgen. Ein entsprechendes Beispiel ist bei der Rechtwinkligkeit aufgeführt.

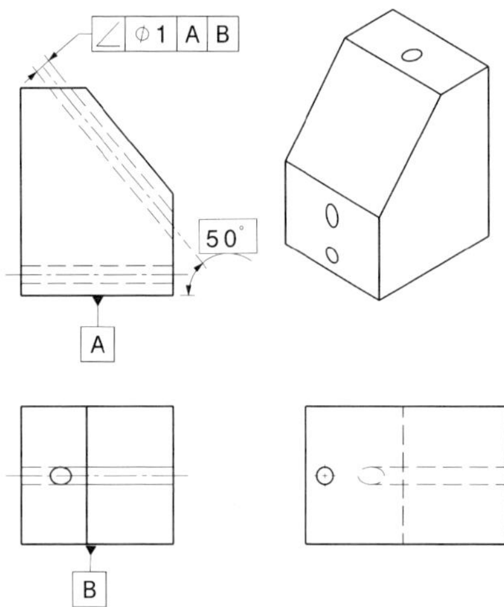

Bild 8.60 Neigungstoleranz einer Achse im Bezugssystem

Linienprofil und Flächenprofil als Richtungstoleranz

Meist werden die Profiltoleranzen entweder ohne Bezug als Formtoleranz oder mit vollständigem Bezugssystem als Ortstoleranz verwendet.

Als Richtungstoleranz wird das komplette Bezugssystem verwendet und eine oder mehrere Richtungen mittels des „Nur-Richtung-Modifikators" >< freigegeben.

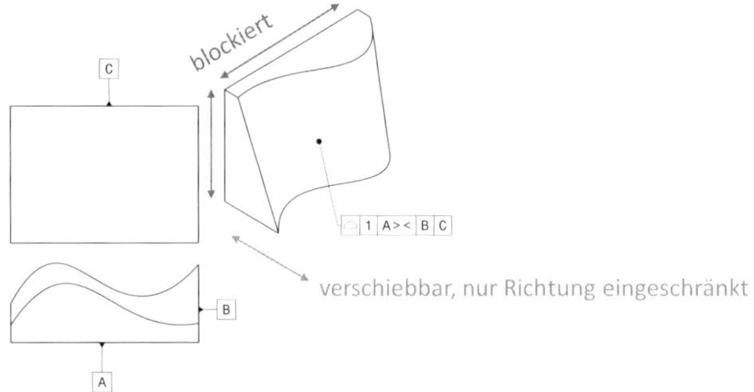

Bild 8.61 Flächenprofil als Richtungstoleranz

8.2.6 Ortstoleranzen

Ortstoleranzen definieren die absolute Lage der Toleranzzone. Die Toleranzzone kann dafür benutzt werden die Lage einzuschränken, sie schränkt aber auch die Richtung und die Form ein.

Die Ortstoleranzen werden entsprechend der folgenden Gliederung vorgestellt.

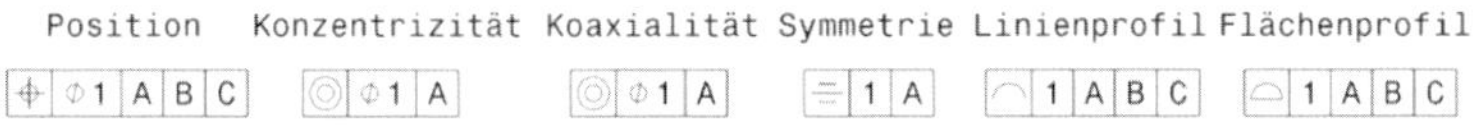

Position Konzentrizität Koaxialität Symmetrie Linienprofil Flächenprofil

⌖ | ⌀1 | A | B | C   ◎ | ⌀1 | A   ◎ | ⌀1 | A   ⌯ | 1 | A   ⌒ | 1 | A | B | C   ⌓ | 1 | A | B | C

Bild 8.62 Ortstoleranzen

Die **Positionstoleranz** ist entsprechend Bild 8.63 in verschiedenen Normen beschrieben.

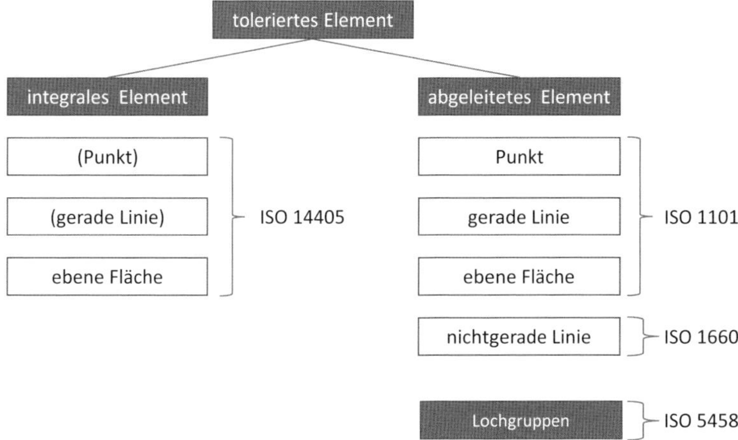

Bild 8.63 Gliederung der Positionstoleranz

Die Positionstoleranz eines integralen Punkts wird in der Norm erwähnt, es findet sich jedoch kein Beispiel. Bild 8.64 zeigt die Anwendung.

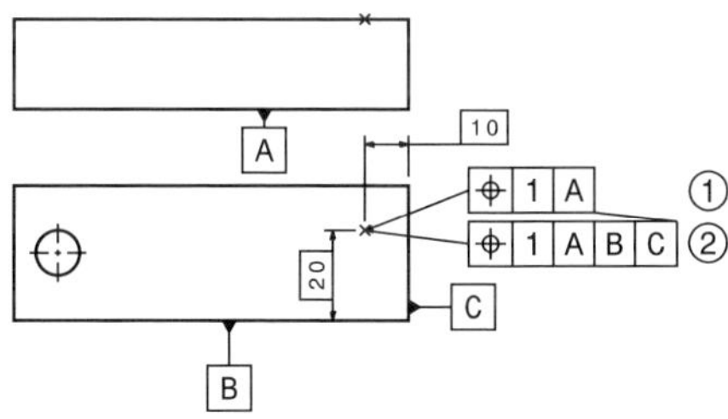

Bild 8.64 Positionstoleranz eines realen Punkts

Die Schwierigkeit ist es, den Punkt zu finden. Daher werden die beiden Bezüge **B** und **C** benötigt. Der Punkt kann durch seine Lage auf der Fläche nur eine Abweichung normal zur Fläche, d.h. parallel zum Bezug **A**, haben. In diesem Fall sind die beiden Varianten 1 und 2 gleichbedeutend. In der Variante 2 darf auch nicht der Modifikator SØ verwendet werden, da bei einer Abweichung zum Bezug **B** oder **C** der falsche Punkt gemessen worden wäre.

Es bleibt aber folgende Fragestellung: Was ist ein integraler Punkt und sollte nicht besser die Fläche toleriert werden?

Bei der in Bild 8.65 dargestellten Positionstoleranz einer integralen, geraden Linie stellt sich eine ähnliche Frage. Auch hier muss eine integrale Linie erst erzeugt werden. Dies geschieht mittels eines definierten Schnitts. Dieser Fall ist ebenfalls in der ISO 1101 erwähnt und auch ohne Beispiel. Bei der Tolerierung im Schnitt ergibt sich das Problem, eindeutig die Linie und nicht die dahinterliegende Fläche zu spezifizieren. Daher sollte in so einem Fall besser das Linienprofil als Toleranz gewählt werden.

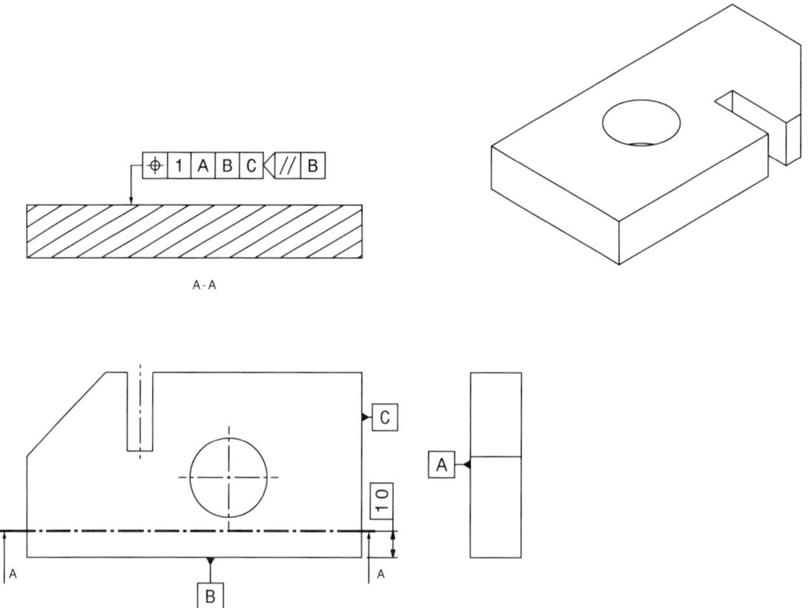

Bild 8.65 Positionstoleranz integrale, gerade Linie

Der einfachste Fall einer Positionstoleranz für eine integrale, ebene Fläche ist der Fall zweier paralleler Ebenen. Dies zeigt Bild 8.66. Hier sind nur ein Bezug, ein theoretisch exaktes Maß und ein Positionstoleranzsymbol erforderlich.

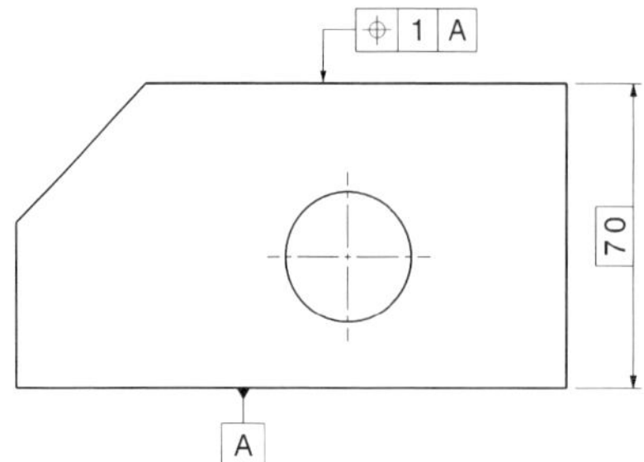

Bild 8.66 Positionstoleranz parallele, integrale, ebene Fläche

Bei nicht parallelen Flächen wird, wie in Bild 8.67 beschrieben, das komplette Bezugssystem benötigt.

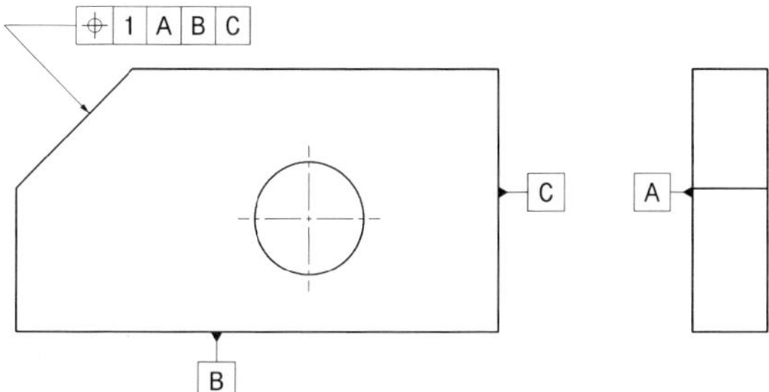

Bild 8.67 Positionstoleranz nicht parallele, integrale, ebene Fläche

Nach der DIN EN ISO 14405 können ebene Flächen mit einem Positionstoleranzsymbol zu einem Bezugssystem toleriert werden. Aufgrund der einfacheren Lesbarkeit und des leichteren Verständnisses der Zeichnung sollte dennoch die Toleranz *Flächenprofil* gewählt werden.

Bild 8.68 zeigt am Beispiel eines Mittelpunkts eines Kugelzapfens die Positionstoleranz eines abgeleiteten Punkts.

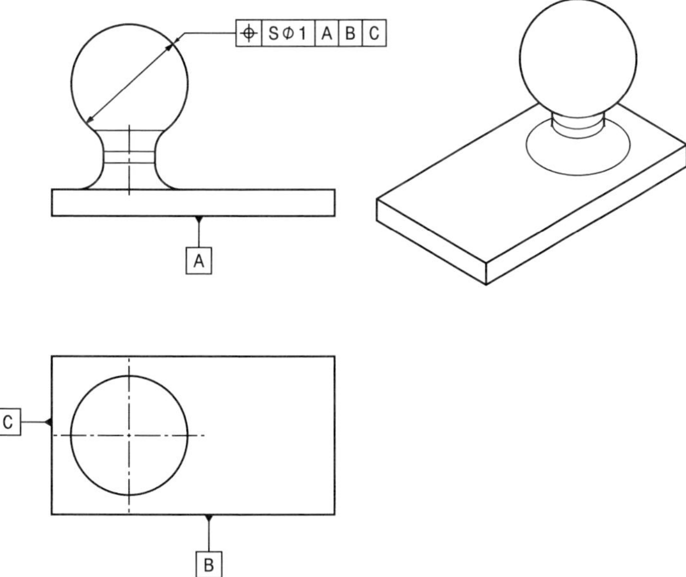

Bild 8.68 Positionstoleranz 3D-Punkt [DIN EN ISO 1101]

Die Form der Toleranzzone wir hier durch die Modifikatoren S und Ø beschrieben. Das Durchmessersymbol bedeutet eine runde Toleranzzone und das Symbol S erweitert diese auf eine sphärische Toleranzzone (= Kugel). Soll die Form der Toleranzzone geändert werden, ist mit Orientierungsebenen zu arbeiten.

Beispiele für die Tolerierung einer Mittellinie zeigen Bild 8.69 und Bild 8.70. Die Toleranzzone wird durch zwei parallele Ebenen gebildet. Bild 8.69 zeigt dies im Schnitt.

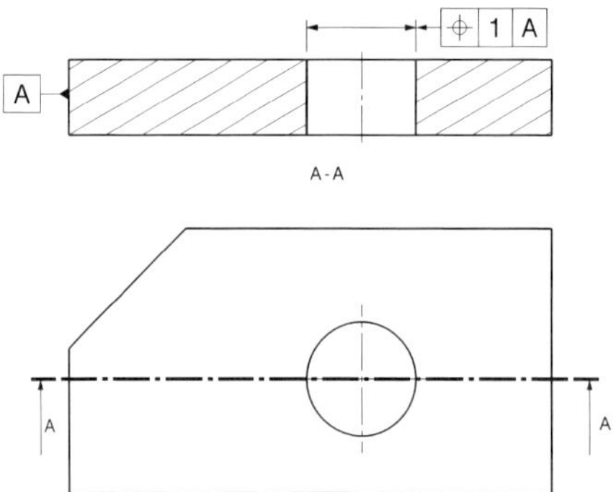

Bild 8.69 Positionstoleranz abgeleitete, gerade Linie im Schnitt

Bild 8.70 zeigt dies in der Ansicht.

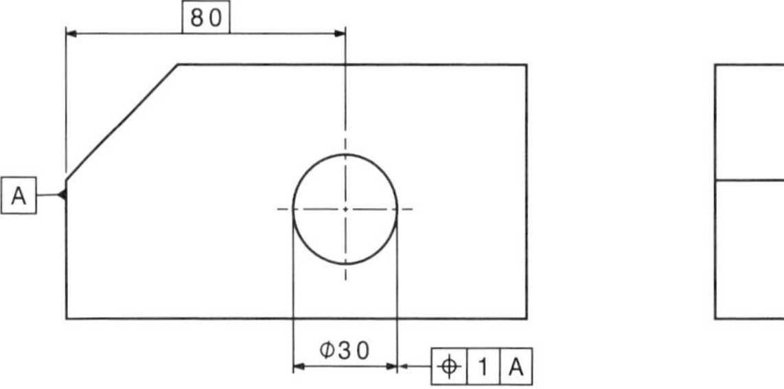

Bild 8.70 Positionstoleranz abgeleitete, gerade Linie in der Ansicht

Dies funktioniert auch im Bezugssystem, wie Bild 8.71 zeigt. Die Toleranzzone ist durch den Durchmessermodifikator zylindrisch.

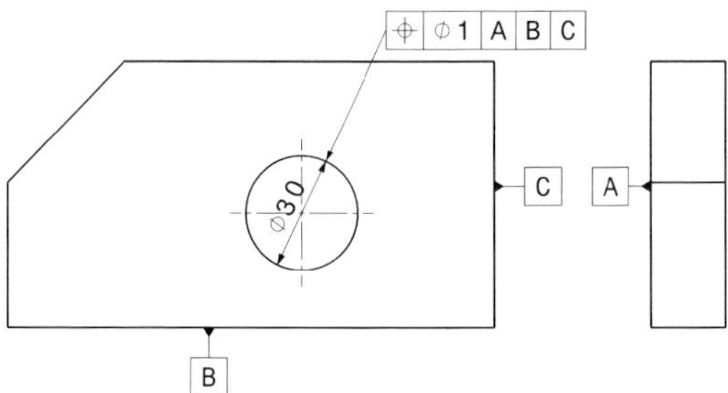

Bild 8.71 Positionstoleranz abgeleitete, gerade Linie zum Bezugssystem

Soll die Form der Toleranzzone geändert werden, kommen wieder die Orientierungsebenen zum Einsatz. Das folgende Beispiel erzeugt ein rechteckiges Toleranzfeld mit den Kantenlängen 2 mm und 1 mm.

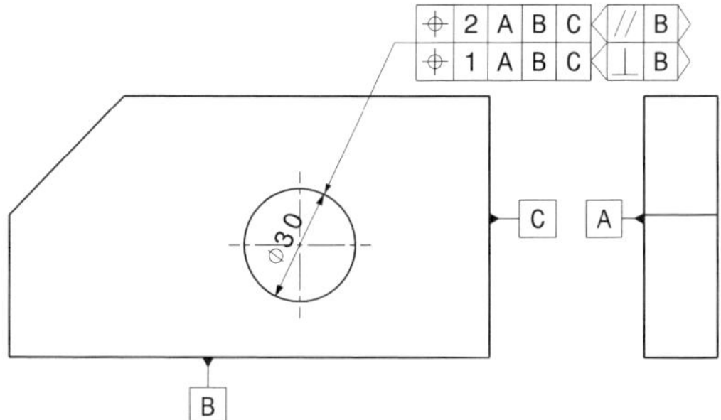

Bild 8.72 Positionstoleranz abgeleitete, gerade Linie zum Bezugssystem mit Orientierungsebenen

Bei Bohrungen kommen typischerweise zylindrische oder quadratische Toleranzzonen zum Einsatz. Von der Funktion her muss entschieden werden, welche Form die Funktion besser abbildet. Die quadratische Toleranzzone ist größer und kann einfacher manuell gemessen werden. Die Darstellung in der Zeichnung ist aufwändiger durch die Orientierungsebenen. Bei der zylindrischen Toleranzzone ist die zeichnerische Darstellung einfacher. Die Toleranzzone ist kleiner und derjenige, der manuell nachmisst, muss den Satz des Pythagoras beherrschen.

Die Positionstoleranz kann auch auf abgeleitete, ebene Flächen angewendet werden. Das folgende Beispiel zeigt die Anwendung mit einem Einzelbezug. Die Toleranzzone besteht aus zwei zum Bezug *A* parallelen Ebenen, deren Mittelebene den theoretisch exakten Abstand aus der Zeichnung oder dem Datensatz hat.

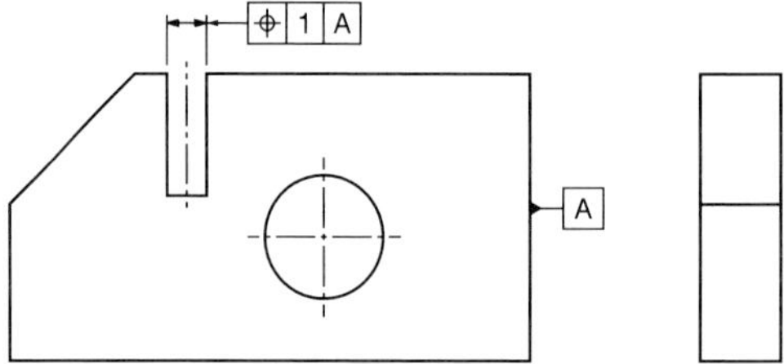

Bild 8.73 Positionstoleranz abgeleitete, ebene Fläche zum Einzelbezug

Das Ganze kann auch im Bezugssystem verwendet werden.

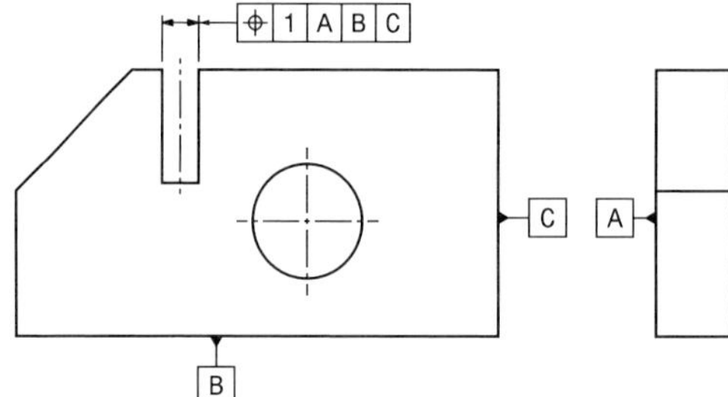

Bild 8.74 Positionstoleranz abgeleitete, ebene Fläche zum Bezugssystem

Nach der DIN EN ISO 1660 kann die Positionstoleranz auch für abgeleitete, nichtgerade Linien verwendet werden. Das folgende Beispiel zeigt die Anwendung einer Positionstoleranz ohne Bezug anstatt einer Linienformtoleranz ohne Bezug.

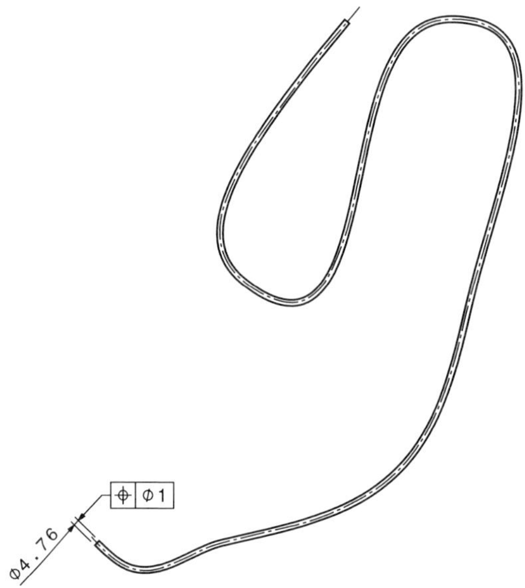

Bild 8.75 Positionstoleranz abgeleitete, nichtgerade Linie

Dies stellt strenggenommen keine Ortstoleranz sondern eine Formtoleranz dar. Die Verwendung als Ortstoleranz mit Bezugssystem ist in der DIN EN ISO 1660 nicht geregelt.

Mit der Positionstoleranz besteht auch die Möglichkeit, Lochmuster zu tolerieren.

Im Fall, dass nur das Muster in sich stimmen muss, die Lage des Lochbilds aber von untergeordneter Bedeutung ist, wird ohne Bezugssystem toleriert. Ein Beispiel zeigt Bild 8.76.

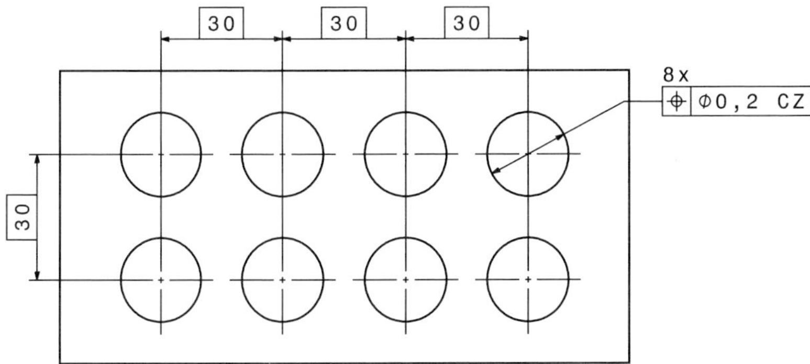

Bild 8.76 Positionstoleranz eines Lochmusters zu sich selbst [DIN EN ISO 5458]

Die Löcher sind mit theoretisch exakten Maßen zueinander bemaßt. Über dem Toleranzsymbol steht die Zahl der tolerierten Elemente. Dann ist die folgende Abweichung in Bild 8.77 zulässig.

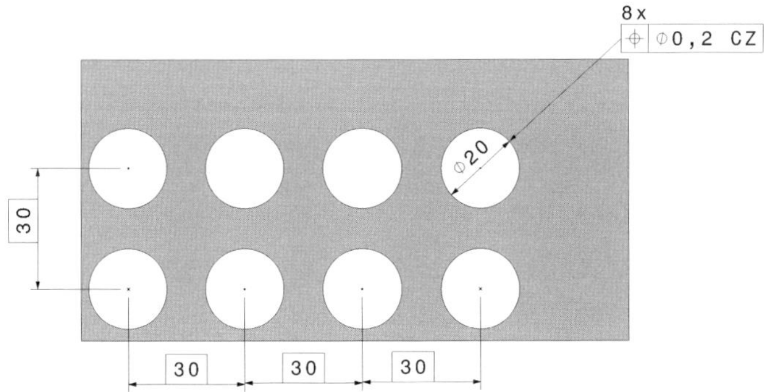

Bild 8.77 Zulässige Abweichung des vorhergehenden Lochmusters

Konzentrizität und Koaxialität

Konzentrizität und Koaxialität haben das gleiche Toleranzsymbol und werden gemeinsam vorgestellt. Der einzige Unterschied ist das tolerierte Element. Wird ein Kreis toleriert, ist es Konzentrizität, wird ein Zylinder toleriert, ist es Koaxialität. Bild 8.78 zeigt zunächst die Konzentrizität.

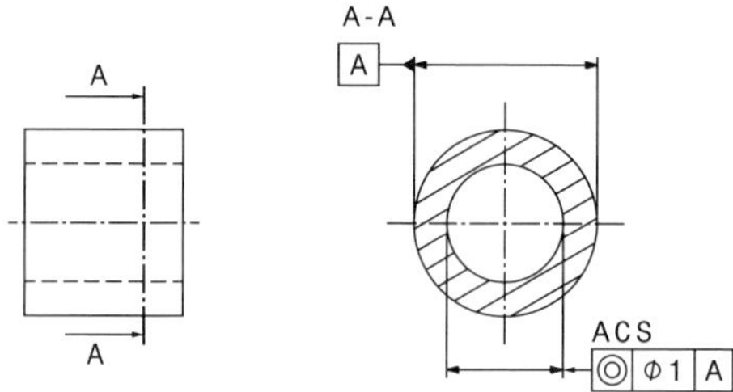

Bild 8.78 Konzentrizität

In jedem Schnitt *(ACS)* muss der Mittelpunkt des Außenkreises in einer kreisförmigen Toleranzzone um den Mittelpunkt des Innenkreises liegen.

Bild 8.79 zeigt die Koaxialität.

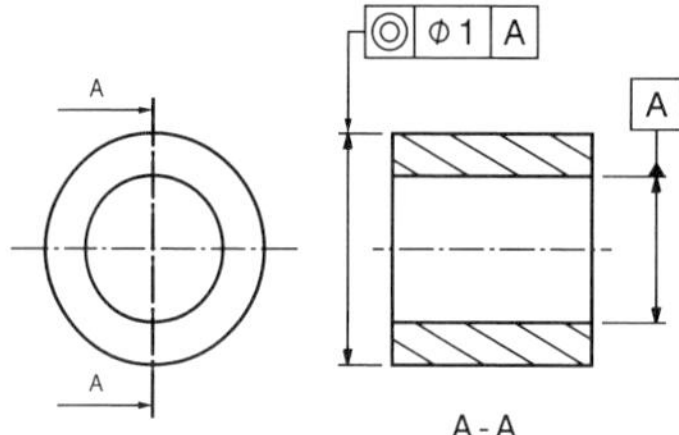

Bild 8.79 Koaxialität

Die Mittelachse des Außenzylinders muss in einer zylinderförmigen Toleranzzone um die Mittelachse des Innenzylinders liegen.

Wenn die Durchmesser sehr viel größer sind als die Breite, kann aus Stabilitätsgründen die Verwendung eines Bezugssystems sinnvoll sein.

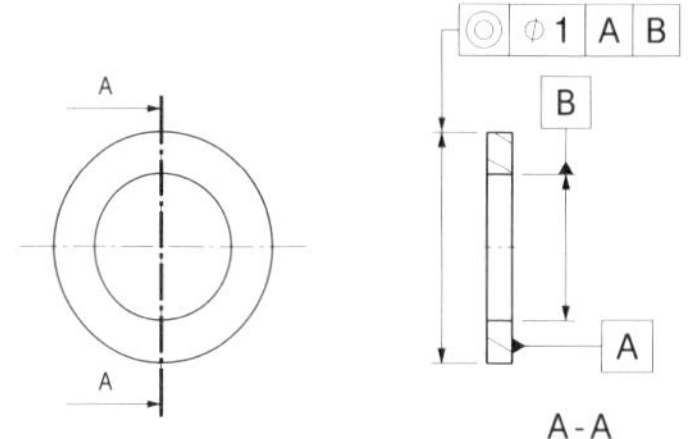

Bild 8.80 Koaxialität im Bezugssystem

Koaxialität wird besonders bei Wellen mit einem gemeinsamen Bezug verwendet. **Bild 8.81** zeigt die Anwendung.

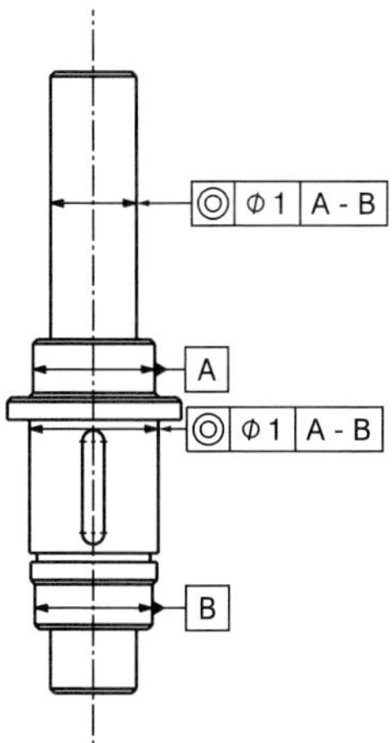

Bild 8.81 Koaxialität mit einem gemeinsamen Bezug

Bei der **Symmetrietoleranz** einer mittleren Fläche muss die tolerierte Fläche zwischen zwei parallelen Ebenen vom Abstand des Toleranzwerts liegen. Dies erfordert einen Bezug, der die Mittelebene bildet.

Das Beispiel aus Bild 8.82 zeigt die Anwendung.

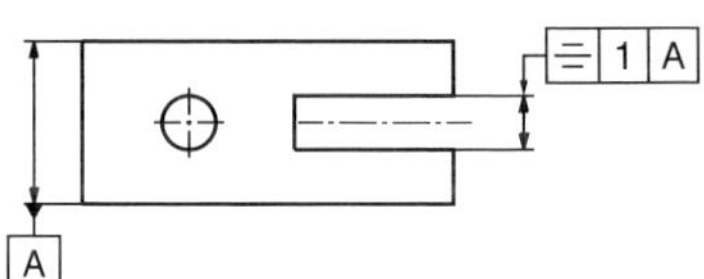

Bild 8.82 Symmetrietoleranz

Der Bezug *A* ist die Mittelebene aus den beiden mit äußeren Flächen. Die Toleranzzone wird durch zwei parallele Ebenen mit dem Abstand von 0,1 mm zueinander um die Mittelebene des Bezugs *A* gebildet. Die andere Mittelebene wird gebildet aus den inneren Flächen und muss in der Toleranzzone liegen.

Bild 8.83 zeigt zwei fehlerhafte Bauteile zu der vorhergehenden Spezifikation. Die Frage ist, ob sich die Messergebnisse der beiden Bauteile unterscheiden.

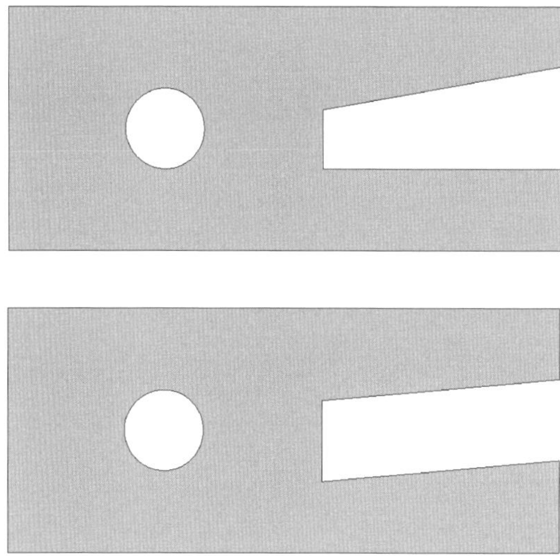

Bild 8.83 Symmetrietoleranz und fehlerhafte Bauteile

Auch wenn beide Bauteile unterschiedlich aussehen, ist das Messergebnis identisch. Im oberen Bauteil ist die Fläche um 10° gedreht. Daher ist die Mittelebene des Schlitzes um 5° verdreht. Im unteren Bauteil sind beide Flächen um 5° gedreht. Somit ergibt sich eine identische Mittelebene.

Auf Grund von Symmetrietoleranzen alleine kann keinerlei Rückschluss auf die erforderliche Optimierung der Teile gezogen werden. Eine Symmetrietoleranz ist lediglich ein Gut/Schlecht-Indikator. Daher sind Symmetrietoleranzen zu vermeiden und explizite Toleranzen von integralen Bezügen auf integrale tolerierte Geometrieelemente zu verwenden.

Linienprofil und Flächenprofil

Die grundlegende Definition findet sich bei den Formtoleranzen. Bei der Ortstoleranz kommt lediglich das Bezugssystem hinzu. **Bild 8.84** zeigt am Beispiel des Bauteils aus dem Kapitel 8.2.4 die Anwendung des Flächenprofils.

Bei Linienprofil und Flächenprofil mit Bezug können noch die Modifikatoren für eine spezifiziert versetzte Toleranzzone (*UZ*) und für eine unspezifiziert versetzte Toleranzzone (OZ) angewendet werden.

Normalerweise ist die Toleranzzone um die Nenngeometrie symmetrisch. Eine Verlagerung kann durch den Modifikator *UZ* erfolgen. Dieser ist in der DIN EN ISO 1101 beschrieben und wird in Bild 8.85 gezeigt.

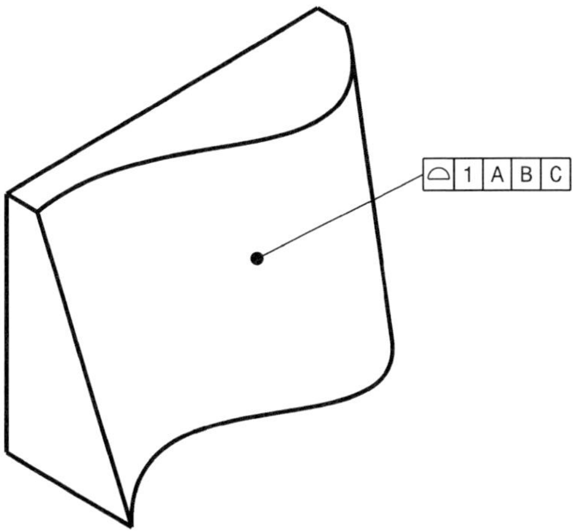

Bild 8.84 Flächenprofil

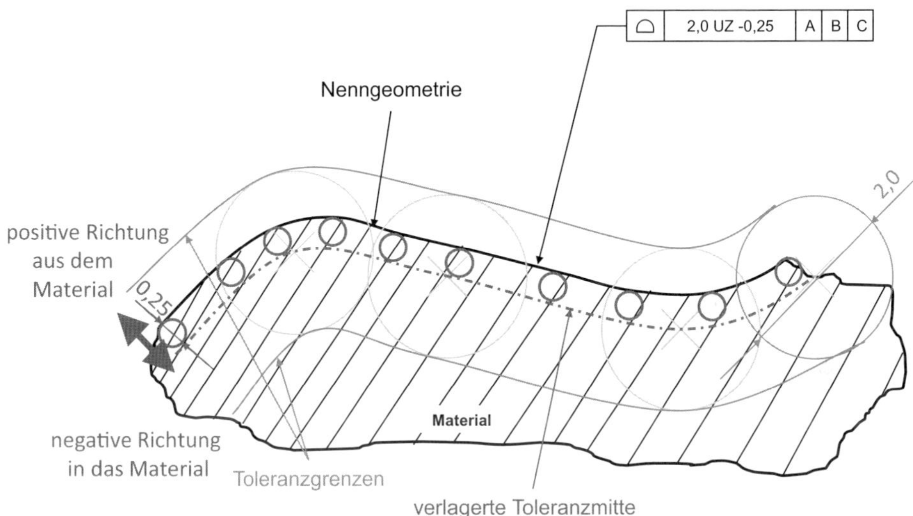

Bild 8.85 Ungleich aufgeteilte Toleranzzone

Die Toleranzmitte wird von der exakten Geometrie (CAD-NULL) um den Verlagerungswert äquidistant verlagert. Das Vorzeichen richtet sich nach der Materialseite. In das Material bedeutet MINUS, aus dem Material bedeutet PLUS.

Ein typisches Beispiel zeigt Bild 8.86.

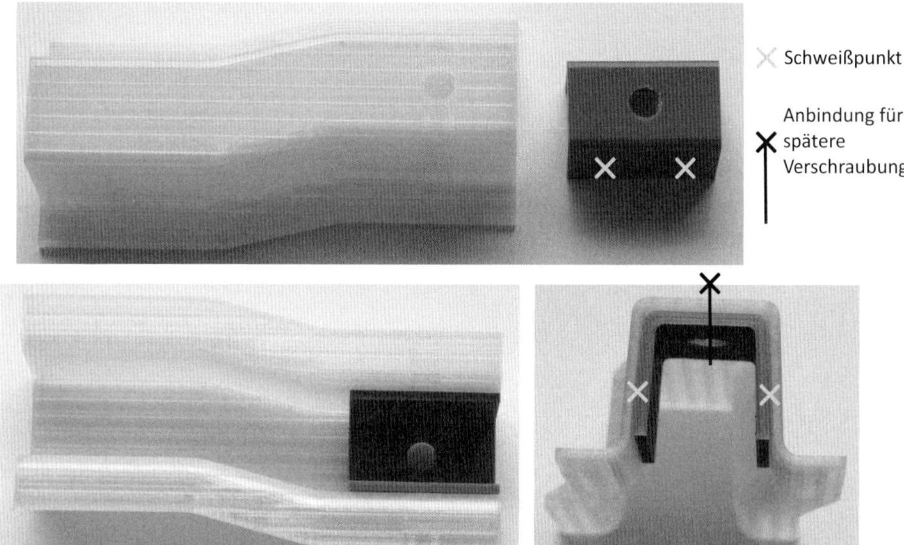

Bild 8.86 Verstärktes S-Profil

In einer Blechschalenbauweise ist es üblich, lokale Bereiche mittels eines Zusatzblechs zu verstärken. Die Fläche mit dem Loch muss spaltfrei anliegen, damit es bei einer Schraubverbindung durch das Loch zu keinen Setzerscheinungen kommt. Die Schenkel des Verstärkungsprofils müssen zur Kraftübertragung anliegen.

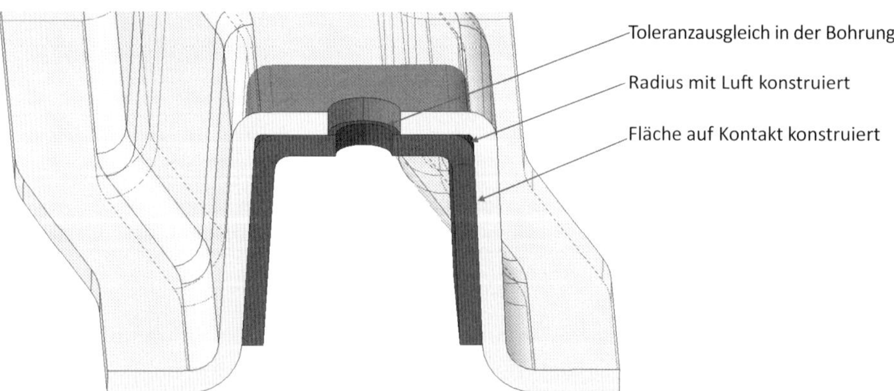

Bild 8.87 Schnitt durch S-Profil

In der Konstruktionsmethodik im CAD werden die Flächen sehr häufig auf Kontakt konstruiert. Die Vorteile liegen in der leichteren assoziativen Konstruktion und in der leichteren Überprüfung im Digital-Mock-Up (Prüfung auf Kontakt). Ein weiterer Vorteil besteht bei der FEM-Rechnung. Wenn die Flächen auf Kontakt sind, können die Netze sehr einfach verknüpft werden.

Falls auf Kontakt konstruiert ist, und symmetrische Toleranzen verwendet werden, lässt sich das Verstärkungsprofil je nach Toleranzlage nicht ganz einschieben. Es kann sich ein unzulässiger Luftspalt an der Schraubverbindung bilden und die Funktion ist somit nicht gewährleistet. Daher muss mindestens eine Toleranzzone verschoben sein.

Im einfachsten Fall werden die Kontaktflächen des S-Profils und des Verstärkungsprofils in das Material hinein toleriert. Der Verlagerungswert entspricht der halben Toleranz. Somit ist sichergestellt, dass sich die Profile in keinem Fall durchdringen. Diese Tolerierung zeigt Bild 8.88.

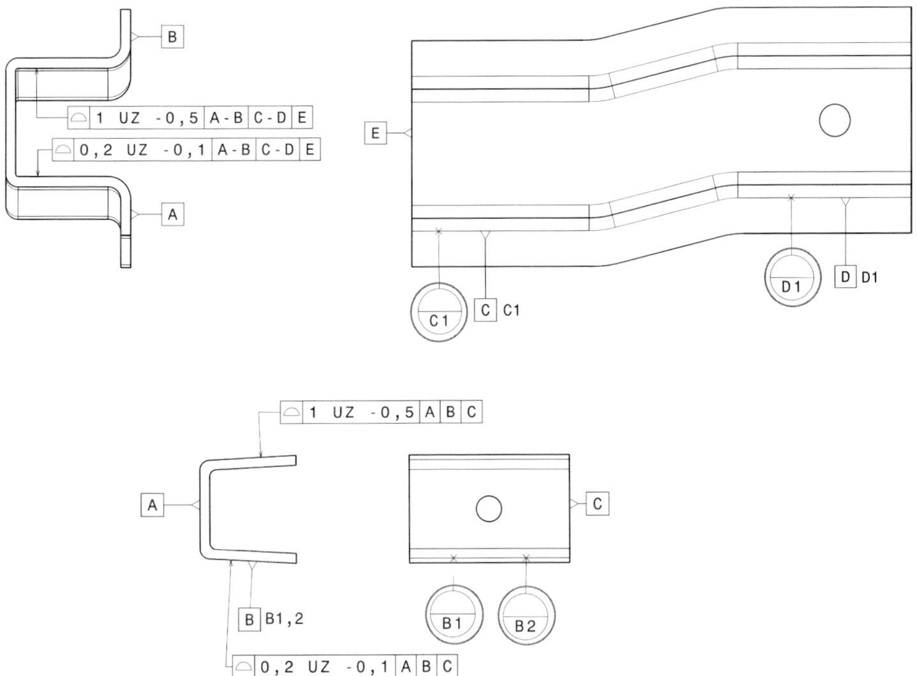

Bild 8.88 Beispiel für eine ungleich aufgeteilte Toleranzzone (I)

Bei dieser Tolerierung tritt ein Problem an beiden Bauteilen an den sekundären Bezugsstellen auf. Die Bezugsstelle ist per Definition NULL. Die Fläche, auf der sie liegt, hat einen Nominalversatz. Am Beispiel des Verstärkungsprofils ist der Versatz 0,1 mm. Beim Messen muss dieser Nominalversatz beispielsweise durch unterlegen eines 0,1 mm Plättchens korrigiert werden. Ansonsten wird das Loch zur falschen Lage gemessen.

In der Praxis wird die Nominalverschiebung bei Bezugsstellen auf unsymmetrisch tolerierten Flächen nicht immer korrekt umgesetzt. Daher sind Bezüge auf unsymmetrisch tolerierten Flächen zu vermeiden.

Die Auswertung der einfachen Lauftoleranzen erfolgt analog der folgenden Vorgehensweise:

- Aufspannen der Achse *A-B*
- Messuhr in korrekter Richtung ansetzten
- Messuhr nullen
- Bauteil eine Umdrehung drehen
- Maximalwert-Minimalwert = Laufabweichung an dieser Stelle
- Messuhr versetzen, nullen und an der nächsten Stelle fortfahren

Der Gesamtlauf ist nur an Planflächen und Zylindern definiert. Die Toleranzzone erstreckt sich über das gesamte Geometrieelement. Daher findet das Nullen und Auswerten der vorhergehenden Vorgehensweise je Messstelle nicht statt. Es wird nur einmal genullt und die gesamte Oberfläche gemessen. Bild 8.93 zeigt die Symbole.

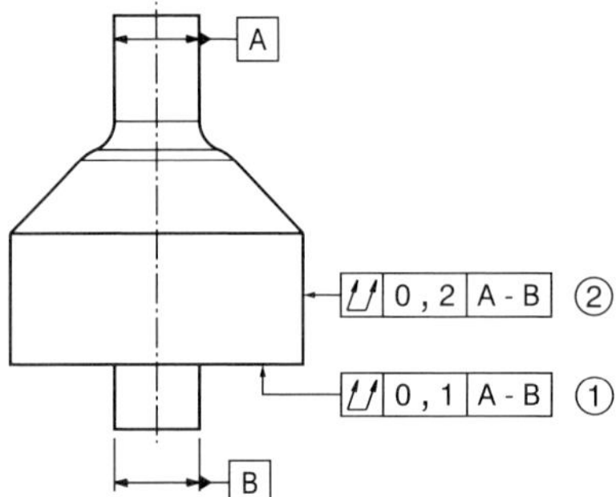

Bild 8.93 Gesamtlauf

8.2.8 Weitere Tolerierungsregeln

Oft tritt der Fall auf, dass mehrere Toleranzen ein Geometrieelement betreffen. Bild 8.94 zeigt, dass schon in der Zweipunktmaßwelt mehrere Anforderungen an ein Geometrieelement bestanden haben. Diese dürfen in der GPS-Schreibweise zu einer gestapelten Toleranzangabe zusammengefasst werden. Die Reihenfolge sollte nach DIN EN ISO 1101 nach absteigenden Toleranzwerten von oben nach unten geordnet sein. Dies bedeutet im Regelfall erst Ort, dann ggf. Richtung und zuunterst Form.

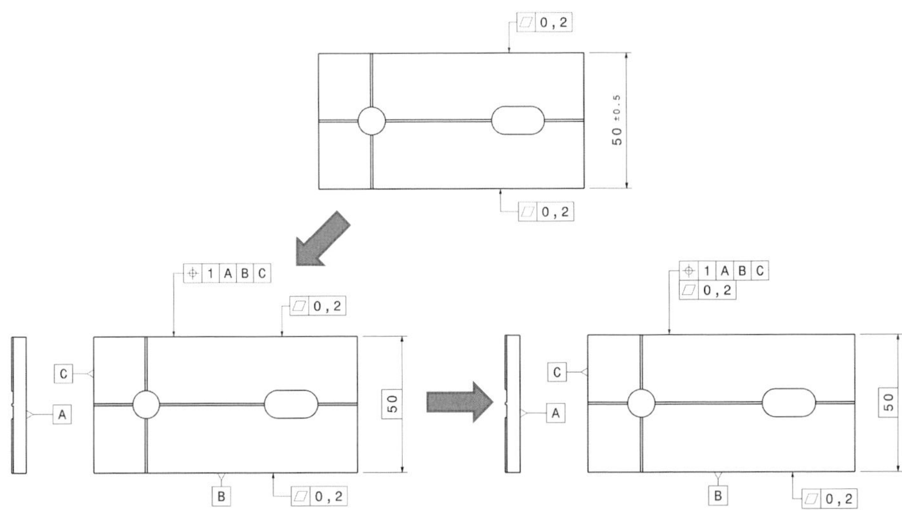

Bild 8.94 Gestapelte Toleranzangabe

Zur Vereinfachung der Zeichnung kann bei mehreren gleich zu tolerierenden Elementen die Toleranz nur einmal angezogen werden und mit einem Hinweis oberhalb des Toleranzindikators auf die anderen Elemente übertragen werden. Der Aufbau ist immer Anzahl, hier *6*, gefolgt vom Multiplikator × und evtl. erforderlichem Identifikationsmerkmal, z. B. *Ø40*. Es kann noch die Toleranz des Elements ergänzt sein. Dies zeigt Bild 8.95.

Bild 8.95 Mehrere gleich zu tolerierende Geometrieelemente

8.3 Allgemeintoleranzen

Bild 8.96 zeigt zwei Vorgehensweisen, um ein Bauteil vollständig zu beschreiben. Im linken Ansatz werden, ausgehend vom Bezugssystem und der Allgemeintoleranz, nur Toleranzen mit abweichenden Werten festgelegt. Diese Vorgehensweise hat den Charme einer aufgeräumten Zeichnung mit wenigen Toleranzen. Dem steht der Nachteil gegenüber, dass der Lieferant die Funktionen des Bauteils nicht erkennt und somit seinen Fertigungsprozess nicht darauf ausrichten kann. Ein weiterer Nachteil ist die rechtliche Lage. In verschiedenen Allgemeintoleranz-Normen steht, dass Funktionen explizit zu tolerieren sind, bzw., dass der Kunde bei einer

Verletzung der Allgemeintoleranz den Nachweis der Funktionsbeeinträchtigung bringen muss, um Bauteile zurückweisen zu können. Daher empfiehlt sich der im Bild rechte Weg. Auf Basis des Bezugssystems werden alle Funktionen toleriert. Alles Weitere erhält die Allgemeintoleranz. Dadurch wird die Zeichnung aufwändiger, aber alle erkennen klar die Anforderungen und können sich darauf einstellen.

Bild 8.96 Vorgehensweise zum Einsatz der Allgemeintoleranz

Ein weiterer Unterschied zwischen beiden Ansätzen ist, dass im linken Ansatz die Allgemeintoleranz tendenziell kleiner gewählt wird, um möglichst viele explizite Toleranzen zu vermeiden.

Ziel des Einsatzes von Allgemeintoleranzen ist es, dass Bauteil vollständig zu beschreiben. Dies schaffen jedoch nicht alle Allgemeintoleranz-Normen.

Für den allgemeinen Maschinenbau sind in der DIN ISO 2768-1 die Allgemeintoleranzen für Längen- und Winkelmaße von Formelementen im Wesentlichen aus metallischen Halbzeugen, die spanend oder umformend gefertigt wurden, in Abhängigkeit der Größe beschrieben. In der DIN ISO 2768-2 sind einige Form- und Lagetoleranzen (Geradheit, Ebenheit, Rundheit, Symmetrie, Parallelität, Rechtwinkligkeit, Koaxialität und Lauf) in Abhängigkeit der Größe beschrieben. Für diese gilt, dass es Toleranzklassen in verschiedenen Genauigkeitsstufen gibt. Die wichtigen Toleranzarten Position, Linienprofil und Flächenprofil sind nicht beschrieben. Wegen der fehlenden Konformität zu den GPS-Standards wird anstatt der DIN ISO 2768 eine neue Norm kommen.

Da es nicht immer sinnvoll ist, Toleranzen ohne genauen Bezug auf das Herstellungsverfahren festzulegen, gibt es auch herstellungsprozessabhängige Allgemeintoleranzen. Viele Normen, z. B. DIN 6930-2 (Stanzteile aus Stahl – Teil 2: Allgemeintoleranzen) und DIN EN ISO 8062-3 (Allgemeine Maß-, Form- und Lagetoleranzen und Bearbeitungszugaben für Gussstücke), klammern jedoch ebenso die wichtigen Toleranzarten Position, Linienprofil und Flächenprofil aus. Im Gegensatz dazu werden in der DIN ISO 20457 für die Allgemeintoleranzen von Kunststoffformteilen diese Toleranzarten beschrieben. Die generelle Situation ist jedoch für viele Firmen unbefriedigend. Daher existieren für spezielle, häufig genutzte Herstellungsverfahren meist firmenspezifische Normen.

Bei der Wahl der Allgemeintoleranz-Norm müssen folgende Fragen geklärt werden:

- Stimmen die Fertigungstechnologie und das Material der Allgemeintoleranz-Norm mit der Fertigungstechnologie und dem Material des Bauteils überein?
- Gilt sie nur für nicht tolerierte Maße oder auch generell für Form- und Lagetoleranzen?
- Sind Kriterien zur Zurückweisung von Teilen bei Nichteinhaltung definiert?
- Hinweise:
- Es ist nur eine Allgemeintoleranz-Norm je Bauteil möglich.
- Es gibt nur sehr wenige Allgemeintoleranz-Normen in Form von DIN-Normen. Daher existieren viele firmenspezifische Normen.

Da alle funktional erforderlichen Geometrieelemente explizit toleriert sein sollen, ist keine Funktion durch Allgemeintoleranzen betroffen. Daher soll die Allgemeintoleranz möglichst groß sein.

8.4 Toleranzen vergeben

In diesem Kapitel sind wichtige Grundregeln der Toleranzvergabe aufgeführt. Diese sind im konkreten Anwendungsfall zu überprüfen.

Grundregeln:

- Alle Funktionen sind explizit toleriert.
- Die Toleranzgrenzen ergeben sich aus der Funktion.
- Die Toleranzen sollen so groß wie möglich und so klein wie nötig sein.
- Die vergebenen Toleranzen müssen prüf- und messbar sein.

Basis für die Toleranzvergabe sind die genaue Kenntnis der Funktionen und somit der Anforderungen sowie ein definiertes Bezugssystem. Aus dieser Kenntnis kann abgeleitet werden, welche Geometrieelemente zu tolerieren sind. Je nach Geometrieelement kommen nur bestimmte Toleranzarten in Betracht. Der Toleranzwert wird so gewählt, dass die Funktion gewährleistet wird. Diesen Zusammenhang für typische Geometrieelemente und Toleranzen zeigt das Diagramm in Bild 8.97.

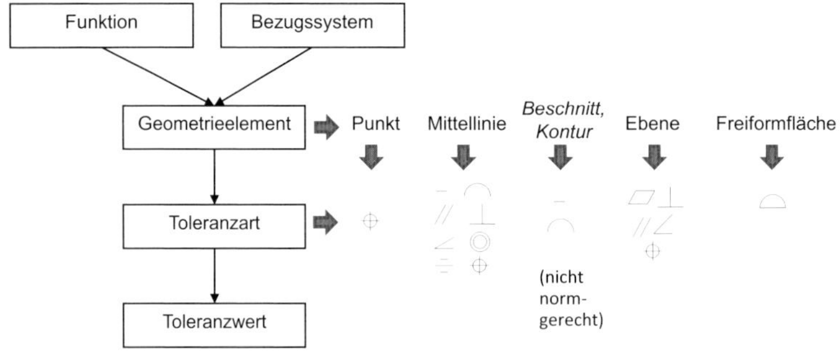

Bild 8.97 Vorgehensweise bei der Tolerierung

8.5 Toleranzänderungen

Wenn aufgrund von Herstellungsproblemen eine Toleranzänderung notwendig wird, kann durch die Herleitung über die Funktion diese Toleranz nicht ohne weitere Auswirkungen verändert werden. Soll die Toleranz dennoch verändert werden, ist es erforderlich, in der Toleranzkette, die zur Funktion führt, Änderungen vorzunehmen. Dies kann z. B. durch eine Veränderung der Toleranz an einer anderen Stelle oder durch ein Unterbrechen der Toleranzkette erfolgen. Die Toleranzänderung ist eine konstruktive Änderung und unterliegt dem regulären Änderungsmanagement.

In einer Toleranzkette kann wegen der zugrunde liegenden Funktion kein einzelner Wert verändert werden. Eine Änderung an einer Stelle bewirkt stets eine erforderliche Änderung an einer anderen Stelle.

9 Prozessfähigkeiten und Toleranzen

Es besteht ein direkter Zusammenhang zwischen der vom Entwickler auf der Zeichnung dokumentierten Toleranz und der Anforderung an einen Prozessfähigkeitskennwert. Daher werden im Folgenden die Prozessfähigkeitskennwerte und dann der Zusammenhang zwischen Toleranz und Prozessfähigkeitskennwert erläutert.

9.1 Prozessfähigkeitskennwerte

Um die Qualität eines Prozesses oder Bauteils zu beschreiben, werden Qualitätskenngrößen definiert. Im Grundsatz geht es immer darum, wie sich die real auftretende Verteilung der Messwerte zur vorgegebenen Toleranzzone verhält. Im folgenden Diagramm liegt die reale Verteilung nur partiell in der Toleranzzone. Somit entsteht Ausschuss oder Nacharbeit.

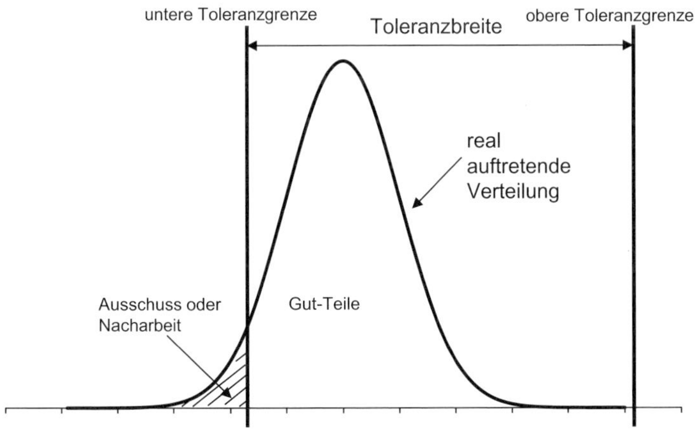

Bild 9.1 Toleranz und reale Verteilung

Die Güte eines Prozesses wird mit verschiedenen Kennzahlen beschrieben. Die beiden wichtigsten Kenngrößen, der Prozessfähigkeitsindex und der kleinste Prozessfähigkeitsindex, werden im Folgenden erläutert. Bevor auf die Definition eingegangen werden kann, ist es notwendig, auf die Verteilungen einzugehen. Im Allgemeinen sind die Fertigungsabweichungen normal verteilt. Ausnahmen sind beispielsweise:

- Fertigungsprozess mit Regelung auf Abweichungen
- Mittelwertverschiebungen durch z. B. Chargenwechsel

Daher sind die Stichproben innerhalb einer Charge und ohne Regeleingriff zu bewerten. Dann wird in der Literatur auch teilweise von Kurzzeit-Prozessfähigkeit gesprochen. Die Aufgabe der Regelung besteht in diesem Fall im Allgemeinen darin, den Mittelwert auf dem Nominalwert zu halten.

Vor der Berechnung des Prozessfähigkeitsindexes und des kleinsten Prozessfähigkeitsindexes ist eine Prüfung auf Normalverteilung erforderlich. Dies erfolgt in der Regel mit dem Anderson-Darling-Test. Bild 9.2 zeigt das Testergebnis einer Messreihe. Die Berechnung wurde mit Minitab durchgeführt.

Der relevante Wert ist der p-Wert. Liegt dieser über 0,05 (5 %), kann von einer Normalverteilung ausgegangen werden.

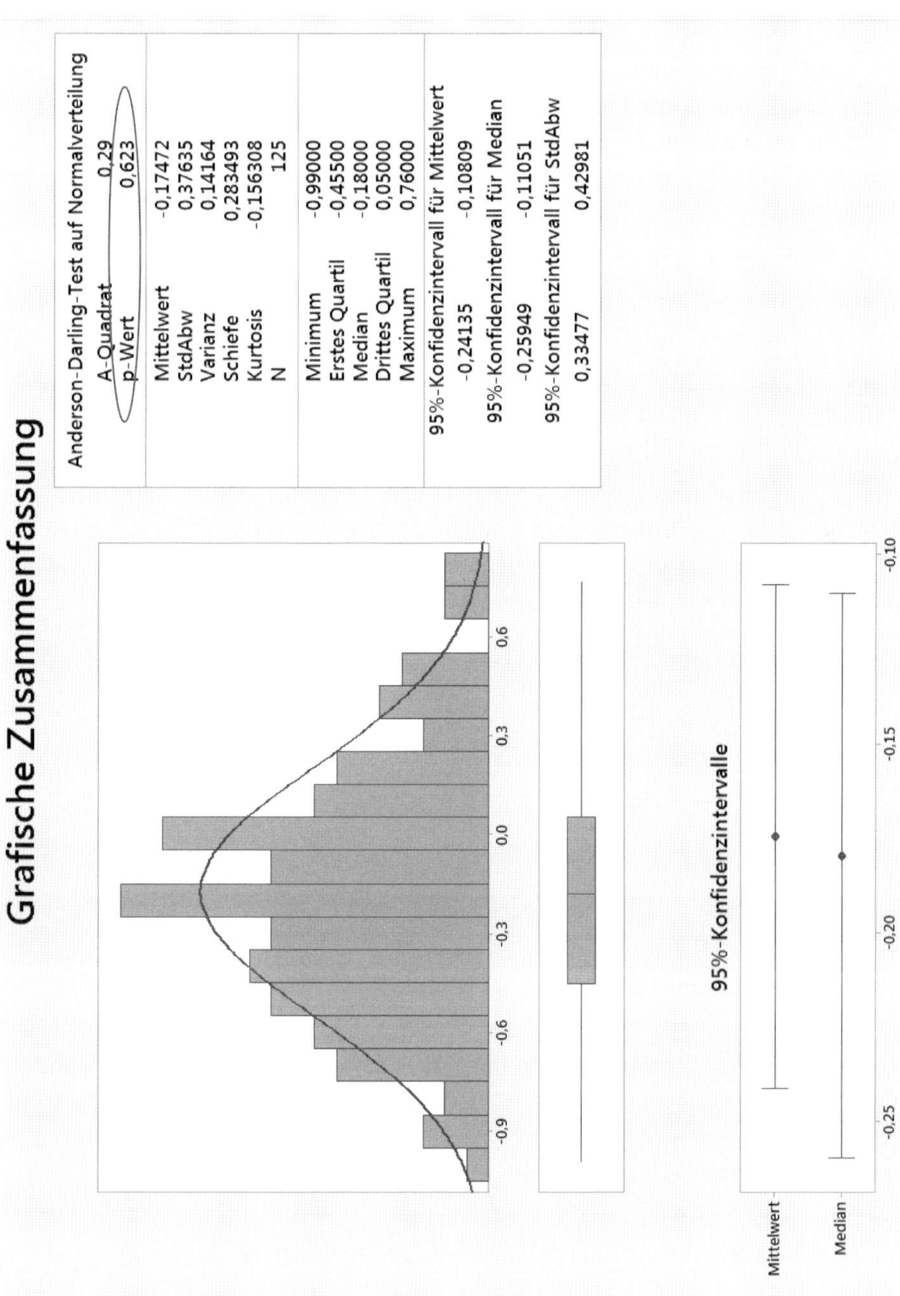

Bild 9.2 Test auf Normalverteilung

Prozessfähigkeitsindex Cp bei Normalverteilung

Dieser Wert, auch potenzieller Prozessfähigkeitsindex genannt, beschreibt, ob ein Prozess das Potenzial, d. h. die Möglichkeit hat, innerhalb der Toleranzgrenzen zu liegen. Hierzu muss lediglich die 6-fache Standardabweichung kleiner als die zulässige Breite der Toleranzzone sein.

$$C_p = \frac{Toleranzbreite}{6 \cdot \sigma} \tag{9.1}$$

Ist der Wert von C_p>1, hat der Prozess das Potenzial, innerhalb der Toleranzgrenzen zu liegen.

Eine Mittelwertverschiebung wird nicht berücksichtigt. Das Diagramm in Bild 9.3 zeigt verschiedene Beispiele für C_p-Werte.

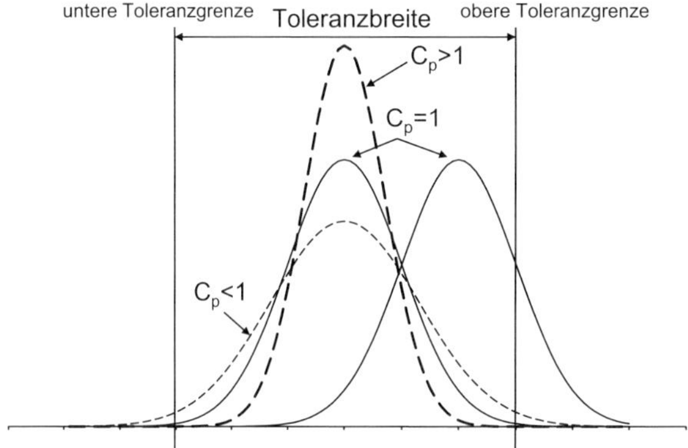

Bild 9.3 Kurven für verschiedene Werte des Prozessfähigkeitsindex C_p

Erreicht ein Prozess einen Wert von $C_p > 1$, kann durch eine Regelung auf den Mittelwert oder eine Optimierungsschleife der Prozess so gesteuert werden, dass nur Gut-Teile produziert werden. Ist der Wert $C_p < 1$, ist dies nicht möglich. Dann ist eine 100 %-Kontrolle erforderlich, um die Gut-Teile zu selektieren.

Laut VDA 4.8 ist der Zielwert für den Wert $C_p > 1{,}33$ (VDA-2003). In besonderen Fällen ist ein C_p-Wert von 1 bei entsprechender Prozesssteuerung möglich.

Kleinster Prozessfähigkeitsindex Cpk bei Normalverteilung

Beim kleinsten Prozessfähigkeitsindex C_{pk} wird zusätzlich noch die Lage der realen Verteilung in Bezug auf die Toleranzzone berücksichtigt. Hier kann nicht mehr wie beim Prozessfähigkeitsindex die Toleranzbreite durch die 6-fache Standardabweichung σ geteilt werden, sondern es muss die Strecke zwischen dem Mittelwert und der Toleranzgrenze ins Verhältnis zur dreifachen Standardabweichung gesetzt werden. Da es zwei Strecken gibt, ergeben sich zwei Werte. Der C_{pk}-Wert ist der kleinere der beiden Strecken. Die Zusammenhänge zeigt die Darstellung in Bild 9.4.

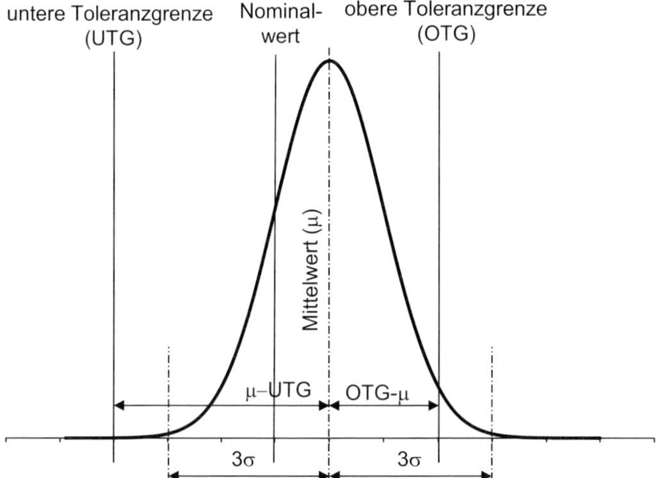

Bild 9.4 Abstände des kleinsten Prozessfähigkeitsindex C_{pk}

Somit ergibt sich der C_{pk}-Wert zu:

$$C_{pk} = Min\left(\frac{OTG-\mu}{3\cdot\sigma};\frac{\mu-UTG}{3\cdot\sigma}\right) \qquad (9.2)$$

Bild 9.5 zeigt Beispiele für verschiedene C_{pk}-Werte.

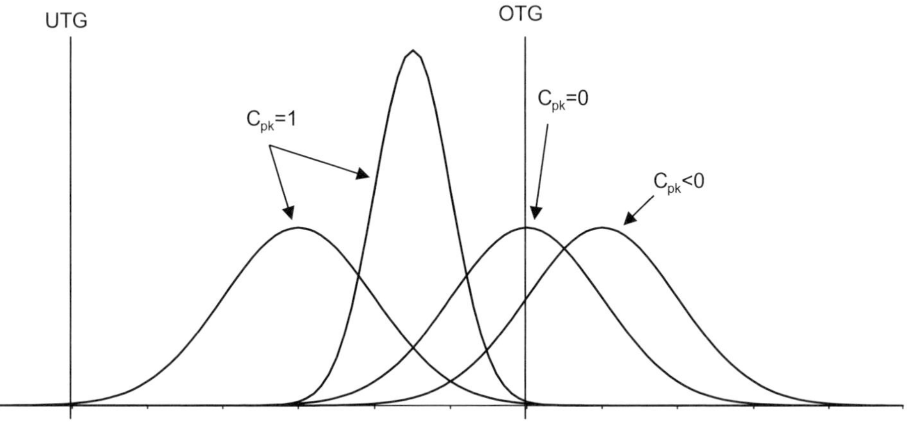

Bild 9.5 Verschiedene Werte für den kleinsten Prozessfähigkeitsindex

Für einen Wert $C_{pk} \geq 1$ liegt die gesamte Kurve zwischen den Toleranzgrenzen. Die Verteilungen können dennoch grundsätzlich verschieden aussehen, wie hier im Fall $C_{pk} = 1$ gezeigt ist, da nur der kleinste Abstand der 3-fachen Standardabweichung σ zur Toleranzgrenze eine Rolle spielt. Es ist zusätzlich erforderlich, den C_p-Wert zu kennen, um zu wissen, ob eine Korrektur des Mittelwerts ausreicht oder ob die Streuung reduziert werden muss. Im Gegensatz zum C_p-Wert sind Werte kleiner/gleich Null möglich. Der Wert $C_{pk} = 0$ bedeutet, dass der Mittelwert auf der Toleranzgrenze liegt. Beim Wert $C_{pk} < 0$ liegt mehr als die Hälfte der Stichprobe außerhalb der zulässigen Toleranzgrenzen.

Mindestanforderung an den kleinsten Prozessfähigkeitsindex ist ein C_{pk}-Wert von 1.

Prozessfähigkeitsindex Cp bei Nichtnormalverteilung

Bei nicht-normalverteilten Daten können weder Mittelwert noch Standardabweichung verwendet werden. Es müssen stattdessen der Median und die entsprechenden Quantile verwendet werden. Die Vorgehensweise ist in der DIN ISO 22514-2 beschrieben. Die Herausforderung besteht darin, dass entweder die richtige Verteilung bestimmt und verwendet werden muss, oder eine Stichprobe größer 1000 Messwerte vorhanden sein muss.

In der Formel für den Prozessfähigkeitsindex C_p wird lediglich der 6σ-Wert durch den Verteilungsquantilabstand ersetzt.

$$C_p = \frac{OTG - UTG}{X_{99,865\%} - X_{0,135\%}} \tag{9.3}$$

OTG = obere Toleranzgrenze
UTG = untere Toleranzgrenze
$X_{0,135\%}$ = 0,135%-Verteilungsquantil
$X_{99,865\%}$ = 99,865%-Verteilungsquantil

Kleinster Prozessfähigkeitsindex Cpk bei Nichtnormalverteilung

Wie beim Prozessfähigkeitsindex C_p für nicht normalverteilte Daten werden hier ebenfalls die Quantile verwendet.

$$C_{pk} = Min\left(\frac{OTG - \mu}{X_{99,865\%} - X_{0,135\%}}; \frac{\mu - UTG}{X_{99,865\%} - X_{0,135\%}}\right) \tag{9.4}$$

OTG = obere Toleranzgrenze
UTG = untere Toleranzgrenze
$X_{0,135\%}$ = 0,135%-Verteilungsquantil
$X_{99,865\%}$ = 99,865%-Verteilungsquantil

Die oben beschriebenen Prozessfähigkeitskennwerte sind nur für stabile Prozesse definiert. Ein Prozess ist dann stabil, wenn er nur zufälligen Streuungen unterliegt. Bei einem stabilen Prozess können die Stichproben zu einem beliebigen Zeitpunkt genommen werden. Sie haben den gleichen Mittelwert und die gleiche Standardabweichung wie die Grundgesamtheit.

Ein Prozess, in dem sich beispielsweise der Mittelwert langsam durch Verschleiß verschiebt, ist nicht stabil.

9.2 Zusammenhang Verteilung, Toleranzen und Prozessfähigkeit

Ziel der Festlegung von Toleranzen ist die Definition von Grenzen innerhalb derer sich ein Merkmal befinden muss. Dieses Merkmal unterliegt im realen Herstellungsprozess Schwankungen und es ergibt sich eine Verteilung. Diese Verteilung kann durch die Vorgabe von Mindestwerten für die Prozessfähigkeit weiter eingeschränkt werden.

Bei einer umgekehrten Betrachtungsweise wird dies am einfachsten deutlich. Wenn eine bestimmte Verteilung gewünscht ist, lassen sich für verschiedene Prozessfähigkeitskennwerte die Toleranzgrenzen bestimmen, siehe Bild 9.6.

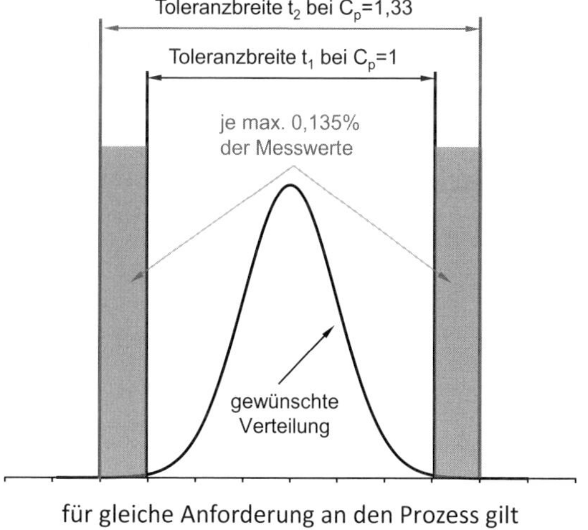

Bild 9.6 Zusammenhang Prozessfähigkeit und Toleranzgrenzen

Bei einem $C_p = C_{pk} = 1$ liegt die Toleranzgrenze auf $\pm 3\sigma$. Ist die Zielgröße für C_p und $C_{pk} = 1{,}33$, liegt die Toleranzgrenze auf $\pm 4\sigma$.

Wenn andere Prozessfähigkeitskennwerte als 1 vereinbart sind (z. B. nach VDA, Band 4), ist diese schärfere Anforderung zwingend bei der Festlegung der Toleranzgrenzen zu berücksichtigen. In der Konsequenz muss dies auch bei der Analyse des Toleranzkonzepts (Berechnung und Messung) berücksichtigt werden.

10 Analyse des Toleranzkonzepts

Die Analyse des Toleranzkonzepts kann auf zweierlei Weisen erfolgen:

- Toleranzrechnung
- Verifikation durch Hardware.

Beide Methoden haben jeweils ihre spezifischen Vor- und Nachteile. Die Toleranzrechnung hat ihre Stärken in der Entwicklungsphase zur Beurteilung von Varianten. Die Verifikation durch Hardware eliminiert in den späten Phasen die Fehler der Modellbildung.

10.1 Toleranzrechnung

Die Toleranzrechnung beantwortet die Frage, ob bei gegebenen Bauteil- bzw. Zusammenbautoleranzen und gegebenen Prozesstoleranzen eine Funktion erfüllt wird, d. h. eine gewünschte Zusammenbautoleranz erreicht wird. Dies wird in der Literatur oftmals auch als Toleranzanalyse bezeichnet. Alle Verfahren aus der folgenden Tabelle können für ideal steife Bauteile verwendet werden. Für elastische Bauteile sind nur numerische Verfahren in Kopplung mit FEM-Verfahren bei entsprechendem Nutzen/Aufwand-Verhältnis sinnvoll.

Je nach Prämissen gibt es verschiedene Rechenverfahren. Diese unterscheiden sich signifikant im Aufwand und der Güte der Ergebnisse. Die Tabelle 10.1 zeigt dies auf.

Tabelle 10.1 Übersicht Toleranzrechenverfahren

Verfahren	Prämissen	Aufwand	Genauigkeit
Analytische Worst-Case-Rechnung	▪ keine Möglichkeit zur Nacharbeit ▪ Merkmal ist zu 100 % zu gewährleisten ▪ einfache geometrische Zusammenhänge	gering	eingeschränkt
Analytische statistische Rechnung	▪ alle Toleranzen normal verteilt ▪ einfache geometrische Zusammenhänge	gering	mittel
Numerische statistische Rechnung	▪ keine	hoch	hoch

Es ist zu beachten, dass in der Toleranzrechnung mit Sollvorgaben gerechnet wird. In der Realität streuen die Fertigungsprozesse abhängig von den Fertigungsverfahren. Daher müssen für eine gute Toleranzrechnung von allen Beitragsleistern zumindest für ähnliche Prozesse Messreihen vorliegen, aus denen die Verteilungsform und der Bereich der Streuung bestimmt werden. Auch darf die Toleranz nicht so groß gewählt sein, dass zu starke Mittelwertverschiebungen möglich sind.

In den folgenden Unterkapiteln werden die einzelnen Verfahren näher beschrieben.

10.1.1 Analytische Worst-Case-Rechnung

In der Worst-Case-Rechnung werden jeweils die ungünstigsten Extremtoleranzwerte aufaddiert.

$$Summentoleranz = \sum_{i=1}^{n} Einzeltoleranz_i \tag{10.1}$$

Diese Rechnung liefert das größte Ergebnis für die Summentoleranz bzw. stellt die schärfsten Anforderungen an die einzelnen Toleranzen. Dieses Verfahren findet in der Praxis sehr selten Verwendung, da die Kosten für die hohen Anforderungen an die Einzelteile den Preis stark nach oben treiben. Des Weiteren lässt es sich nur für einfache geometrische Zusammenhänge anwenden.

Im Beispiel soll die Toleranz der Fugenbreite zwischen Kotflügel und Motorhaube in radialer Richtung bestimmt werden. Bild 10.1 zeigt die Messstelle an einem Mercedes CLS.

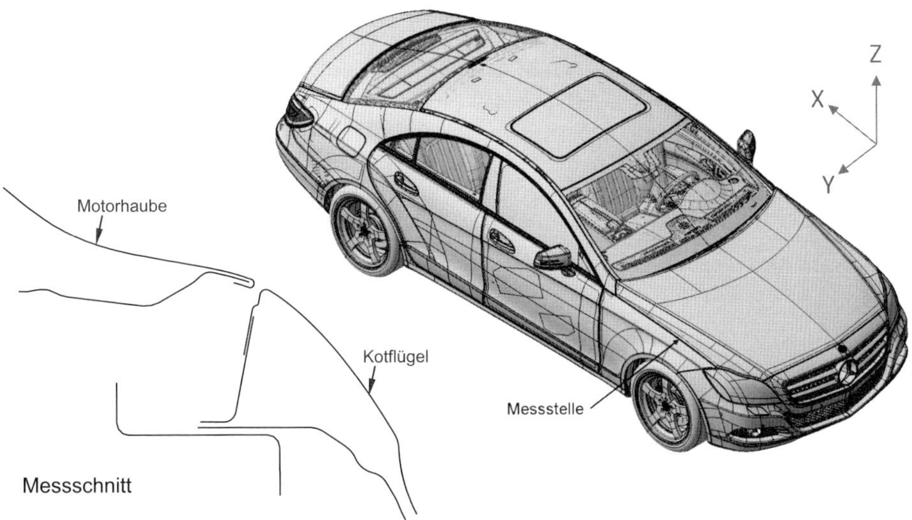

Bild 10.1 Messstelle zur Berechnung der Fuge "Motorhaube zu Kotflügel"

Zuerst wird die Motorhaube montiert. Beim Verbau orientiert sie sich in X-Richtung an den A-Säulen und wird hinten in Y-Richtung vermittelt eingebaut. Bild 10.2 zeigt die Darstellung der Motorhaube mit ihrem Bezugssystem für den Verbau und die Toleranz an der Messstelle.

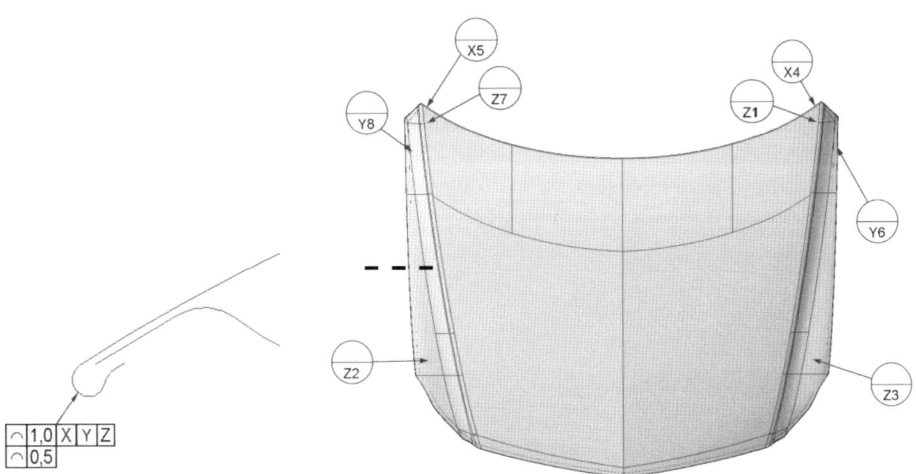

Bild 10.2 Motorhaube mit Bezugssystem und Toleranzen

Danach wird der Kotflügel verbaut. Dieser wird in Y-Richtung an seinen Bezugsstellen zur Motorhaube ausgerichtet. Bild 10.3 zeigt dies, sowie die Toleranz an der Messstelle.

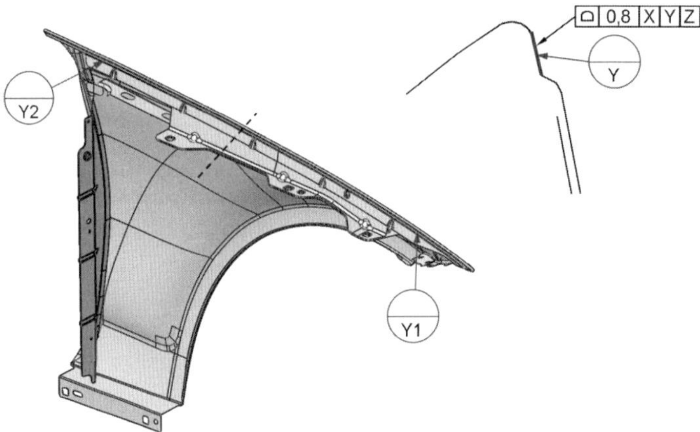

Bild 10.3 Kotflügel mit Teilen des Bezugssystems und Toleranzen

Wie aus den drei vorhergehenden Bildern ersichtlich ist, liegt die Fuge schräg im Raum. Der Einfachheit halber wird in dem Beispiel nur der Y-Anteil des Fugenmaßes berechnet. Das Besondere an diesem Beispiel ist die Motorhaube. Normalerweise muss die Toleranz Linienprofil von ±0,5 mm zum Bezugssystem verwendet werden. Da hier aber beim Fügen eine direkte Ausrichtung des Kotflügels zur Motorhaube erfolgt, gilt nur die Toleranz Linienprofil ohne Bezug von ±0,25 mm. Unter der Annahme einer Montagetoleranz von ±0,5 mm ergibt sich die Toleranzkette entsprechend Tabelle 10.2

Tabelle 10.2 Worst-Case-Toleranzrechnung

Nr.	Typ	Beschreibung	Toleranz
1	Bauteiltoleranz	Motorhaube: Messstelle zu Ausrichtpunkten	±0,25 mm
2	Bauteiltoleranz	Kotflügel: Messstelle zu Bezugssystem	±0,4 mm
3	Montagetoleranz	Kotflügel an Motorhaube	±0,5 mm
			±1,15 mm

10.1.2 Analytische statistische Rechnung

Auch dieses Verfahren funktioniert nur bei einfachen geometrischen Zusammenhängen. Unter der Annahme von normal verteilten Einzeltoleranzen kann das Root-Sum-Square-Verfahren angewendet werden. Hier werden, wie der englische Name besagt, die Quadrate der Einzeltoleranzen addiert und die Wurzel gezogen. Dies nähert die statistische Addition der Normalverteilungen an.

$$Summentoleranz = \sqrt{\sum_{i=1}^{n} \left(Einzeltoleranz_i\right)^2} \qquad (10.2)$$

Diese Rechnung liefert ein deutlich kleineres Ergebnis für die Summentoleranz bzw. stellt geringere Anforderungen an die einzelnen Toleranzen. Der in der Realität unwahrscheinliche Extremfall aus der Worst-Case-Betrachtung muss dann entweder akzeptabel sein oder nachgearbeitet werden können. Dies ist das in der Praxis am häufigsten verwendete Überschlagsverfahren.

Für das vorhergehende Beispiel ergibt sich die folgende Summentoleranz:

$$Summentoleranz = \pm\sqrt{0{,}25^2 + 0{,}4^2 + 0{,}5^2}\,mm \approx \pm 0{,}7\,mm$$

Bei der Betrachtung sollten folgende empirischen Erfahrungsregeln beachtet werden:

- Weniger als sechs Toleranzwerte unter der Wurzel
- maximaler Unterschied der Toleranzwerte zueinander von 50 %.

10.1.3 Numerische statistische Rechnung

Numerische Verfahren bringen zusätzliche Freiheitsgrade. So sind zum Beispiel beliebige Verteilungsformen je Einzeltoleranz möglich.

Ein sehr häufig genutztes stochastisches Verfahren ist die Monte-Carlo-Simulation. Hier wird für jede Einzeltoleranz zufällig ein Wert generiert und dann die Summe gebildet. Nach mehreren tausend Durchläufen wird aus den einzelnen Ergebnissen der Summentoleranz die Verteilung der Summentoleranz mit ihren statistischen Kennwerten ermittelt. Da nur Zufallszahlen erzeugt werden, weicht das Ergebnis der Monte-Carlo-Simulation von der analytischen Lösung leicht ab. Parameter dafür sind die Güte der Zufallszahlen sowie die Anzahl der Durchläufe. Zu beachten ist, dass Verteilungen gerade in den Randbereichen sehr empfindlich sind. Im folgenden Bild ist die Abweichung erkennbar. Bei nur einer Verteilung mit der Toleranzbreite 2 ist als statistisches Ergebnis 2 zu erwarten und nicht 2,02. Der Fehler aus der Güte der Zufallszahlen in Höhe von 1 % ist jedoch gegenüber den Messfehlern zu vernachlässigen. Für die Rechnung werden Toleranzgrenzen angegeben, in die die Verteilung eingepasst wird. Für eine Normalverteilung wird die Toleranzgrenze mit $\pm 3\sigma$ gleichgesetzt. Dies entspricht einem Wert für C_p und C_{pk} von 1. Falls andere Werte vereinbart sind, müssen diese in der Rechnung berücksichtigt werden.

Bohn Hetsch Partnerschaft
www.toleranzexperten.de

1D Toleranzrechnung

Bearbeiter
Datum

Funktionsmaß:

	Toleranzbreite (T)	T/2
Zielwert	2,00	1,00

Nr.	Bezeichnung	Verteilung	Toleranzbreite T (OTG-UTG)
1		Normal	2
2			0
3			0
4			0
5			0
6			0

Normal
Gleichverteilung
Dreieck

Ergebnisse	Toleranzbreite (T)	T/2
Worst-Case	2,00	1,00
Statistisch	2,02	1,01

Prozent außerhalb Toleranz	0,29
C_p	0,99

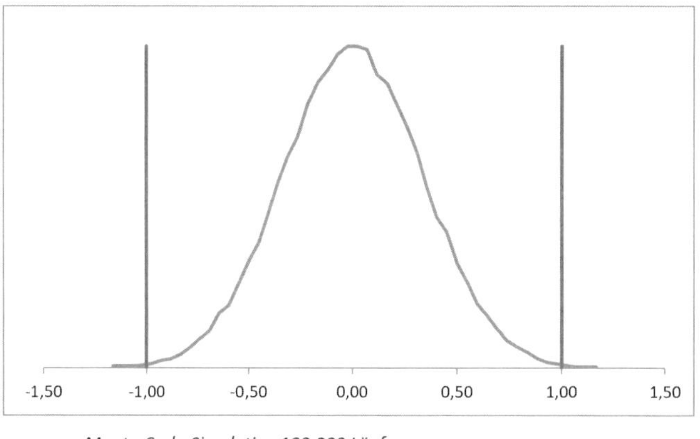

Monte-Carlo-Simulation 100.000 Läufe
Prozessfähigkeit nicht-normalverteilt gerechnet

$$C_p = \frac{\text{OSG} - \text{USG}}{q_{99.865\,\%} - q_{0.135\,\%}}$$

Bild 10.4 Genauigkeit einer Monte-Carlo-Simulation

Die Monte-Carlo-Simulation wird sowohl bei linearen 1D-Rechnungen als auch bei komplexen 3D-CAD-basierten Simulationen verwendet.

Wenn die Rechnung auf 3D-CAD-Daten basiert, ist es ohne weiteres möglich, senkrecht zur Fuge zu messen. Für das Beispiel der Motorhaubenfuge zeigt Bild 10.5 das Rechenergebnis einer Monte-Carlo-Simulation mit 5000 Durchläufen.

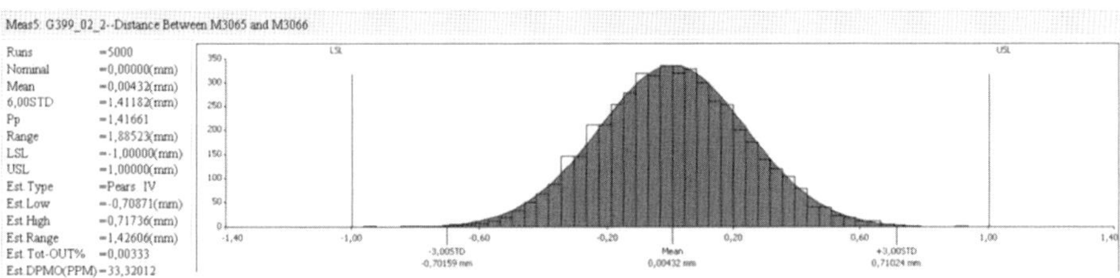

Bild 10.5 Ergebnis der Monte-Carlo-Simulation

Die Streubreite beträgt hier ebenfalls ±0,7 mm. Allerdings liegt das Ergebnis schräg im Raum und es kommen hier noch weitere Effekte zum Tragen. Die Kotflügel können nur in Y-Richtung zur Motorhaube eingestellt werden. In Z-Richtung liegen sie auf dem Rohbau auf. Daher gibt es in der im Folgenden abgebildeten Beitragsleisteranalyse viel mehr Beitragsleister.

Index	Tolerance	Point	Part	Range	Percent	Graph
1	FN01_M3066	M3066	Z2188800118_ZB_KOTFLUEGEL_VORN_LI	M:0,800(mm)	31,41%	
2	FN01_Y2SP0118_G	Y2SP0118(Group)	A2188870001_BPL_MOTORHAUBE	M:1,000(mm)	14,97%	
3	TN01_Y2SP0118	Y2SP0118	A2188870001_BPL_MOTORHAUBE	M:1,000(mm)	14,97%	
4	FN01_Y1SP0118_G	Y1SP0118(Group)	A2188870001_BPL_MOTORHAUBE	M:1,000(mm)	12,56%	
5	TN01_Y1SP0118	Y1SP0118	A2188870001_BPL_MOTORHAUBE	M:1,000(mm)	12,56%	
6	FN01_M3065	M3065	A2188870001_BPL_MOTORHAUBE	M:0,500(mm)	12,27%	
7	TN01_X7AL0118#01	X7AL0118#01	A2188870001_BPL_MOTORHAUBE	M:2,000(mm)	0,45%	
8	TN01_X4AS0057	X4AS0057(Group)	Z2186300101_ZB_SW_VST_AU_LI_A-SAEULE	M:1,000(mm)	0,18%	
9	FN01_X7AL0118#01_G	X7AL0118#01(Group)	A2188870001_BPL_MOTORHAUBE	M:1,000(mm)	0,11%	
10	TN01_X6AS0105_FAT#02	X6AS0105_FAT#02	Z2186300101_ZB_SW_VST_AU_LI_B-SAEULE_LTR	M:1,000(mm)	0,11%	
11	FN01_Z5AB	Z5AB	Z2188800118_ZB_KOTFLUEGEL_VORN_LI	M:0,700(mm)	0,07%	
12	FN01_X6AL0118_G#02	X6AL0118#02(Group)	A2187220109_BEPLANKUNG_FAHRERTUER_LI	M:0,700(mm)	0,05%	
13	FN01_Y7AS0105_FAT	Y7AS0105_FAT	Z2186300101_ZB_SW_VST_AU_LI_A-SAEULE	M:1,000(mm)	0,05%	
14	TN01_Y7AS0105_FAT	Y7AS0105_FAT	Z2186300101_ZB_SW_VST_AU_LI_A-SAEULE	M:1,000(mm)	0,05%	
15	FN01_X4AS0057_G	X4AS0057(Group)	Z2186300101_ZB_SW_VST_AU_LI_A-SAEULE	M:0,500(mm)	0,04%	
16	FN01_Y3SP0118	Y3SP0118	A2187220109_BEPLANKUNG_FAHRERTUER_LI	M:1,000(mm)	0,03%	
17	TN01_Z2AB0057	Z2AB0057(Group)	Z2186300101_ZB_SW_VST_AU_LI_2LTE	M:1,000(mm)	0,03%	
18	FN01_X6AS0105#_FAT_FOT#02_G	X6AS0105_FAT#02(Group)	Z2186300101_ZB_SW_VST_AU_LI_B-SAEULE_LTR	M:0,400(mm)	0,02%	
19	FN01_Z4AS0105_FAT	Z4AS0105_FAT	Z2186300101_ZB_SW_VST_AU_LI_DACHRAHMEN	M:1,000(mm)	0,02%	
20	TN01_Z4AS0105_FAT_G	Z4AS0105_FAT(Group)	Z2186300101_ZB_SW_VST_AU_LI_DACHRAHMEN	M:1,000(mm)	0,01%	
Sum of Rest 883 Contributors = 0,03%						

Bild 10.6 Beitragsleister der Monte-Carlo-Simulation

Rechts in der Tabelle ist der prozentuale Einfluss (Sensitivität) dargestellt, den der einzelne Beitragsleister auf die Streuung der Messung hat. In diesem Beispiel sind nur die ersten sechs Beitragsleister relevant, da alle anderen zusammen nur ca. 1 % Beitrag liefern. Diese Analyse liefert auch den Ansatz für Optimierungsstrategien, denn es lohnt sich nur an großen Effekten zu optimieren.

10.1.4 Beurteilung der Rechenverfahren

Generell gilt hier, genau wie bei anderen Simulationen, z. B. der FEM, dass eine Modellbildung stattfindet. D. h., die Rechnung ist nur so gut wie die Eingangsgrößen und die getroffenen Vereinfachungen. Allerdings ist der Abgleich von Simulation und realer Messung wesentlich schwieriger. Bei einer Crash-Berechnung wird eine Simulation erstellt, der Hardware-Crash durchgeführt und das Simulationsmodell angepasst. Dies wiederholt sich in mehreren Schleifen im Entwicklungsprozess. Ein direkter Abgleich von Toleranzrechnung mit Messreihen kann jedoch erst im eingeschwungenen Serienprozess erfolgen.

Fehler können u. a. sein, dass die realen Verteilungen nicht den Annahmen einer theoretischen Verteilung genügen:

- Reale Standardabweichung ≠ 1/6 Toleranzbreite (falsche Annahme der Standardabweichung)
- reale Verteilungsform ≠ theoretische Verteilung
- reale Mittelwerte ≠ theoretische Mittelwerte

Darüber hinaus täuscht die Rechnung mit vielen Nachkommastellen eine Genauigkeit vor, die aufgrund der Modellbildung nicht vorhanden ist.

Da die Modellbildung eine sehr große Rolle spielt, sollten die Ergebnisse der Toleranzrechnung nicht unkommentiert weitergegeben werden. Es ist hilfreich, den Rechenergebnissen eine Interpretation beizulegen. ■

Die Stärken der Rechenverfahren liegen vor allem in den Variantenvergleichen bei der Konzeptfestlegung, denn für eine Aussage „Konzept A ist besser als Konzept B" sind die Modellbildungsfehler im Regelfall irrelevant.

Zur Veranschaulichung der oben genannten Fehlermöglichkeiten zeigt das folgende Beispiel den kritischen Fall, dass für die Rechnung Toleranzen angenommen wurden und die realen Verteilungen zwar innerhalb der Grenzen liegen, dabei aber C_p und C_{pk} stark unterschiedlich sind. Dies bedeutet eine Mittelwertverschiebung.

Die in Bild 10.7 dargestellte und zu berechnende Toleranzkette hat drei Glieder mit jeweils einer Toleranz von ±1 mm.

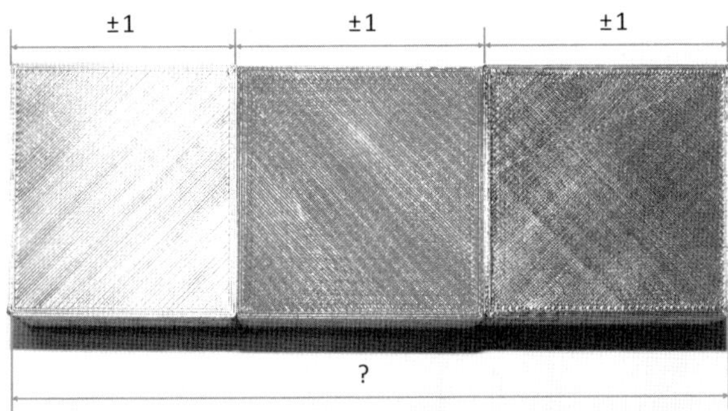

Bild 10.7 Berechnungsaufgabe

Die Beitragsleister (Länge der Würfel) haben entsprechend Bild 10.8 einen Wert von $C_p = 5$ und $C_{pk} = 1$.

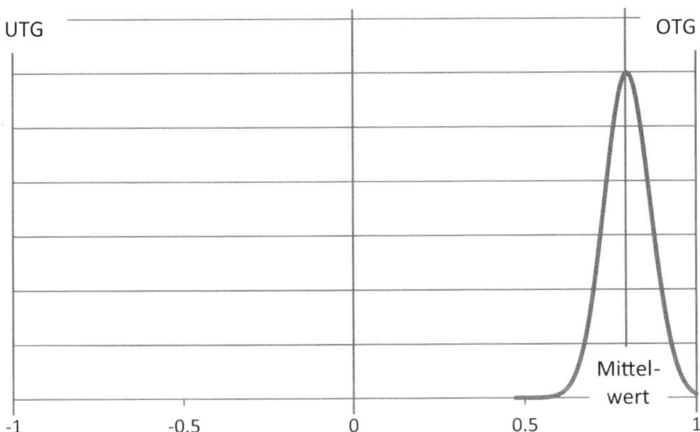

Bild 10.8 Mittelwertverschobene Verteilung der Höhe der einzelnen Würfel

Die Toleranzrechnungen liefern für die Summe folgende Ergebnisse:

Worst-Case-Rechnung

$Summentoleranz = \pm(1+1+1) = \pm 3$ bei Mittelwert NULL

Statistische Rechnung auf Basis der Toleranz

$Summentoleranz = \pm\sqrt{1^2+1^2+1^2} = \pm 1{,}73$ bei Mittelwert NULL

Statistische Rechnung auf Basis bekannter Verteilung (σ = 0,066 und Mittelwert μ = 0,8)

$Summentoleranz = \pm\sqrt{0{,}2^2+0{,}2^2+0{,}2^2} = \pm 0{,}35$ bei Mittelwert 2,4

10.2.1 Grundlagen

Die Analyse des Toleranzkonzepts ist die systematische Untersuchung des Toleranzkonzepts oder Teilen davon hinsichtlich aller einzelnen Komponenten oder Faktoren, die es bestimmen.

Damit eine Analysefähigkeit gegeben ist, müssen folgende Voraussetzungen erfüllt sein:

- Vollständige Beschreibung der Funktionen (Ziel der Analyse)
- vollständige geometrische Beschreibung des Bauteils/Produkts (inkl. Bezugssystem, Toleranzen, Messstellen)
- bei Zusammenbauten die Prozessbeschreibung (was wird wie und wann zueinander ausgerichtet)
- Messbarkeit aller Prüfkriterien (Funktionen, Toleranzen, Bezüge)
- Fähigkeit der Messmittel (erforderliche Genauigkeit)

Die Bezugsstellen und die Messschnitte müssen über die Zusammenbaustufen durchgängig sein, damit die Messungen über die Zusammenbaustufen hinweg verglichen werden können und Schlussfolgerungen möglich sind.

Um die Fuge zwischen Kotflügel und Fahrertür im Beispiel von Bild 10.12 an einem Messschnitt beurteilen zu können, ist die Durchgängigkeit des Messschnitts zwingend erforderlich. Das bedeutet, dass sowohl der Kotflügel als auch die Fahrertür als Einzelteile oder Unterzusammenbauten und die Fuge in diesem Schnitt zu vermessen sind.

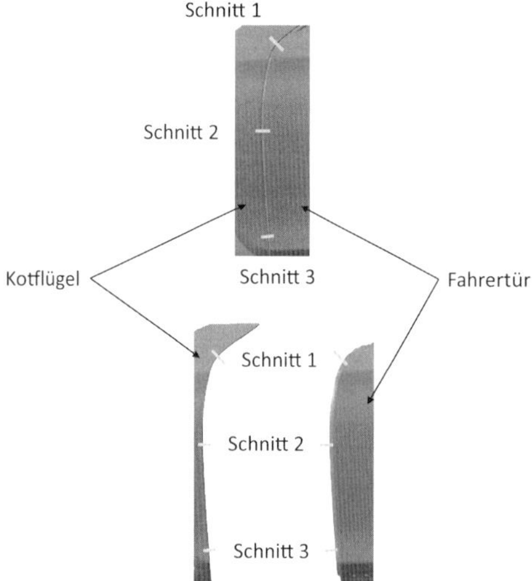

Bild 10.12 Durchgängige Lage der Messschnitte an einer Fuge

Der Messschnitt ist radial zur Fuge auszuführen.

10.2.2 Aufbau der Analyse

Der Aufbau der Analyse ist prinzipiell immer gleich und entspricht dem folgenden Schema. Dieser Ablauf sollte zumindest in den Schritten der Konzeptanalyse und der Kontrolle (Theorie/Praxis) innerhalb der Prozessanalyse nicht bei der Entdeckung des ersten Fehlers abgebrochen, sondern immer komplett durchgeführt werden.

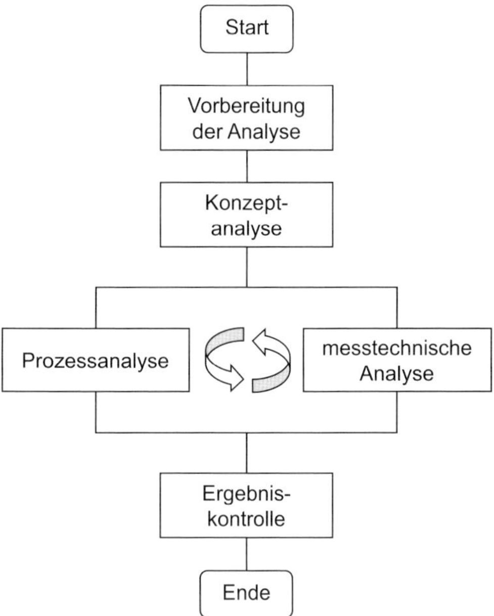

Bild 10.13 Aufbau der Analyse

Die **Vorbereitung** beinhaltet im Wesentlichen:

- Exakte Klärung des Analyseziels
- Schaffen aller Voraussetzungen zur Analysefähigkeit
- Schaffen der organisatorischen Voraussetzungen (Teile, laufender Prozess, Messkapazitäten etc.)

In der **Konzeptanalyse** wird das Toleranzkonzept in der Theorie untersucht. Betrachtet wird der komplette Zusammenhang zwischen Funktionen, Fügefolge, Bezugsstellen, Ausrichtkonzept, Fügeverfahren und Toleranzen. Dies erfolgt sowohl Top-down als auch Bottom-up, siehe Bild 10.14.

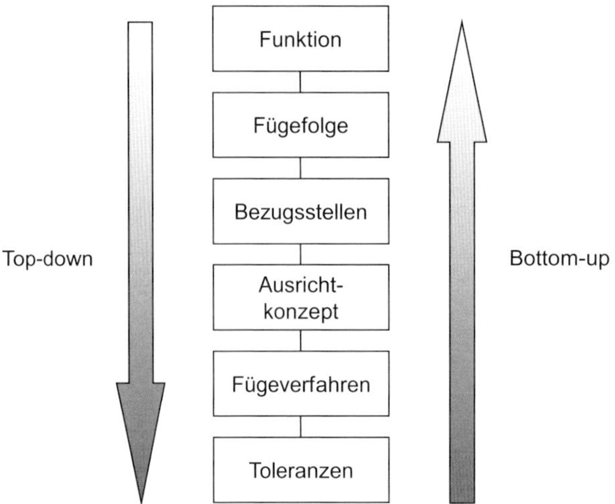

Bild 10.14 Betrachtungsrichtungen der Analyse

Die Konzeptanalyse liefert sowohl Optimierungspotenziale als auch Sensitivitäten aus der Toleranzrechnung. Diese Sensitivitäten können zur Eingrenzung des Messumfangs genutzt werden.

Für die frühen Entwicklungsphasen zeigt Bild 10.15 den möglichen Top-down-Ablauf inklusive möglicher Optimierungspotenziale (gestrichelte Linien). In den späteren Entwicklungsphasen ergibt sich lediglich der Messumfang.

An die Konzeptanalyse schließt sich die Prozessanalyse an.

Die **Prozessanalyse** ist ein zweistufiger Prozess mit enger Wechselwirkung zur messtechnischen Analyse.

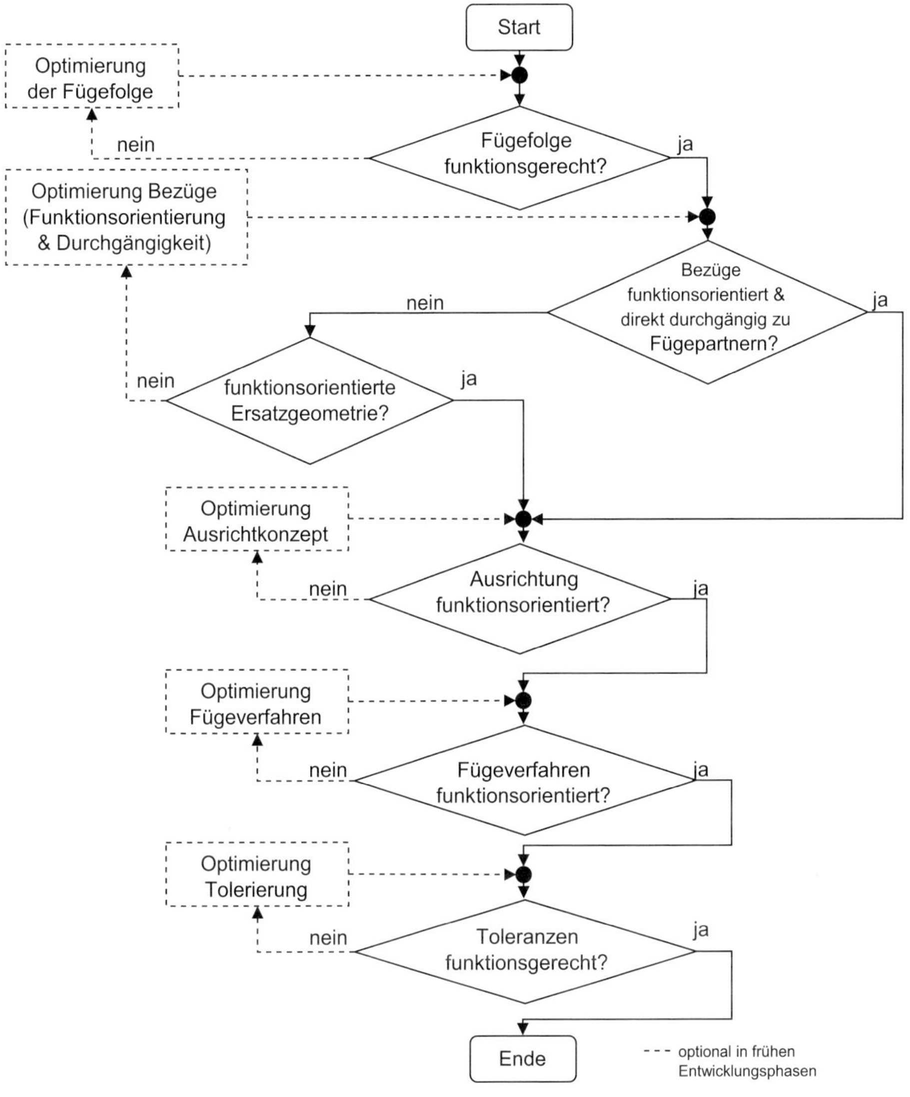

Start
Optimierung der Fügefolge
nein
Fügefolge funktionsgerecht?
ja
Optimierung Bezüge (Funktionsorientierung & Durchgängigkeit)
nein
Bezüge funktionsorientiert & direkt durchgängig zu Fügepartnern?
ja
nein
funktionsorientierte Ersatzgeometrie?
ja
Optimierung Ausrichtkonzept
nein
Ausrichtung funktionsorientiert?
ja
Optimierung Fügeverfahren
nein
Fügeverfahren funktionsorientiert?
ja
Optimierung Tolerierung
nein
Toleranzen funktionsgerecht?
ja
Ende
- - - optional in frühen Entwicklungsphasen

Bild 10.15 Ablauf der Konzeptanalyse

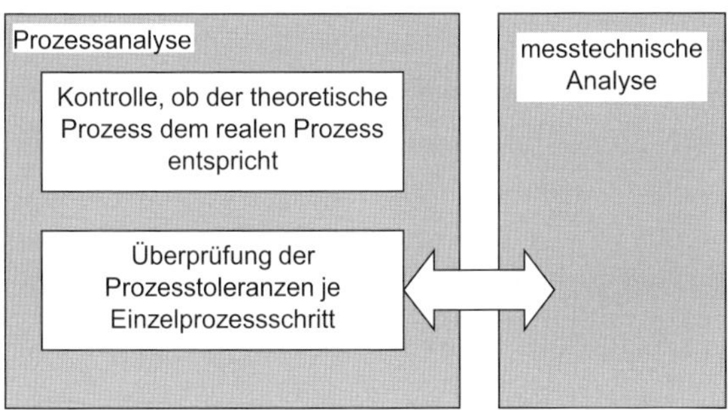

Bild 10.16 Prozessanalyse im Wechselspiel

Die Kontrolle, ob der theoretische Prozess dem realen Prozess entspricht, muss für jeden einzelnen Prozessschritt durchgeführt werden. Daher ergibt sich in Anlehnung an die Konzeptanalyse der im Bild 10.17 dargestellte Ablauf.

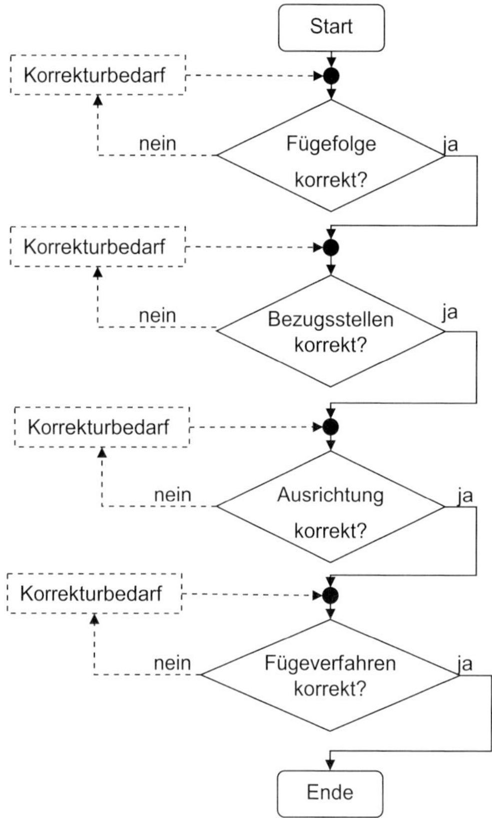

Bild 10.17 Abgleich von Theorie und Praxis

Der Korrekturbedarf kann je nach Umsetzbarkeit die Anpassung der realen Anlage oder die Anpassung des theoretischen Konzepts bedeuten.

Bei der Fehlersuche erfolgt die Überprüfung der Prozesstoleranzen je Einzelprozessschritt entgegen der Fügefolge schrittweise vom Ganzen (den Funktionen) bis hin zu den Einzelteilen. Hier kann es aus Ressourcengründen sinnvoll sein, die Messung nach der Entdeckung des Fehlers und seiner Ursachen abzubrechen. Es besteht dann allerdings die Gefahr, dass dennoch weitere Fehler, die sich gegenseitig eliminieren, vorhanden sind. Der in Bild 10.18 dargestellte Ablauf zeigt den Fall des Beendens nach dem ersten Fehler.

Tritt der Fall auf, dass die Funktion nicht in Ordnung ist, aber alle Beitragsleister in Ordnung sind, liegt entweder ein Messfehler vor oder es fehlen Beitragsleister.

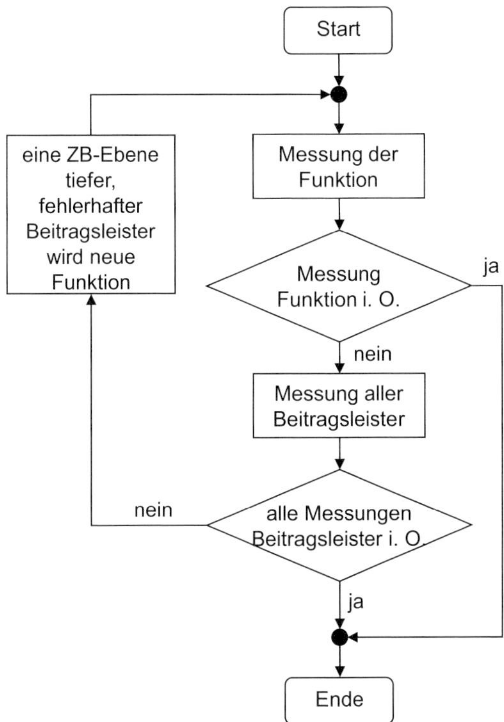

Bild 10.18 Überprüfung der Toleranzen im Prozess

Im Fall der vollständigen Analyse wird die Messung bis auf die Ebene, für die bereits eine Prozessfähigkeit vorliegt, herunter durchgeführt.

10.2.3 Messtechnische Analyse

Bei der messtechnischen Analyse wird zwischen der Fehlersuche und der Analyse, warum ein Konzept funktioniert, unterschieden, da sich diese stark im Messaufwand unterscheiden.

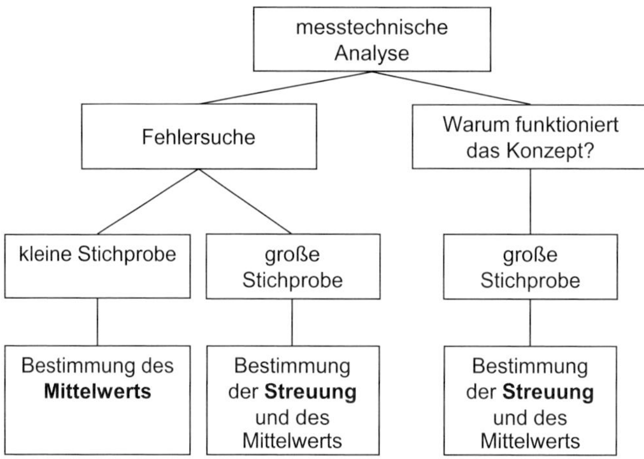

Bild 10.19 Schwerpunkte der messtechnischen Analyse

Da die Prozesse in der Regel nicht unerwartet stark streuen, sondern der Fall der Mittelwertverschiebung wesentlich häufiger auftritt, reicht bei der Fehlersuche oft die Bestimmung des Mittelwerts. Dafür ist nach VDA eine Stichprobengröße von fünf ausreichend.

Bevor die Messungen durchgeführt werden, muss die Messunsicherheit ermittelt werden, denn die Messung zeigt nur die Summe aus der wahren Fertigungsverteilung und der Verteilung aus der Messung selbst. Diesen Zusammenhang zeigt Bild 10.20.

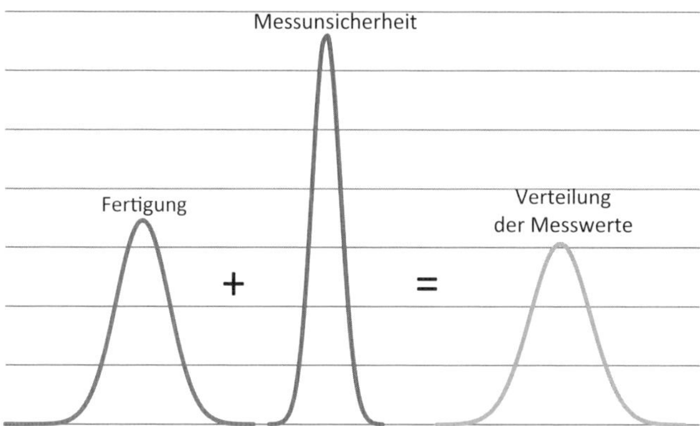

Bild 10.20 Verteilung der Messwerte

Falls die Messunsicherheit bekannt ist, kann sie direkt eingesetzt werden. Anderenfalls muss sie ermittelt werden. Dies kann nach (VDA 2011) zweistufig erfolgen.

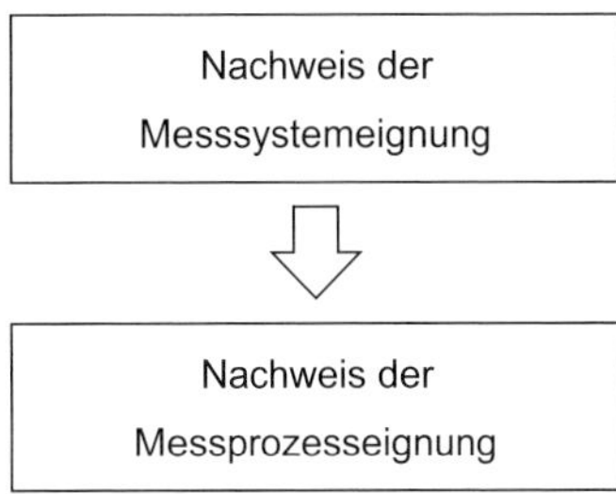

Bild 10.21 Ermittlung der Messunsicherheit

Zunächst muss die Messsystemeignung selbst überprüft werden. Dabei werden keine Einflüsse von Benutzer, Messumgebung und Messobjekt berücksichtigt. Bild 10.22 zeigt den Ablauf nach VDA 5 Verfahren 1.

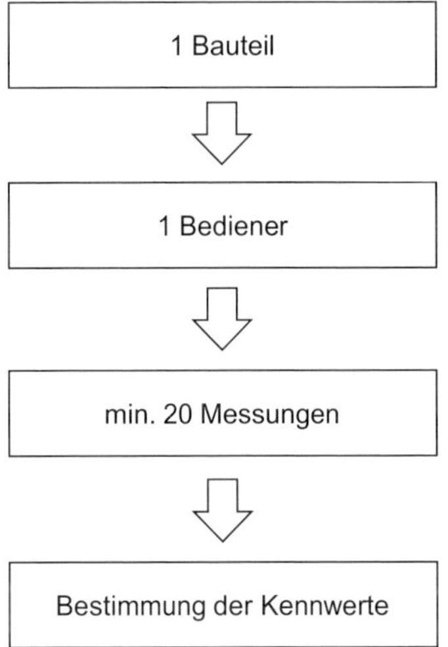

Bild 10.22 Messsystemanalyse

Die beiden Kennwerte der Messmittelfähigkeit sind C_g und C_{gk}. Dabei wird die gemessene Streuung mit einer Bezugstoleranz verglichen. Die Bezugstoleranz ist die Toleranz des Merkmals, dessen Streuung später ermittelt werden soll.

$$C_g = \frac{0{,}2 \cdot TOL}{4 \cdot s_g} \qquad (10.3)$$

s_g = Standardabweichung der Messwertreihe
TOL = Breite der Toleranzzone der Bezugstoleranz

Ziel ist ein C_g-Wert > 1,33. Dies entspricht auch der (VDI/VDE 2617).

Bei der Maßabweichung von einem Normal mit bekannter Größe wird noch zusätzlich der Kennwert C_{gk} berechnet.

$$C_{gk} = \frac{0{,}1 \cdot TOL - \left|\overline{x_g} - x_m\right|}{2 \cdot s_g} \tag{10.4}$$

s_g = Standardabweichung der Messwertreihe
$\overline{x_g}$ = Mittelwert der Messwertreihe
x_m = Istwert des Normals
TOL = Breite der Toleranzzone der Bezugstoleranz

Hier ist das Ziel, einen C_{gk}-Wert > 1,33 zu erreichen.

Wenn die Messsystemanalyse erfolgreich abgeschlossen wurde, wird die Messprozesseignung analysiert. Der Ablauf nach VDA 5 Verfahren 2 mit Bedienereinfluss ist in Bild 10.23 dargestellt.

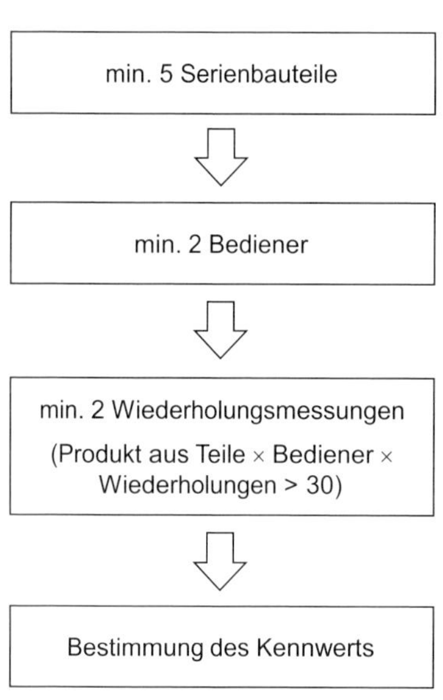

Bild 10.23 Messprozessanalyse

Der Kennwert %R&R (repeatability and reproducibility) wird nach [MSA-10] wie folgt gebildet.

$$\%R\,\&\,R = \frac{6 \cdot Messstandardabweichung}{Bezugstoleranzfeldbreite} \cdot 100\ \% \tag{10.5}$$

Unter 10 % ist der Messprozess akzeptabel. In einem Bereich zwischen 10 % und 30 % kann der Messprozess eventuell akzeptabel sein. Dies ist jedoch im Einzelfall zu prüfen. Bei über 30 % ist der Prozess generell nicht akzeptabel.

Die Kenntnis der Streuung des Messprozesse hilft bei der Beurteilung, ob ein Teil innerhalb der Toleranz liegt. Die folgende Darstellung in Bild 10.24 zeigt die Schwierigkeit der Beurteilung eines Messwerts.

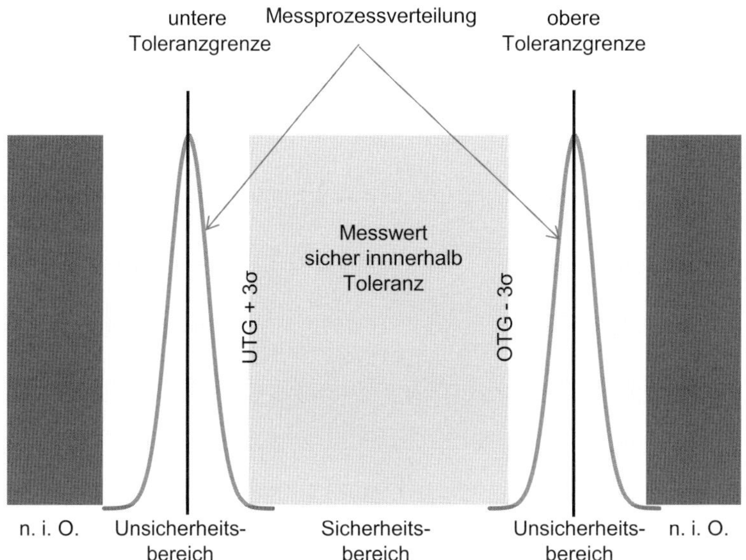

Bild 10.24 Beurteilung eines Messwerts

Liegt ein Messwert im Bereich der Unsicherheit durch die Messprozessstreuung (3σ), kann ein gutes Bauteil fälschlicherweise als schlecht beurteilt werden sowie ein schlechtes Bauteil als gut beurteilt werden. Nur die Bauteile bzw. Messwerte, die außerhalb des Unsicherheitsbereichs in der Toleranz liegen, sind sicher Gut-Teile. Daher ist die Messprozessstreuung so klein wie möglich zu halten.

Die DIN EN ISO 14253-1 regelt den Umgang bei dem vorher genannten Problem. Der Lieferant muss die Konformität seines Produkts nachweisen. Das heißt, er testet die Bauteile nicht gegen die Toleranzgrenzen, sondern gegen die Toleranzgrenze abzüglich der Messunsicherheit. Damit kann er sicher gute Bauteile liefern. Der Kunde muss für die Zurückweisung der Bauteile den Nachweis der Nichtkonformität erbringen. Das heißt, er testet die Bauteile gegen die Toleranzgrenze zuzüglich der Messunsicherheit.

Des Weiteren ist es bei elastischen Bauteilen relevant, die Messung der Einzelteile bzw. Zusammenbauten in der gleichen Ausrichtung im Schwerkraftfeld zu messen, wie sie später verwendet werden. Damit wird eine Verfälschung der Messergebnisse durch die Schwerkraft vermieden.

11 Optimierungs-strategien

Bei den Optimierungsstrategien ist es wichtig, zu welchem Zeitpunkt im Entwicklungsprozess die Optimierung stattfindet. Denn durch das reine Ändern von Toleranzen und Bezugsstellen lässt sich kaum eine signifikante Verbesserung erzielen.

Das in der Literatur oft erwähnte Prinzip der Toleranzsynthese befasst sich im Schwerpunkt mit der Frage, wie bei bestehender Toleranzkette die Zahlen bestmöglich verteilt werden. Damit wird das Optimum durch die Änderung der Konzepte nicht erreicht.

Die Optimierung ist ein gestufter Prozess, der mehrfach in verschiedenen Ebenen durchlaufen werden kann. Je nach Phase im Entwicklungsprozess sind einzelne Punkte schon so weit festgelegt, dass sie nicht mehr verändert werden können. Bild 11.1 zeigt mögliche Leitfragen.

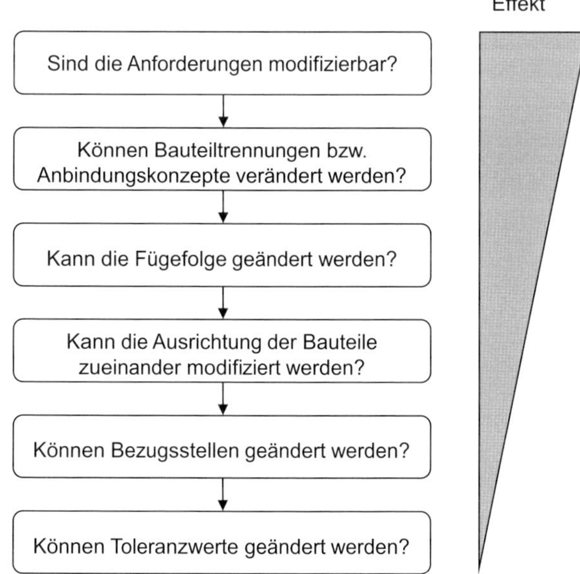

Bild 11.1 Leitfragen zur Optimierung

Diese Leitfragen müssen im konkreten Anwendungsfall weiter detailliert werden, um auf die Lösung hinzuführen. Daher sind in der folgenden Darstellung exemplarisch detaillierte Fragen enthalten, die aber nicht alle gleichzeitig sinnvoll sind.

Bild 11.2 Detaillierte Leitfragen zur Optimierung

Darüber hinaus gibt es manchmal die Möglichkeit, bei den betroffenen Bauteilen das Material- bzw. Herstellungskonzept zu optimieren.

Für die Optimierungen ist es hilfreich, Toleranzanalysen durchzuführen, da sie, wie in Kapitel 10.1. aufgeführt, über die Sensitivitätsanalyse mögliche Stellhebel aufzeigen und sich über die Simulation verschiedene Varianten gegeneinander bewerten lassen.

Im Idealfall hat die Toleranzkette nur einen einzigen Term. Die Bezüge der Bauteile liegen an den funktionsrelevanten Stellen und es tritt nur eine Prozesstoleranz auf. Sehr gut sind auch Toleranzketten mit lediglich drei Gliedern. Diese sind dann die Toleranz am Geometrieelement von Bauteil 1, die Toleranz am Geometrieelement von Bauteil 2 und eine Prozesstoleranz. Ein Beispiel dafür zeigen die nächsten drei Bilder. Die Gesamtlänge soll 160 mm betragen. In der Ausgangskonstruktion bilden die Breiten der vier Bauteile dieses Maß.

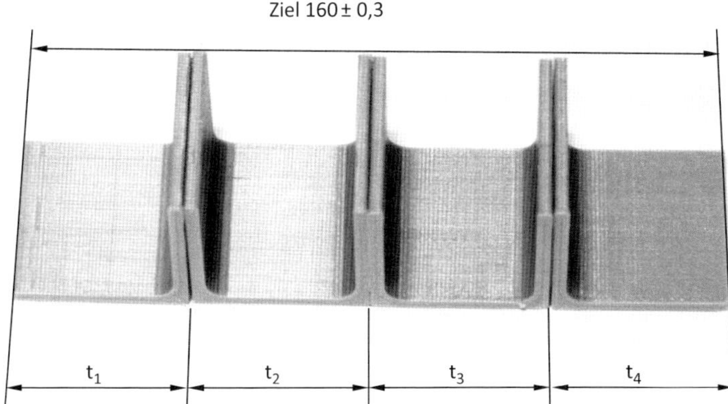

Bild 11.3 Ursprüngliche Toleranzkette

Durch konstruktive Änderungen sowie Änderungen im Fertigungsprozess kann die Kette auf drei Toleranzterme verringert werden. Diese sind die Toleranz des linken Bauteils vom Bezug zur Kante, die Toleranz der Vorrichtung und die Toleranz des rechten Bauteils vom Bezug zur Kante, siehe Bild 11.4.

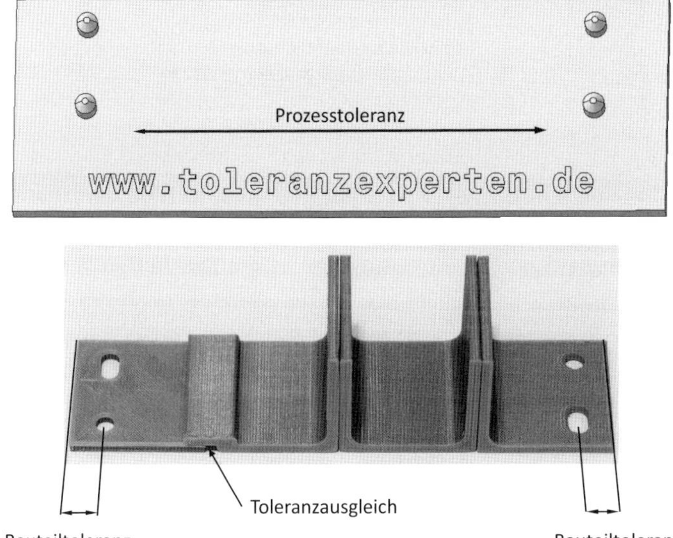

Bild 11.4 Toleranzkette mit drei Gliedern

Die Prozesstoleranz enthält in diesem Fall wiederum drei Einzelterme: Die beiden aus Montagegründen erforderlichen Lochspiele und den Abstand der Bolzen. Da die Bolzen feststehend sind, dürfen sie nur als fester Mittelwertversatz berücksichtigt werden, und nicht als Streuungsterm. Falls erforderlich, kann das wirksame

Lochspiel ebenfalls durch ein definiertes Anlegen an einer Seite des Lochs minimiert werden. Damit der Montageprozess funktionieren kann, muss ein Toleranzausgleich in der Konstruktion vorgesehen werden. Dies ist hier mittels eines Schiebeflansches realisiert.

Falls die Zielvorgabe für die Längentoleranz immer noch nicht erreicht ist, kann die Toleranzkette weiter reduziert werden, siehe Bild 11.5.

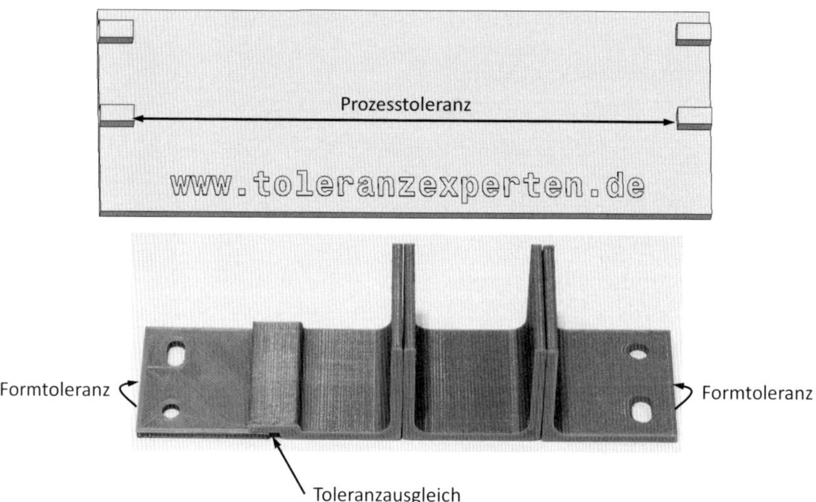

Bild 11.5 Ideale Toleranzkette

Wenn die Bauteile an der Vorrichtung auf Anschlag gebracht werden und dann gefügt werden, gibt es zumindest an den Bezugsstellen gar keine Streuung mehr. Es ist nur noch der konstante Fehler des Abstands der Anschläge in der Vorrichtung vorhanden. Auf die gesamte Seitenfläche betrachtet kommen noch die Formtoleranzen der beiden Seitenflächen hinzu.

Die ideale Toleranzkette hat nur noch einen Term. In der Praxis sind Toleranzketten mit drei Termen bereits sehr gut. Die Terme sind dann zwei Bauteiltoleranzen und eine Prozesstoleranz.

12 Umsetzung des Toleranzkonzepts

Die Umsetzung gliedert sich in mehrere Schritte, siehe Bild 12.1.

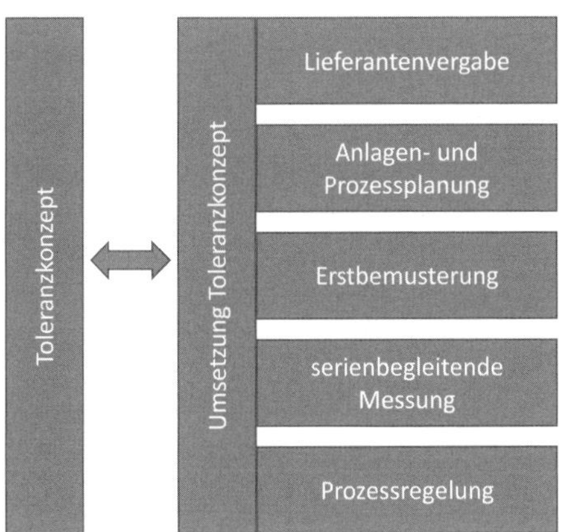

Bild 12.1 Umsetzung der Toleranzkonzepts

Da die Umsetzung bereits parallel zur Erstellung des Toleranzkonzepts geplant wird, gibt es auch Rückflüsse in das Toleranzkonzept. Daher ist es wichtig, dass diese Erkenntnisse so früh wie möglich in die Konzepterstellung einfließen. Die Schritte auf der rechten Seite des obigen Bilds entsprechen der Gliederung der folgenden Unterkapitel.

Da in vielen Firmen die Verantwortlichkeiten für die einzelnen Schritte getrennt sind (Entwicklung, Einkauf, Fertigungsplanung, Qualitätssicherung etc.), ist das Thema der Verbindlichkeit des Toleranzkonzepts bei der Umsetzung essenziell. ■

12.1 Lieferantenvergabe von Einzelteilen bzw. Zusammenbauten

In vielen Industrien liegt die Wertschöpfungskette nicht zu 100 % im eigenen Haus. Es werden Einzelteile und Baugruppe fremdbezogen.

Da Bezüge und Toleranzen kostenrelevant sind, müssen diese bereits in den Anfrageunterlagen enthalten sein. Wie im Kapitel 9.2 beschrieben, gibt es einen direkten Zusammenhang zwischen Toleranzen und geforderten Prozessfähigkeitskennwerten. Daher muss definiert werden, an welchen Stellen die Prozessfähigkeit eingehalten werden soll. In dieser sehr frühen Projektphase kann es ausreichend sein, die Geometrieelemente und die Anzahl der Messstellen ohne den genauen Messort anzugeben.

In einer ergänzenden Dokumentation des Qualitätsmanagements werden diese zusätzlichen Informationen dokumentiert.

Messstellen in der Zeichnung werden nach DIN 406 Teil 1 mit dem im folgenden Bild dargestellten Symbol gekennzeichnet.

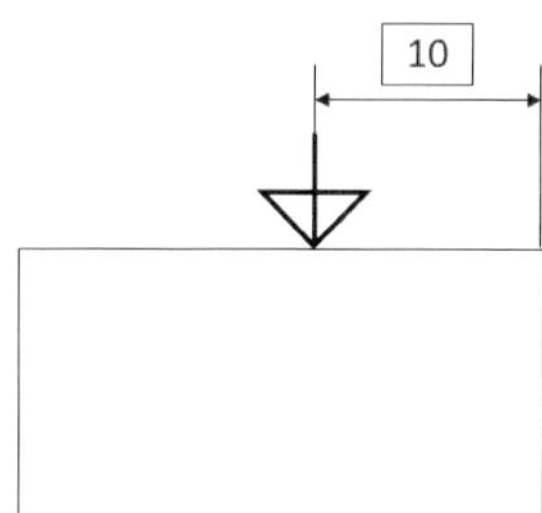

Bild 12.2 Symbol Messstelle nach DIN 406 T1

Prüfmaße werden nach DIN 406 Teil 10 in einem Rahmen mit zwei Halbkreisen dokumentiert, siehe Bild 12.3.

Welche Konsequenzen ein Prüfmaß hat, wird normalerweise in Firmennormen, Lieferbedingungen oder ähnlichem festgelegt. Empfehlenswert ist es, den Prozessfähigkeitskennwert in den Lieferbedingungen, etc. zu definieren und auf der Zeichnung lediglich die Merkmale zu kennzeichnen.

Oft finden sich in den Lieferbedingungen Sätze wie " Vom Lieferanten ist für die besonderen Merkmale die vorläufige Prozessfähigkeit $P_{pk} \geq 1{,}67$ und Langzeitfähigkeit $C_{pk} \geq 1{,}33$ zu erbringen." Diese werden teilweise mit Forderungen wie einer maximalen Mittelwertabweichung $\leq 25\,\%$ ergänzt.

Bild 12.4 zeigt exemplarisch Zeichnungseinträge und Hinweise aus den Lieferbedingungen verschiedener Firmen.

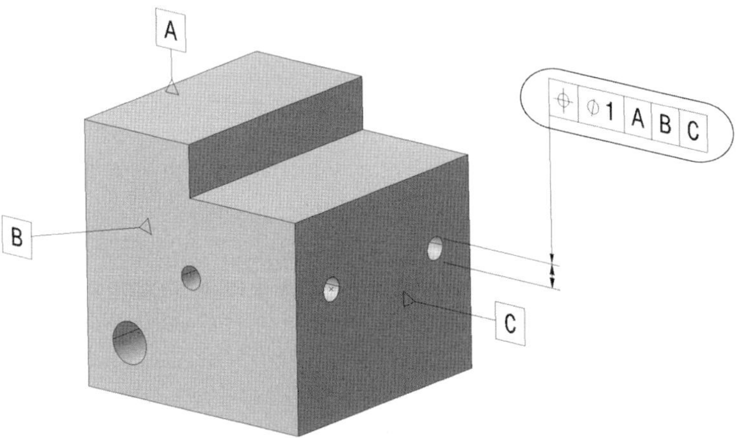

Bild 12.3 Symbol für ein Prüfmaß nach DIN 406 T10

	Symbol	Lieferbedingung
Firma A	⌖ 2,0 X Y Z # *n*	Prozessfähigkeit $P_{pk} \geq 1{,}67$ und Langzeitfähigkeit $C_{pk} \geq 1{,}33$
Firma B	(⌖ 2,0 X Y Z)	Prozessfähigkeit $P_{pk} \geq 1{,}67$ und Langzeitfähigkeit $C_{pk} \geq 1{,}33$
Firma C	PQC *n* (⌖ 2,0 X Y Z)	Prozessfähigkeit $P_{pk} \geq 1{,}67$ und Langzeitfähigkeit $C_{pk} \geq 1{,}33$
Firma D	⌖ 2,0 X Y Z (QC)	Prozessfähigkeit $P_{pk} \geq 1{,}67$ und Langzeitfähigkeit $C_{pk} \geq 1{,}33$
Firma E	⌖ 2,0 X Y Z $P_{pk} \geq 1{,}67$ $C_{pk} \geq 1{,}33$	nichts
	n laufende Nummer	

Bild 12.4 Beispiele verschiedener Symbolik bei besonderen Merkmalen

Aus den verschiedenen Möglichkeiten und dem Fehlen eines generellen Standards wird ersichtlich, dass es zwingend erforderlich ist, einen firmenspezifischen Standard zu definieren.

Die Mindestwerte für P_{pk}, C_p und C_{pk} können als Legende neben dem Symbol, in der Nähe des Schriftfelds oder in einem separaten Dokument definiert sein. Die Zielwerte für die Prozessfähigkeitskennwerte hängen direkt mit den Toleranzen zusammen (vgl. auch Kapitel 9.2). Besonders wichtig ist die Festlegung einer Vorgehensweise, falls die Prozessfähigkeit später nicht erreicht werden sollte. Falls dann nur eine 100%-Prüfung bei gleichen Toleranzgrenzen gefordert wird, ist die Forderung nach einer hohen Prozessfähigkeit unvorteilhaft, siehe Bild 12.5.

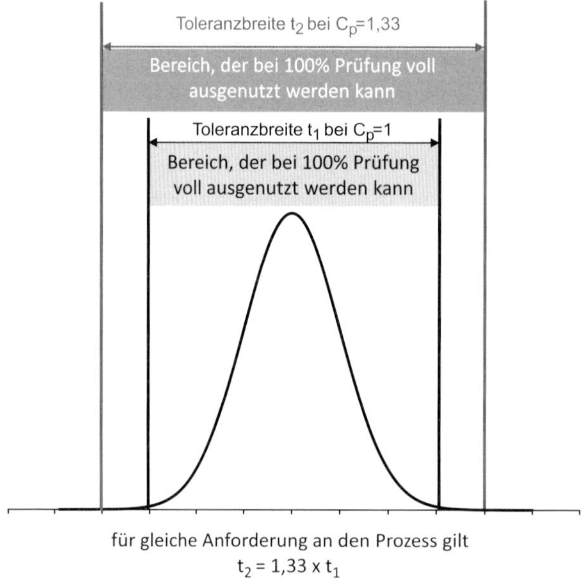

Bild 12.5 Größe des Bereichs bei 100%-Prüfung

Daher sollte insbesondere für hohe C_{pk}-Zielwerte im Falle der Nichterreichung eine verringerte Toleranzzone für die 100% -Kontrolle vereinbart werden.

Das Angebot des Lieferanten muss sich auf die Zeichnung bzw. den Datensatz beziehen und diesen bestätigen. Damit sind die Toleranzvorgaben durch den Lieferanten verbindlich akzeptiert. Der finale Auftrag muss sich dann auf das Angebot beziehen.

Wenn der Lieferant im Angebot Teile der Toleranzspezifikation ausschließt und dennoch den Auftrag bekommt, hat der Kunde keinen Anspruch auf die ausgeschlossenen Umfänge. Grund dafür ist, dass der Auftrag auf Basis des Angebots und nicht auf Basis der Anfrage erteilt wurde.

12.2 Anlagen- und Prozessplanung

Die Prozessplanung läuft mit leichtem Zeitversatz zur Produktentwicklung (siehe Bild 2.4). Bei guter Zusammenarbeit ist das komplette Toleranzkonzept, bestehend aus Fügefolge, Aufnahmen, Ausrichtung, Bezugsstellen und Toleranzen, abgestimmt. Die Prozessplanung detailliert sich weiter bis hin zur Anlagenplanung. Diese Anlagen müssen dann das Toleranzkonzept umsetzen. Zu den Bezugsstellen aus dem Toleranzkonzept kann aufgrund der Fügetechnik noch weitere Spanntechnik hinzukommen.

Dabei ist es erforderlich, die Fügefolge einzuhalten, die Bauteile an den Bezugsstellen aufzunehmen und mit der entsprechenden Methode auszurichten. Falls Anlagen und Vorrichtungen von extern bezogen werden sollen, muss das komplette Toleranzkonzept für den entsprechenden Umfang Basis der Anfrage sein. Für das Kunden/Lieferantenverhältnis gilt das Gleiche wie bei der Vergabe von Bauteilen. Die Genauigkeit der Anlagen und die Reproduzierbarkeit von manuellen Prozessen müssen bekannt sein und sich im Toleranzkonzept widerspiegeln.

12.3 Erstbemusterung

Die Erstbemusterung ist beispielsweise für die Automobilindustrie in der DIN SPEC 1115 bzw. der DIN ISO/TS 16949 und weitergehend im VDA Band 2 beschrieben. Der VDA Band 2 wird hier als Beispiel für die Erstbemusterung herangezogen.

Bei der Erstbemusterung ist die Einhaltung aller expliziten Tolerierungen nachzuweisen. Am Anfang des Messberichts sind das Aufnahmekonzept und die Bezugsstellen zu dokumentieren. Je nach Vereinbarung bzw. Messspezifikation können verschiedene Messberichte erforderlich sein. Bei elastischen Bauteilen kann beispielsweise gefordert sein, einmal im Zustand mit nur den ersten sechs Bezugsstellen gespannt zu messen und einmal im Zustand, dass alle Bezugsstellen gespannt sind.

Entsprechend der Konformität nach DIN EN ISO 14253-1 hat die Bewertung innerhalb der Toleranzgrenzen abzüglich der Messunsicherheit zu erfolgen.

Die Erstbemusterung muss aus Serienanlagen und Serienprozessen am Serienstandort unter Serienbedingungen erfolgen. Bei allen tolerierten Merkmalen, die einer Prozessfähigkeitsanforderung unterliegen, ist der Nachweis der Prozessfähigkeit zu erbringen.

Falls keine Zielwerte für die Fähigkeitsindizes festgelegt wurden, gelten beispielsweise nach VDA 2 *Sicherung der Qualität* folgende Zielwerte:

- Maschinenfähigkeitsindex, Kurzzeituntersuchung $C_{mk} \geq 1{,}67$
- Prozessfähigkeitsindex, Langzeituntersuchung stabiler Prozess $C_{pk} \geq 1{,}33$
- Prozessleistungsindex, Langzeituntersuchung instabiler Prozess $P_{pk} \geq 1{,}33$

12.4 Serienbegleitende Messung

Die serienbegleitenden Messungen müssen sicherstellen, dass die Toleranzanforderungen eingehalten werden. Die Vorgehensweise wird durch die Qualitätssicherung bestimmt. Bei der Festlegung der Messhäufigkeit wird auf das Wissen über die Fertigungsprozesse zurückgegriffen. Bild 12.6 zeigt ein Beispiel für ein gering streuendes Merkmal.

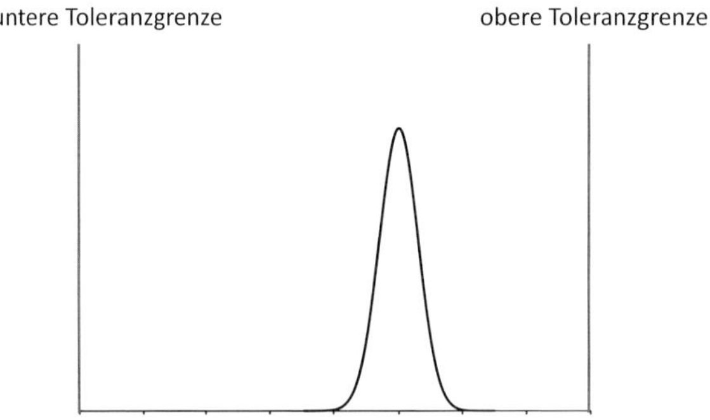

Bild 12.6 Streuung eines Merkmals

Bei bekannter enger Streuung eines Merkmals kann die Messhäufigkeit heruntergesetzt werden. Es kann ausreichend sein, nur den aktuellen Mittelwert zu bestimmen und den Prozess anhand des Mittelwerts zu steuern.

12.5 Prozessregelung

Sind die Ziele für die Qualitätskenngrößen bekannt, kann auf ihrer Basis der Prozess geregelt werden.

Solange C_p und C_{pk} in ähnlicher Größenordnung und größer 1 bzw. größer als der vertraglich vereinbarte Grenzwert sind, besteht kein Handlungsbedarf. Erst wenn sich der C_{pk}-Wert dem Grenzwert annähert, besteht die Notwendigkeit eines Eingriffs. Im Folgenden ist der erforderliche Prozess beschrieben.

Damit im Prozess noch Zeit für Reaktionen bleibt, gibt es in der klassischen statistischen Prozesskontrolle (SPC) zusätzlich zur Toleranzgrenze noch die Eingriffsgrenze und die Warngrenze. Deren Bedeutungen sind in Tabelle 12.1 näher erläutert.

Tabelle 12.1 Bedeutung verschiedener Grenzen

Grenze	Bedeutung
Toleranzgrenze	Außerhalb ist der Prozess/das Teil nicht in Ordnung.
Eingriffsgrenze	Es müssen sofort Maßnahmen eingeleitet werden, da der Prozess/das Teil droht, n. i. O. zu werden.
Warngrenze	Es erfolgt ein Hinweis, dass ein Eingriff erforderlich werden kann.

Die genauen Abstände von der Toleranzgrenze sind im Einzelfall zu bestimmen und hängen im Wesentlichen von der Steuerungsmöglichkeit ab. Je besser der Prozess steuerbar ist, desto näher können die Eingriffsgrenzen an den Toleranzgrenzen sowie die Warngrenzen an den Eingriffsgrenzen liegen. Bild 12.7 zeigt die Grenzen in einer fortlaufenden Darstellung des Prozesses bis zum erforderlichen Eingriff.

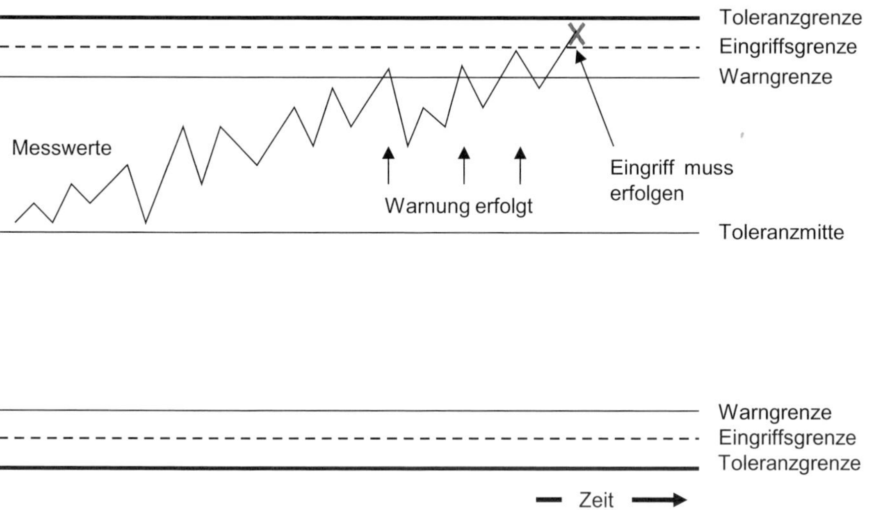

Bild 12.7 Grenzen der Prozessregelung

Generell kann sich bei einem Prozess über der Zeit sowohl die Streuung als auch der Mittelwert ändern. Die Kenntnis, welche der beiden Größen sich verändert hat, hilft, die Ursachen zu klären und die richtigen Maßnahmen abzuleiten. Tabelle 12.2 zeigt einige Beispiele:

Tabelle 12.2 Ursachen für Prozessverschiebungen

Prozessveränderung	Fehlerquelle
größere Streuung	▪ zunehmendes Spiel in der Aufnahme ▪ wechselnde Werker
Mittelwertverschiebung	▪ Werkzeugverschleiß ▪ neue Charge ▪ anderer Werker

Um diese Unterscheidung zu nutzen, kann noch zusätzlich eine weitere Eingriffsgrenze für den Mittelwert eingeführt werden.

Das Diagramm in Bild 12.8 zeigt das Beispiel des Eingriffs aufgrund vergrößerter Streuung, da hier der Mittelwert noch in einem zulässigen Bereich liegt. Daher müssen Maßnahmen zur Streuungsreduzierung ergriffen werden.

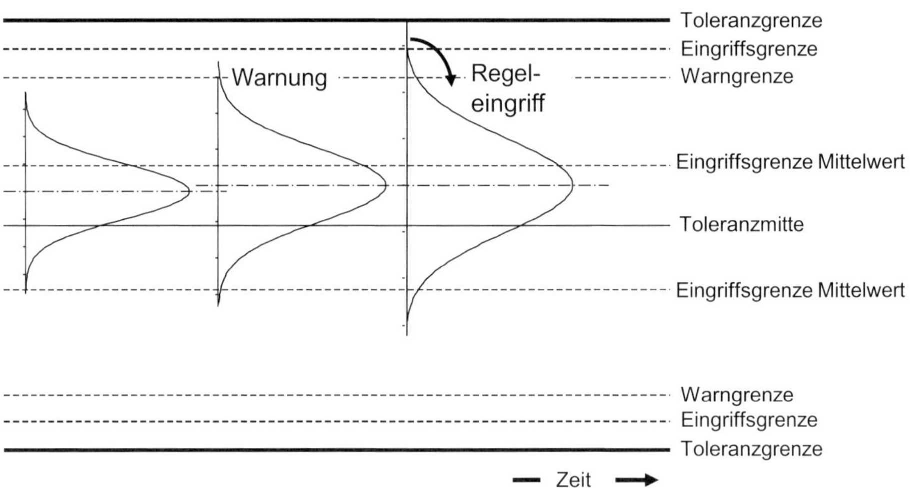

Bild 12.8 Qualitätsregeleingriff aufgrund von Streuungen

Für eine gleichbleibende Qualität ist es erforderlich, dass der Mittelwert eines tolerierten Elements stets in der Mitte der Toleranzzone bleibt. Wird diese Forderung verletzt, entfällt die Grundlage, auf der das theoretische Toleranzkonzept basiert. Dieser Mittelwert ist über einen kurzen Zeitraum, z. B. eine Charge, eine Schicht etc., zu bilden. Der entsprechende Regeleingriff ist in Bild 12.9 dargestellt.

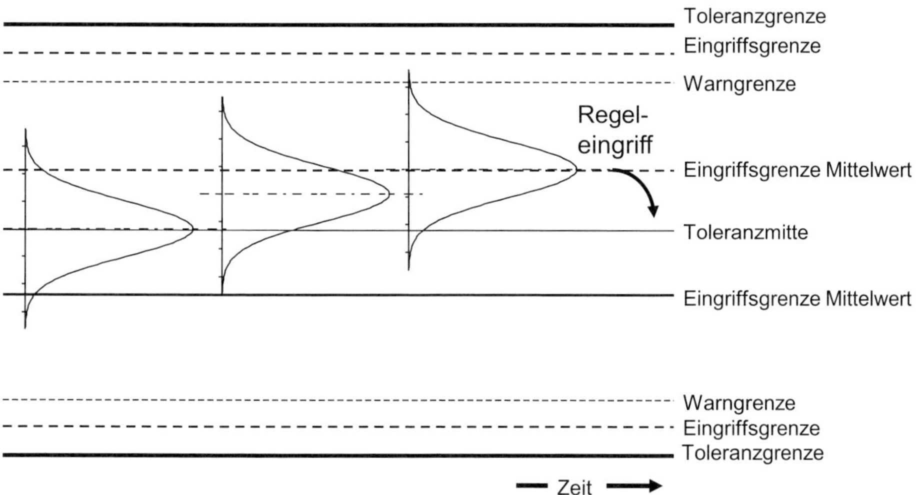

Bild 12.9 Qualitätsregeleingriff aufgrund der Mittelwertverschiebung

Praktisch wird die Eingriffsgrenze für den Mittelwert bei 25 % der Breite der halben Toleranzzone festgelegt.

13 Anhang

Der Anhang gibt einen vertieften Einblick in Spezialthemen.

13.1 Übersicht über die GPS-Normung

Normen regeln die Kommunikation zwischen Lieferanten und Kunden. Sie sind heutzutage Standard in allen schriftlichen Übereinkünften (Verträgen, Lieferbedingungen, etc.). Darüber hinaus dokumentieren sie für viele Bereiche die gesamte Prozesskette von der Handhabung der Rohstoffe über die verarbeitenden Prozesse bis hin zur Prüfung des fertigen Produkts. Auch bei rechtlichen Fragestellungen sind Normen und Richtlinien von Bedeutung (s. DIN 820-1).

Von besonderer Bedeutung sind die GPS-Normen (Geometrische Produktspezifikation). Die ISO TR 14638 beschreibt als übergeordnete Norm den Zusammenhang zwischen den einzelnen Normen. Das Kernstück ist der Zusammenhang zwischen:

- Absicht des Konstrukteurs
- real gefertigtem Bauteil
- Messung

Die Übersicht der Inhalte der gebräuchlichsten Normen zeigt Bild 13.1.

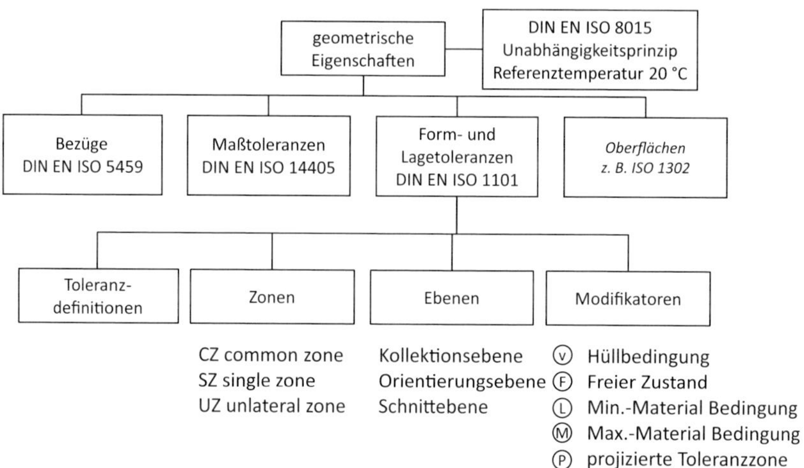

Bild 13.1 Normenübersicht

Zusätzliche wichtige Nomen zu denen in der vorhergehenden Darstellung aufgeführten Normen sind:

- DIN EN ISO 8015
  Geometrische Produkt-Spezifikation, Grundlagen, Konzepte, Prinzipien und Regeln
- DIN EN ISO 1101
  Geometrische Produkt-Spezifikation, Geometrische Tolerierung, Tolerierung von Form, Richtung, Ort und Lauf
- DIN EN ISO 5459
  Geometrische Produkt-Spezifikation, Geometrische Tolerierung, Bezüge und Bezugssysteme
- DIN EN ISO 5458
  Geometrische Produkt-Spezifikation, Form- und Lagetolerierung, Positionstolerierung
- DIN EN ISO 14405 -1/-2
  Geometrische Produkt-Spezifikation, Dimensionelle Tolerierung,
  -1 lineare Größenmaße
  -2 andere als lineare Größenmaße
- DIN EN ISO 1660
  Geometrische Produkt-Spezifikation, Geometrische Tolerierung, Profiltolerierung
- DIN EN ISO 2692
  Geometrische Produkt-Spezifikation, Form- und Lagetolerierung, Maximum-Material-Bedingung (MMR), Minimum-Material-Bedingung (LMR) und Reziprozitätsbedingung (RPR)

- DIN EN ISO 286-1 /-2 Geometrische Produkt-Spezifikation, ISO-Toleranzsystem für Längenmaße
  -1 Grundlagen für Toleranzen, Abmaße und Passungen
  -2 Tabellen der Grundtoleranzgrade und Grenzabmaße für Bohrungen und Wellen
- DIN ISO 10579
  Bemaßung und Tolerierung nicht-formstabiler Teile
- DIN EN ISO 14660
  Geometrieelemente; erfasste mittlere Linie
- DIN EN ISO 2768 -1/-2
  Allgemeintoleranzen
  -1 Allgemeintoleranzen für Längen- und Winkelmaße
  -2 Toleranzen für Form- und Lage
- DIN 16742 bzw. DIN ISO 20457
  Kunststoff-Formteile, Toleranzen und Abnahmebedingungen
- DIN 6930
  Stanzteile aus Stahl, Allgemeintoleranzen
- DIN EN ISO 8062
  Maß-, Form- und Lagetoleranzen für Formteile (Gussteile)

Normen sollen den aktuell gültigen Stand der Technik darstellen. Im Bereich der GPS-Tolerierung ist die industrielle Praxis dem Stand der Normung zum Teil viele Jahre voraus. Die Normung zielt auf eine Beschreibung in der Zeichnung ab. Verschiedene Firmen arbeiten seit Jahren nicht mehr mit Zeichnung, auch nicht mit digitalen Zeichnungen. Für die Tolerierung im 3D-Datensatz haben sich eigene Lösungen entwickelt, die sich nicht an die Darstellung einer Zeichnung anlehnen, sondern auf Updatestabilität und andere Restriktionen einer digitalen Prozesskette Rücksicht nehmen.

Bei Unklarheiten, wie eine Symbolik zu deuten ist, kann dann nicht mehr in der Norm nachgeschlagen werden. Eine direkte Nachfrage beim Ersteller ist dann unerlässlich.

13.2 Zeichnung und 3D-Datensatz

Nach der DIN EN ISO 8015 ist der Begriff "Zeichnung" im GPS-Umfeld weitest möglich zu interpretieren und schließt das gesamte Paket von Dokumentationen zur Spezifikation des Werkstücks **mit** ein. Das heißt Zeichnung **plus** weitere Dokumente.

Des Weiteren ist interessant zu wissen, wie die 3D-Tolerierungsnorm zu den GPS-Normen passt. Bild 13.2 zeigt, dass die ISO 16792 „Technische Produktdokumentation – Verfahren für digitale Produktdefinitionsdaten“ gar nicht GPS im Namen hat und nicht im gleichen Technischen Komitee wie die GPS bearbeitet wird.

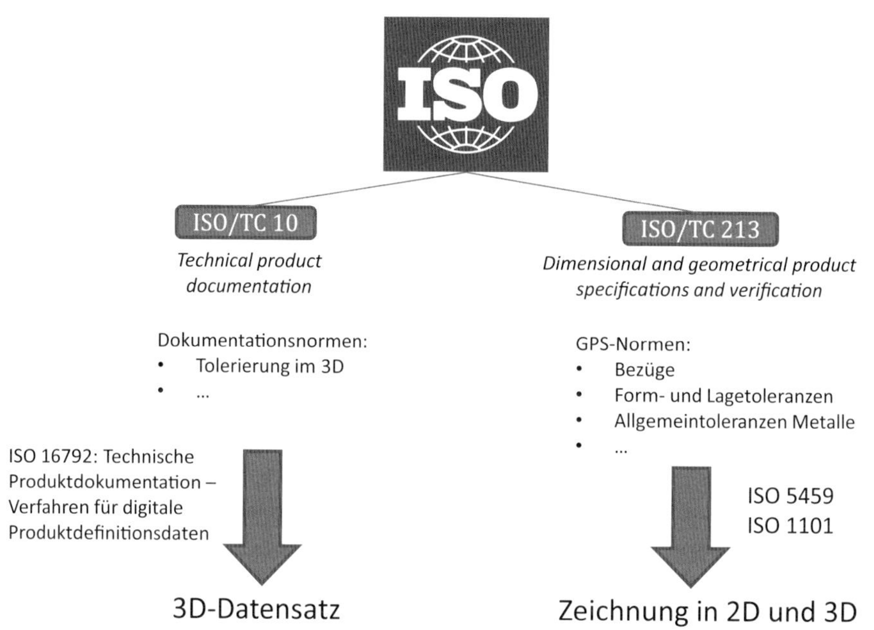

Bild 13.2 Technische Komitees der ISO

Das folgende Beispiel (Bild 13.3) zeigt eine fast ISO 16792-konforme Tolerierung.

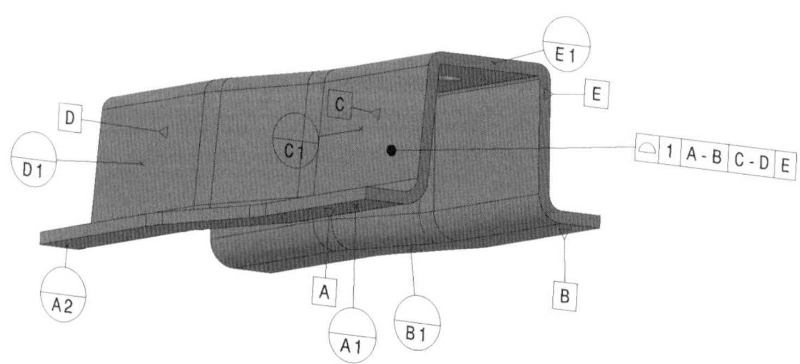

Bild 13.3 Tolerierter 3D-Datensatz, S-Rail, Catia V5

Die Bezüge und Bezugsstellen sind zwar systemtechnisch verknüpft, jedoch wird Bezug *A* aus *A1,2* nicht angezeigt. Beim Anklicken des Bezugs wird die Fläche sowie die Bezugsstellen hervorgehoben. Dies zeigt Bild 13.4.

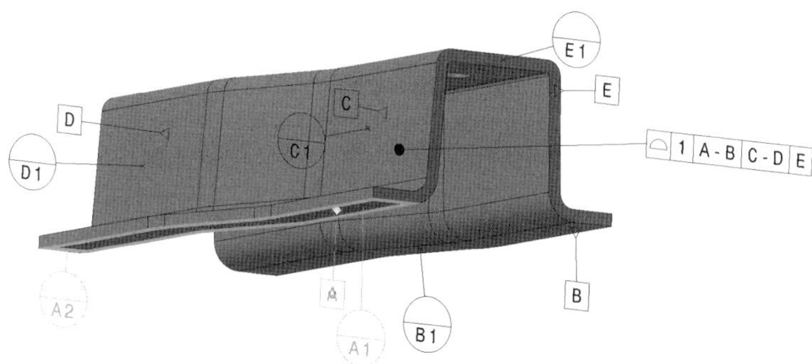

Bild 13.4 S-Rail Bezug selektiert

Eine Toleranz gilt nur für das Geometrieelement, auf das der Hinweispfeil zeigt. In einer reinen Zeichnung wäre offensichtlich, dass die Profilform nur für das ebene Flächenstück bis zu den Radien gilt. Bei einer Tolerierung im Datensatz ist erst nach Selektion des Toleranzsymbols erkennbar, welche Flächen alle betroffen sind. Diese sind in Bild 13.5 selektiert. Die Toleranz gilt somit für alle vier Teilflächen. Dies entspricht ebenfalls nicht der ISO 16792.

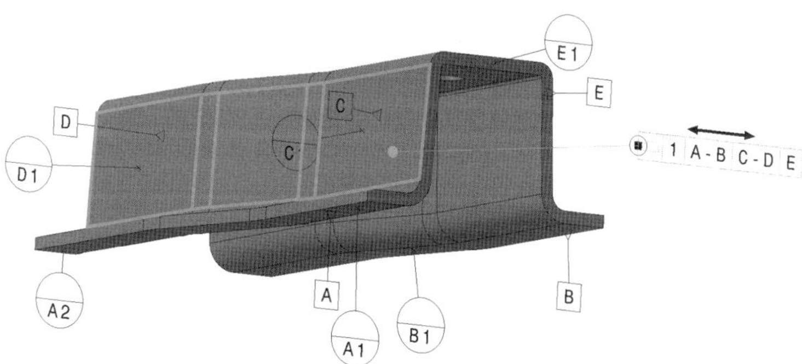

Bild 13.5 S-Rail Toleranz selektiert

Bei einer Positionstoleranz, die für mehrere Geometrieelemente gelten soll, muss auf der Zeichnung ein eindeutiges Identifikationskriterium angegeben sein. Die Lochplatte des folgenden Beispiels(Bild 13.6) hat 8 gleich große Löcher. Die Toleranz soll nur für 4 Löcher gelten. Somit ist kein eindeutiges Kriterium vorhanden.

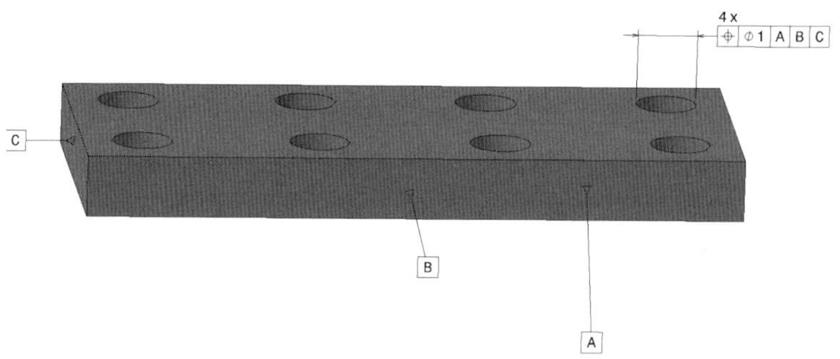

Bild 13.6 Tolerierte Lochplatte

Eine Selektion des Toleranzsymbols, wie in Bild 13.7 gezeigt, markiert die entsprechenden Löcher. Die Zuordnung ist eindeutig.

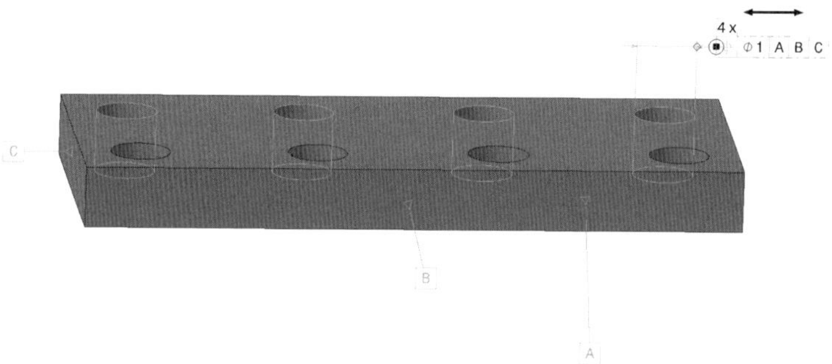

Bild 13.7 Tolerierte Lochplatte Toleranz selektiert

Es muss geklärt werden, **wozu** eine Tolerierung im 3D-Datensatz erfolgen soll.

Im Fall einer durch den Menschen direkt und ohne jegliche Selektionen lesbaren Zeichnung kann der Weg nach ISO 16972 gewählt werden. Jedoch können die meisten CAD Systeme die gewünschten Darstellungen nicht anzeigen.

Ist das Ziel eine eindeutige, durchgängige, automatisierbare digitale Prozesskette, können die Potentiale des 3D-Datensatzes voll ausgeschöpft werden. Der Mensch, der den Datensatz betrachtet, muss jedoch die Toleranzsymbole selektieren, um zu erkennen, welche Geometrieelemente toleriert sind. Dieses Manko kann mit Tools behoben werden, die beispielsweise die Geometrieelemente entsprechend einer Legende einfärben.

13.3 Theoretisch exakte Dimensionen

Ein theoretisch exaktes Maß (TED) ist ein in der Zeichnung angegebenes Maß, welches nicht durch Toleranzen beeinflusst ist. Ein TED wird durch einen rechteckigen Rahmen dargestellt, der einen Wert enthält und folgendes beschreiben kann:

- Längenmaß oder Winkelmaß
- Ausdehnung oder relativer Ort eines Teils eines Geometrieelements
- Länge der Projektion eines Geometrieelements
- theoretisch exakte Richtung oder Ort eines Geometrieelements bezüglich eines oder mehrerer anderer Geometrieelemente
- Nennform eines Geometrieelements.

Die Anwendung von theoretisch exakten Maßen ist in der der DIN EN ISO 5459 und in der DIN EN ISO 1101 beschrieben.

Die Bezüge bzw. Bezugsstellen sind nach der DIN EN ISO 5459 zueinander mittels TED zu bemaßen. Die tolerierten Geometrieelemente sind nach der DIN EN ISO 1101 bzw. DIN EN ISO 14405 zum jeweiligen Bezug mittels TED zu bemaßen. Einzig Winkel von 0°, 90°, 180° und 270° und Maße von 0 mm können ausgelassen werden. Ein Beispiel zeigt Bild 13.8.

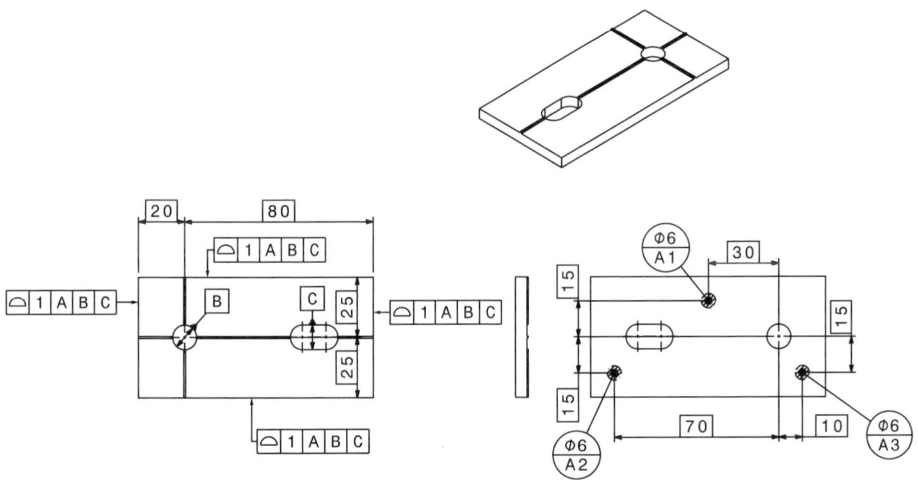

Bild 13.8 Theoretisch exakte Maße in der Zeichnung

Für eine vollständige Zeichnung ist es erforderlich, dass die Bezugsstellen zueinander und zu den tolerierten Elementen mittels theoretisch exakter Maße bemaßt sind.

In der Praxis zeigt sich oft ein anderes Bild.

kein Prüfmaß | Prüfmaß

Regelgeometrie | Freiformgeometrie | Regelgeometrie | Freiformgeometrie

Zeichnung: teils | Zeichnung: nein | Zeichnung: ja | Zeichnung: nein

Hinweis: Kommentar auf der Zeichnung „Fehlende theoretisch exakten Maße sind dem Datensatz zu entnehmen."

tolerierter 3D-Datensatz: generell gar keine TEDs

Bild 13.9 Theoretisch exakte Maße in der Praxis

Der Grund für die Abweichung zur Norm ist der Kompromiss zwischen Aufwand, Übersichtlichkeit und Anwendbarkeit. Die Bemaßung zwischen den Bezügen wird nur für die Erstellung der Vorrichtungen bzw. des Messprogramms benötigt. Dies erfolgt in der Regel nach dem 3D-Datensatz. Daher werden die TEDs auf der Zeichnung weggelassen. Die Angabe des TEDs zwischen toleriertem Geometrieelement und Bezug richtet sich nach der Prüfung. Soll beispielsweise ein Werker eine Prüfung mittels Messschieber durchführen, muss das Maß auf die Zeichnung. Findet der Prüfprozess ausschließlich auf der Messmaschine statt, sind keine TEDs auf der Zeichnung erforderlich.

Bei ausschließlich tolerierten 3D-Datensätzen ohne extra Zeichnung wird von einer digitalen Prozesskette ausgegangen. Die Software kann sich die benötigten TEDs selbst ermitteln. Daher werden diese oft erst gar nicht angegeben.

13.3.1 Analyse der Zeichnung

Die Analyse der Zeichnung hat mehrere Aspekte:

- Verständnis der Funktion des Bauteils bzw. der Baugruppe
- Überprüfung der Bezüge inkl. der erforderlichen theoretisch exakten Maße
- Überprüfung der Toleranzen inkl. der erforderlichen theoretisch exakten Maße

Zum Verständnis der Funktion wird das Bauteil im Produkt betrachtet. Da viele der Funktionen an den Schnittstellen zu Nachbarbauteilen liegen, wird zunächst dieser Bereich betrachtet. Weitere Quellen für Funktionen sind Vorgabedokumente, in denen die Funktionsanforderungen dokumentiert sind. Mit diesem Grundwissen über die Funktion kann in die Betrachtung der Bezüge eingestiegen werden.

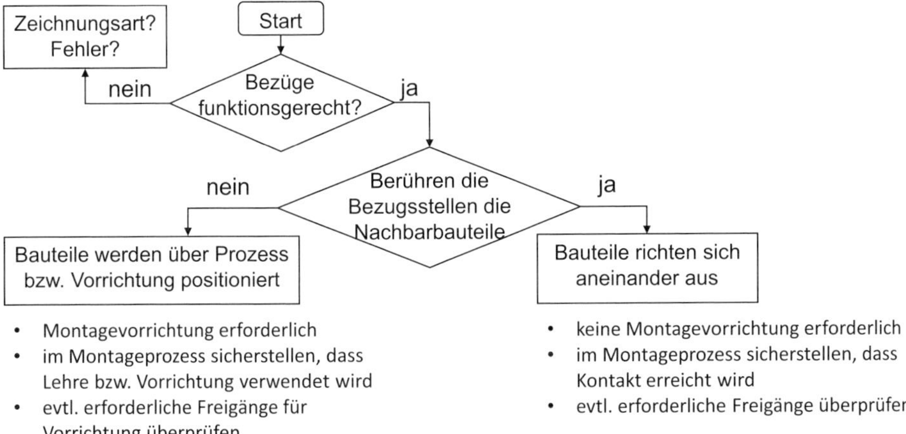

Bild 13.10 Klären des Bezugs

Die erste Frage nach der Funktionsgerechtheit zielt auf die Art der Zeichnung. Im Standardfall einer Zeichnung eines Bauteils bzw. einer Baugruppe beschreibt das Bezugssystem die Ausrichtung des Bauteils im Produkt. Falls das Bezugssystem dies nicht gewährleistet, stellt sich die Frage nach dem Zweck der Zeichnung. Vielleicht wird damit ein besonderer Prozess beschrieben oder eine bestimmte Eigenschaft veranschaulicht, z. B. in einer Servicezeichnung.

Bei funktionsorientierten Bezugsstellen ist das wesentliche Unterscheidungskriterium, ob sie das Nachbarbauteil berühren. Im Fall keines Kontakts ist im Fertigungsprozess eine Vorrichtung zur Positionierung erforderlich.

Die Zeichnung bzw. der 3D-Datensatz sollte noch auf Freigänge überprüft werden, damit sichergestellt ist, dass die Positionierung tatsächlich über die Bezugsstellen und ggf. Vorrichtung erfolgen kann.

Der letzte Punkt bei der Überprüfung der Bezüge sind die theoretisch exakten Maße. Dabei ist zu prüfen, ob die Bezugsstellen zueinander mittels theoretisch exakter Maße vollständig bemaßt sind.

Bei der Analyse der Toleranzen ist die erste Prüfung, ob die Tolerierung vollständig ist. Jedes Geometrieelement, das eine Funktion besitzt, muss entweder eine Bezugsstelle oder eine Toleranz besitzen.

Bei jeder einzelnen Toleranz muss folgendes überprüft werden:

- Stellt die Einhaltung der Toleranz die Funktion sicher?
- Ist die Toleranz mit der geplanten Fertigungstechnologie möglich?
- Gibt es Messreihen an analogen Bauteilen bzw. Geometrien, die die Herstellbarkeit innerhalb der Spezifikation belegen?
- Wie und mit welchem Messmittel kann gemessen werden?
- Auch bei den Toleranzen muss geprüft werden, ob jedes tolerierte Geometrieelement mittels theoretisch exakter Maße beschrieben ist.
- Im letzten Schritt wird das Schriftfeld der Zeichnung auf die korrekte Eintragung der Allgemeintoleranz geprüft.

Die beschriebene Vorgehensweise wird exemplarisch an der Zeichnung eines Bauteils vorgestellt.

Bild 13.11 zeigt die aus den Produktanforderungen abgeleiteten Funktionen des Bauteils *A*.

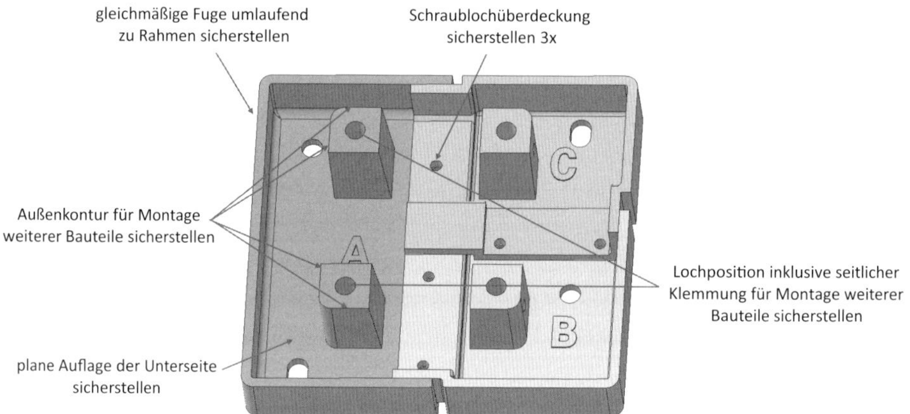

Bild 13.11 Funktionen des Bauteils A

Im nächsten Schritt wird das Bezugssystem überprüft. Zur Übersichtlichkeit ist in Bild 13.12 ausschließlich das Bezugssystem mit seinen theoretisch exakten Maßen dargestellt.

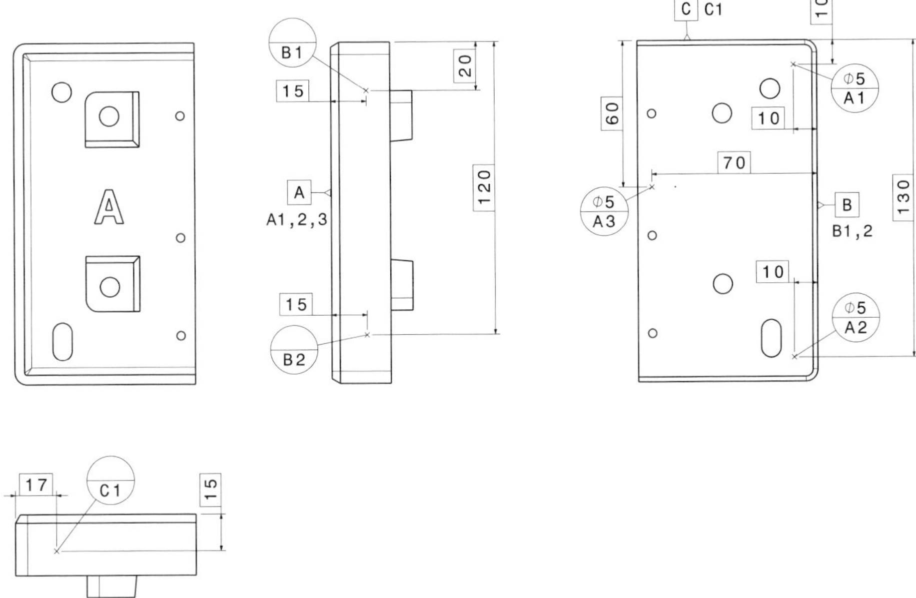

Bild 13.12 Bezugssystem des Bauteils A

Das Bezugssystem ist funktionsgerecht festgelegt, denn die Bezugsstellen *B1*, *B2* und *C1* liegen an der Funktion *gleichmäßiges Fugenmaß sicherstellen*. Alle Bezugsstellen haben keinen Kontakt zu den Nachbarbauteilen. Daraus folgt, dass eine Montagevorrichtung benötigt wird. Da alle Bezugsstellen auf der Außenkontur liegen, ist die Zugänglichkeit für die Montagevorrichtung gegeben. Die Überprüfung der theoretisch exakten Maße ergibt, dass alle Bezugsstellen vollständig bemaßt sind.

Alle Bezugsstellen liegen weit voneinander entfernt und bilden ein stabiles Bezugssystem.

Bild 13.13 zeigt die Tolerierung des Bauteils.

Der erste Schritt der Überprüfung der Tolerierung ist die Kontrolle der Vollständigkeit. Alle Geometrieelemente mit Funktion haben eine Toleranz. Ob die Funktionseinhaltung mit den angegebenen Toleranzwerten sichergestellt ist, kann ohne weitere Informationen nicht geprüft werden.

Ebenso wenig kann im Rahmen des Anschauungsbeispiels geklärt werden, ob die Toleranzen herstellbar sind, da keine Messreihen vorliegen. Ein grobes Indiz kann die Relation der Toleranzwerte zur Allgemeintoleranz sein. Bei der Überprüfung der Toleranzen fällt im Schnitt A-A das 5 mm Loch auf. Hier gilt es zu klären, ob ein Konflikt bei der Herstellung und Messung besteht, da die Zugänglichkeit eingeschränkt ist.

Die Überprüfung der theoretisch exakten Maße ergibt, dass alle tolerierten Geometrieelemente vollständig bemaßt sind.

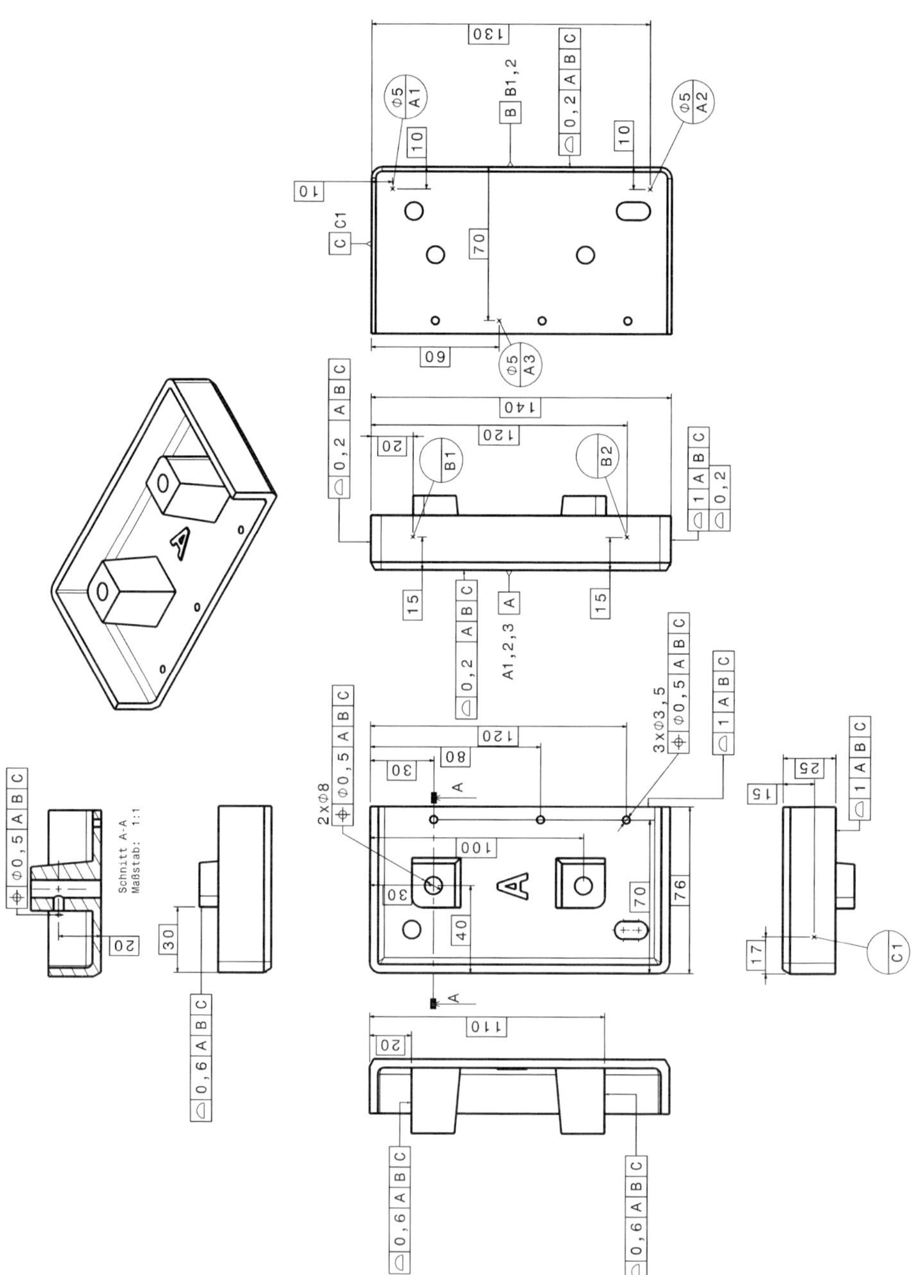

Bild 13.13 Tolerierung des Bauteils A

13.4 Anwendungsbeispiel: Toleranzdesign am Beispiel einer Fuge

Das folgende fiktive Praxisbeispiel dient rein der Veranschaulichung der Vorgehensweise. Die erforderlichen Grundlagen werden kurz wiederholt. Für weitergehende Erläuterungen sei auf die vorhergehenden Kapitel verwiesen.

Für das Beispiel ist Folgendes zu beachten:

- Das fiktive Beispiel ist stark vereinfacht und idealisiert.
- Der Rohbau ist summarisch betrachtet.
- Die Wechselwirkung zwischen Funktionen wird nicht beachtet.
- Die Bezugsstellen sind speziell für das Beispiel gewählt.
- Alle Zahlenwerte sind fiktiv.

Die Vorgehensweise folgt der vereinfachten Darstellung aus Kapitel 2.

Bild 13.14 Methodik zur Erstellung des Toleranzkonzepts

Das Beispiel wird für die frühe Entwicklungsphase, in der noch keine weiteren Erkenntnisse vorliegen, dargestellt. In den späteren Phasen wird das Konzept lediglich weiter optimiert und verifiziert.

Das Kapitel ist entsprechend der Schritte von *Anforderungen festlegen* bis *Toleranzen vergeben* gegliedert. Auf die möglichen Optimierungen wird nicht weiter eingegangen. Im realen Praxisfall kann die Reihenfolge nicht strikt eingehalten werden. Es ergibt sich vielmehr ein sowohl paralleler als auch iterativer Ablauf.

Das Beispiel wird anhand eines formalisierten Leitfadens zum Ausfüllen durchgearbeitet. Die Vorteile einer standardisierten Vorgehensweise liegen darin, dass bei vollständiger Funktionsdefinition die Vollständigkeit sichergestellt wird und alle Beteiligten durch immer gleiche Anwendung das Gleiche verstehen.

Bild 13.15 zeigt das Umfeld des Kotflügels eines Fahrzeugs.

Bild 13.15 Kotflügel eines Fahrzeugs

Im ersten Schritt müssen die Anforderungen gesammelt werden (Bild 13.16).

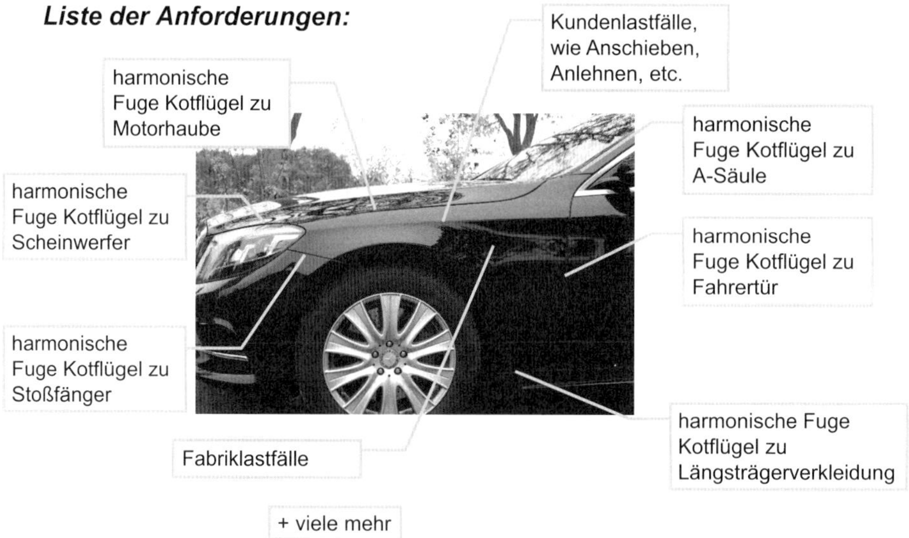

Bild 13.16 Anforderungen an den Kotflügel

Im Folgenden wird die Fuge *Kotflügel zu Motorhaube* betrachtet. Die entsprechenden Anforderungen müssen weiter detailliert und dokumentiert werden (Bild 13.17).

Übersetzung der Anforderung
Harmonische Fuge Kotflügel zu Motorhaube:

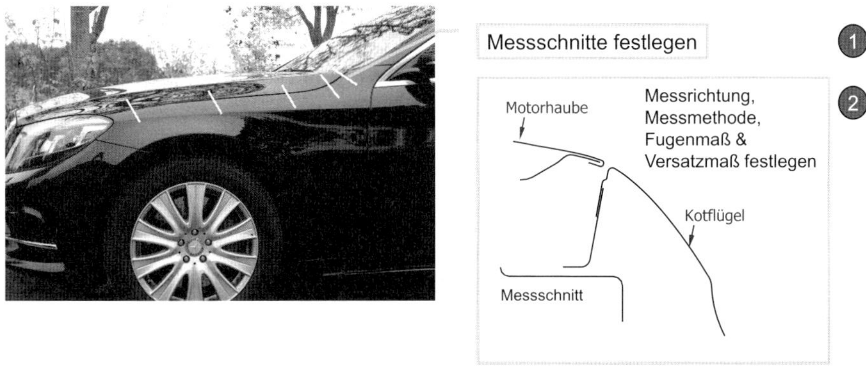

Bild 13.17 Übersetzung der Anforderungen

Im nächsten Schritt werden je Schnitt die Funktion und ihre Grenzen dokumentiert. Wenn möglich, kann die Dokumentation auch für mehrere Schnitte zusammengefasst werden. Im Folgenden liegt der Fokus nur auf dem Fugenmaß.

Funktionsmaß: Fuge Kotflügel zu Motorhaube
Konzeptbeschreibung - Überblick

- Funktionsmaß: Fugenmaß
- Funktionsrichtung: normal zur Fuge (hauptsächlich in Y-Richtung)
- Fügerichtung: Block in Z-Richtung auf Längsträger
- Freigang / Verschiebbarkeit im Umfeld: in Y-Richtung auf Längsträger verschiebbar

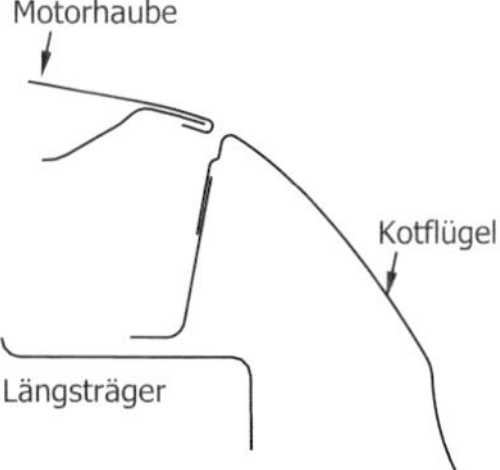

Bild 13.18 Konzeptbeschreibung Funktionsmaß

Das Fugenmaß als Funktionsmaß ist entsprechend Kapitel 4.1 beidseitig beschränkt.

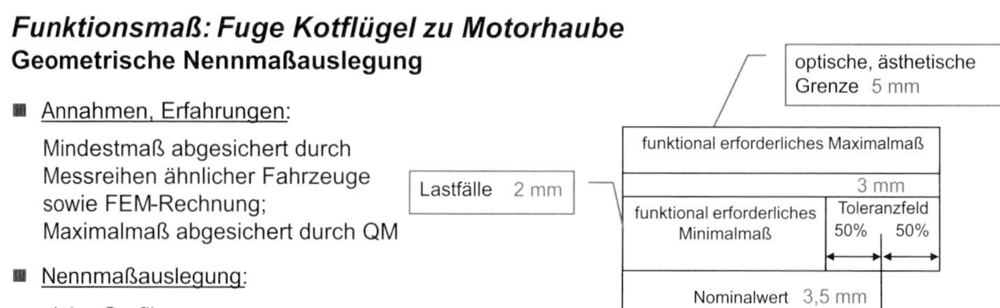

- Funktionsgrenzen:
  Mindestmaß 2 mm
  Maximalmaß 5 mm

Bild 13.19 Nennmaßauslegung

Einflussfaktoren auf das Funktionsmaß sind Kotflügel, Motorhaube und Rohbau. Von der Fügefolge wird zuerst die Motorhaube an den Rohbau gefügt, danach der Kotflügel.

Funktionsmaß: Fuge Kotflügel zu Motorhaube
Fügefolge

Bild 13.20 Fügefolge

Das Ausrichtkonzept detailliert die Fügefolge (Bild 13.21).

Funktionsmaß: Fuge Kotflügel zu Motorhaube
Ausrichtkonzept

Motorhaube an
A-Säule und Tür

Kotflügel an
A-Säule und Tür

Bild 13.21 Übersicht Ausrichtkonzept

Bild 13.22 zeigt, wie der Kotflügel am Fahrzeug ausgerichtet wird.

Funktionsmaß: Fuge Kotflügel zu Motorhaube
Ausrichtkonzept Schritt Kotflügel an Fahrzeug

Textuelle Beschreibung des Ausrichtkonzeptes:

- *X-Richtung:* *Ausrichtung der Kotflügelhinterkante an der Fahrertür*
- *Y-Richtung:* *Ausrichtung an der Motorhaube*
- *Z-Richtung:* *Blockbildung auf dem Längsträger*

Bild 13.22 Ausrichtkonzept Kotflügel

Das Ausrichtkonzept muss noch weiter detailliert werden. An welchen Stellen wird genau ausgerichtet? Wo sollen die Punkte zur Messung bzw. die Anschläge der Vorrichtung sitzen? Wie soll mit der Herausforderung umgegangen werden, dass die Z-Verschraubung „Kotflügel an Längsträger“ nur bei geöffneter Motorhaube zugänglich ist.

Wenn dies alles geklärt ist, können die Bezugsstellen vergeben werden. Diese dürfen nur an den Stellen liegen, die zur Ausrichtung verwendet werden. Lediglich zusätzliche Bezugsstellen aufgrund der Elastizität dürfen davon abweichend definiert werden. Dennoch muss in ihrer Nähe eine Anbindung sein.

Bauteil Kotflügel

Bezugsstellen vergeben

Primärebene: Y Sekundärebene: Z Tertiärebene: X

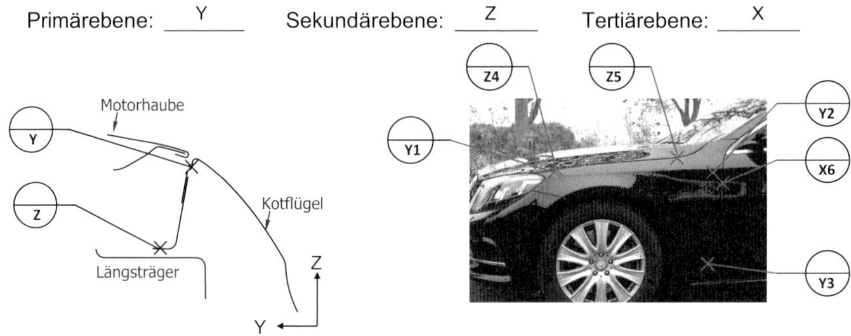

vereinfachende Annahme: starres Bauteil

Bild 13.23 Bezugsstellen Kotflügel

Da sich im hinteren Bereich die Fugenlage dreht, kann in der Nähe von Z5 nicht in Y-Richtung ausgerichtet werden. Daher ist Y2 an den Übergang zur Tür verschoben. Hier befindet sich ein Halter, an dem die Y-Richtung eingestellt werden kann.

Die fugenbildenden Elemente am Kotflügel müssen toleriert werden.

Bauteil Kotflügel

1. Elemente markieren, die toleriert werden sollen.
2. Toleranzsymbol wählen
3. Mit/ ohne Bezug?

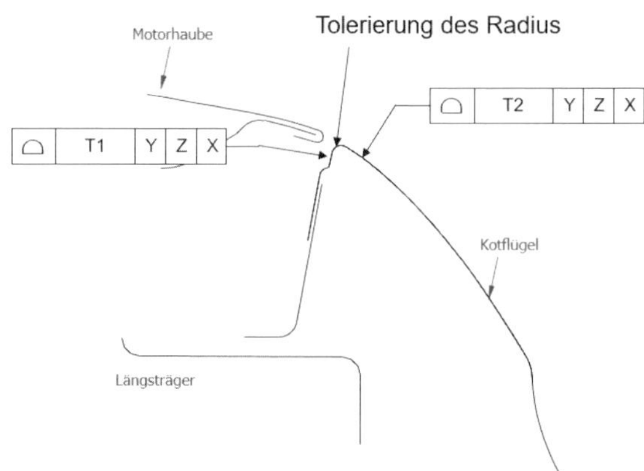

Bild 13.24 Toleranzen am Kotflügel im Bereich der Fuge

Zur Bestimmung der Toleranzwerte werden im ersten Schritt Toleranzen angenommen, die ohne besonderen Aufwand herstellbar sind und am besten über ähnliche Teile bzw. Prozesse nachgewiesen sind. Dann muss die Toleranzkette aufgestellt werden. Diese wird nicht an den Bezugsstellen, sondern daneben gerechnet, da sonst einige Toleranzterme unberücksichtigt bleiben.

Funktionsmaß: Fuge Kotflügel Motorhaube
Toleranzkette bestimmen

- Welche Bauteile/ Prozesse leisten einen Beitrag zur Toleranzkette?

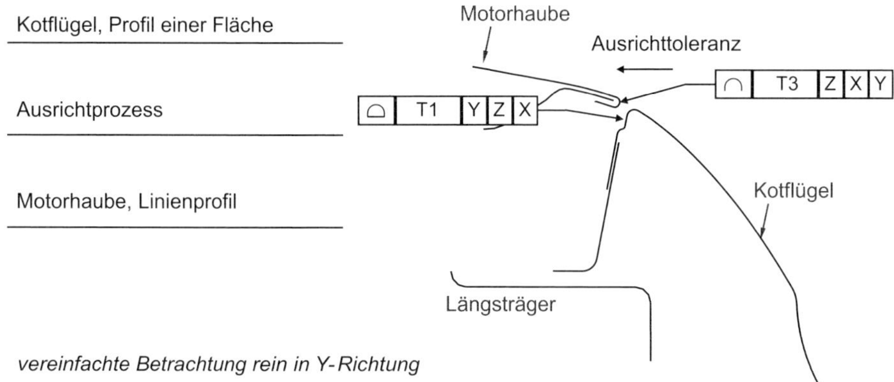

Bild 13.25 Toleranzkette Fuge Kotflügel Motorhaube

Die Toleranzrechnung kann statistisch oder als Worst-Case durchgeführt werden. Da hier keine sicherheitsrelevante Gefahr für Personen besteht und Nacharbeit möglich ist, wird eine statistische Auslegung durchgeführt.

Funktionsmaß: Fuge Kotflügel Motorhaube
Toleranzrechnung

Beitragsleister	Toleranzwert
Kotflügel, Profil einer Fläche	1,2
Ausrichtprozess	1
Motorhaube, Linienprofil	1,2
Ergebnis Worst Case	3,4
Ergebnis statistisch	2,0
Zieltoleranz für Funktionmaß	3 mm (≙ ±1,5 mm)

Zahlenwerte fiktiv

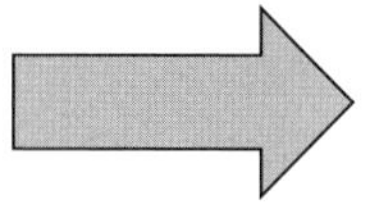

optimieren und Toleranzen vergrößern!

Achtung: Die einzelnen Toleranzen können auch in anderen Ketten auftauchen. Wechselwirkungen berücksichtigen!

Bild 13.26 Toleranzrechnung Fuge Kotflügel zu Motorhaube

Da die Toleranzrechnung statistisch ein kleineres Ergebnis zeigt als die Zielvorgabe, können eventuell sogar Toleranzen vergrößert werden.

Da die einzelnen Toleranzterme in mehreren Toleranzketten auftreten können, ist es sinnvoll, erst alle Toleranzketten aufzustellen, bevor mit der Optimierung begonnen wird.

Im Anschluss müssen dann die Toleranzen und Bezugsstellen im Datensatz oder in der Zeichnung dokumentiert werden.

13.5 Anwendungsbeispiel: Toleranzdesign am Beispiel eines zerspanten Gussteils

Das Beispiel eines Getriebedeckels hat einen anderen Schwerpunkt. Hier kommt es nicht auf eine Fügefolge an. Das Einzelteil „Deckel" wird selbst in mehreren Schritten hergestellt. Die Anforderungen an den Deckel kommen aus dem Kontext des Produkts „Getriebe". Diese sind in Bild 13.27 dargestellt.

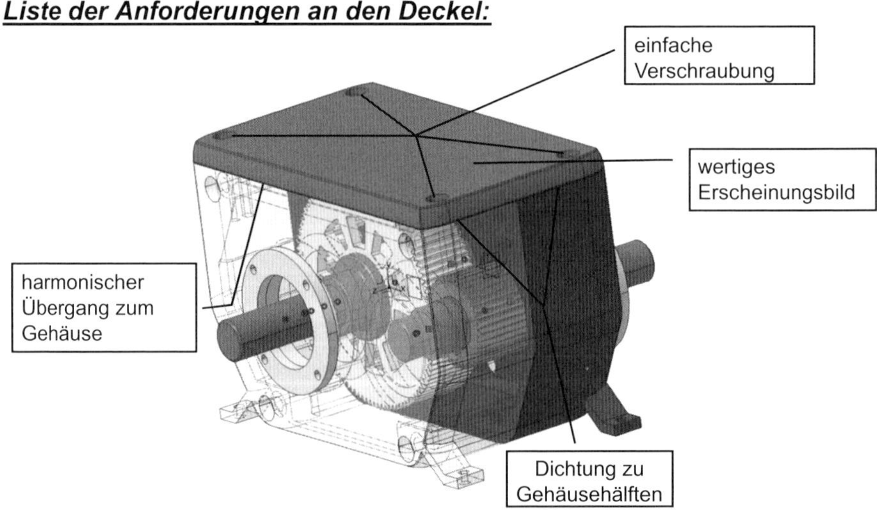

Bild 13.27 Anforderungen an den Deckel

Aus den Anforderungen können die Funktionen am Deckel abgeleitet werden. Die Übersicht zeigt Bild 13.28.

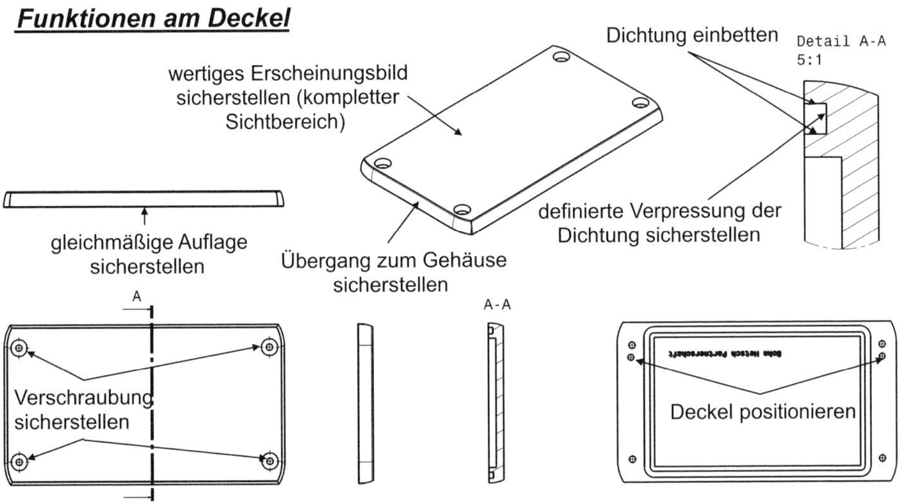

Bild 13.28 Funktionen am Deckel

Die Detailbetrachtung der Funktion *Dichtung sicherstellen* zeigt einen kritischen Punkt auf. In der Einbauempfehlung des Dichtungsherstellers ist die Nuttiefe sehr eng toleriert. Die Berechnung der Verformung des Deckels unter Innendruck ergibt Werte, die mehr als doppelt so groß sind wie die Toleranz der Nuttiefe. Die Details finden sich in Bild 13.29.

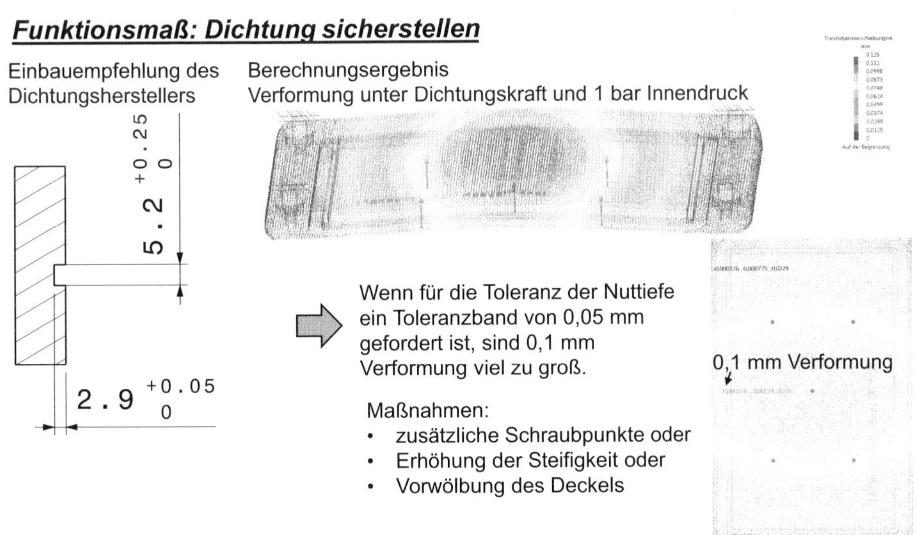

Bild 13.29 Funktionsmaß: Dichtung sicherstellen

Daher sind konstruktive Maßnahmen erforderlich. Am einfachsten wären zusätzliche Schraubpunkte. Diese lassen sich jedoch im Package aus Bauraumgründen nicht realisieren. Somit wird in Bild 13.30 eine Steifigkeitserhöhung durch einen höheren Deckel mit zusätzlichen Rippen untersucht.

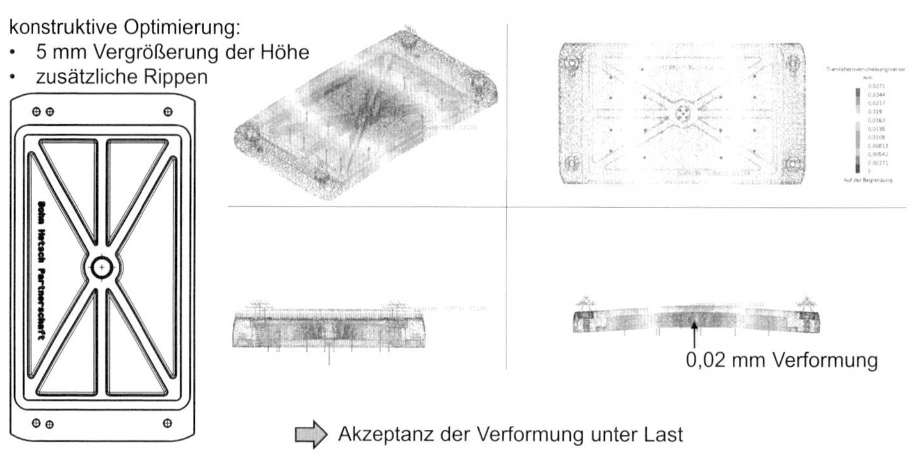

Bild 13.30 Optimierung auf Grund des Funktionsmaßes *Dichtung sicherstellen*

Die Verformung unter Last ist nun deutlich geringer als die Toleranz der Nuttiefe. Da sie aber immer noch fast die Hälfte der Toleranz beträgt, muss die Dichtigkeit mittels Hardwareversuchen bei den ungünstigsten Bedingungen experimentell nachgewiesen werden. Eine Verformung hätte vernachlässigt werden können, wenn sie 10-mal kleiner als die Toleranz der Nuttiefe gewesen wäre.

Der Fertigungsprozess gliedert sich entsprechend Bild 13.31 in den Druckguss, das Entgraten und die Zerspanung. Im Detail wird nur auf die Zerspanung eingegangen. Die Kontaktseite zum Gehäuse und die gegenüberliegende Sichtseite lassen sich nicht in einer gemeinsamen Aufspannung zerspanen. Somit sind mindestens zwei Aufspannungen erforderlich.

Bei der Untersuchung des Zerspanungsprozesses zeigt sich beim Bearbeiten der Kontaktseite zum Gehäuse ein Problem. Es kann kein Spannpunkt gefunden werden, der beim Zerspanen nicht im Weg wäre. In der Folge wären beim Zerspanen der Kontaktfläche zwei verschiedene Aufspannungen erforderlich. Die Ebenheit der Kontaktfläche sollte in einer ähnlichen Toleranz wie die Nuttiefe liegen. Diese wäre in zwei Aufspannungen nicht zu realisieren. Das Problem zeigt das Bild 13.32.

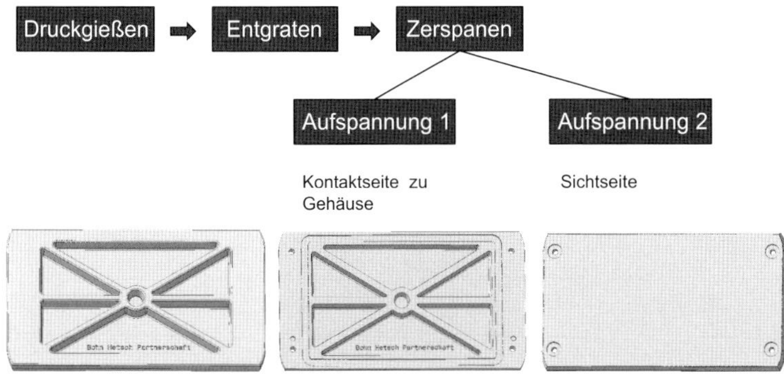

Bild 13.31 Fertigungsprozess

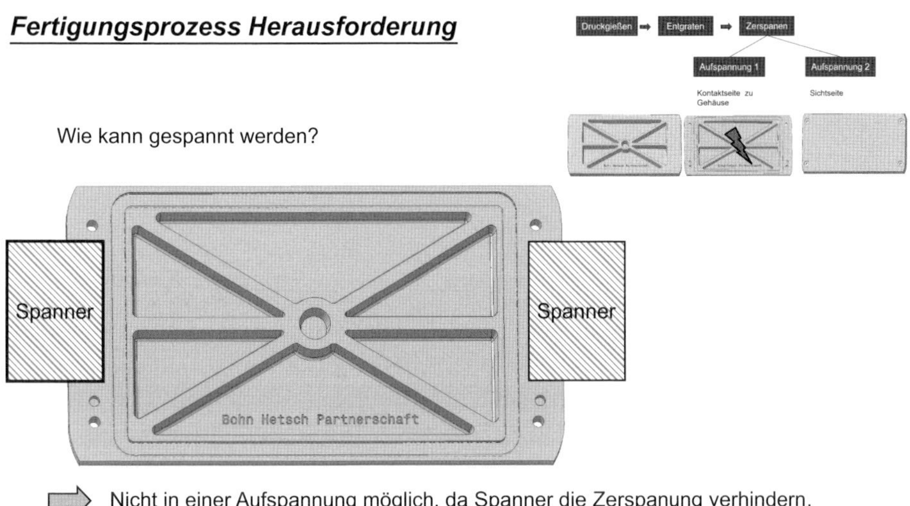

Bild 13.32 Herausforderung im Fertigungsprozess

Ein ausschließliches Spannen an den Schmalseiten kann nicht realisiert werden, da die Entformungsschrägen und mögliche Abzeichnungen entgegenstehen. Daher ist eine konstruktive Änderung wie in Bild 13.33 erforderlich.

Die Lösung liegt in Spannflächen, die nicht zerspant werden müssen und nicht in Kontakt mit dem Gehäuse kommen. Diese Lösung hat den Nachteil, dass im zusammengebauten Zustand in dem Bereich eine sichtbare große Fuge entsteht.

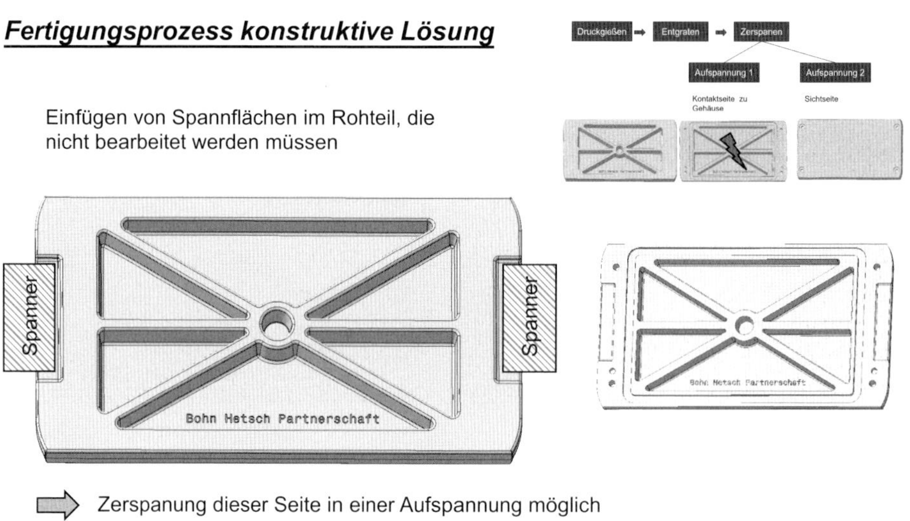

Bild 13.33 Fertigungsprozess konstruktive Lösung

Nachdem die Fertigungsprozessschritte definiert sind, kann die Ausrichtung in den einzelnen Prozessschritten festgelegt werden.

Bei der Ausrichtung bei der Zerspanung des Rohteils kann nicht das Bezugssystem des fertigen Deckels verwendet werden, da diese Bezüge erst beim Zerspanen entstehen. Somit muss ein eigenes Bezugssystem für das Rohteil gewählt werden.

Für die Ausrichtung entsprechend Bild 13.34 liegt das Bauteil vollflächig auf, um die Zerspanungskräfte aufzunehmen. Empfehlenswerter wären nur lokale Auflagen, damit die Ebenheitsabweichung der Gussoberfläche weniger ins Gewicht fällt. Dies wird im Folgenden vernachlässigt. Bei den sekundären und tertiären Bezügen tritt ein weiteres Problem auf. Das Bauteil ist nicht allzu dick, daher bleibt nicht viel Kontaktfläche zur Ausrichtung übrig, denn diese darf nicht über die Formtrennung gehen.

Bei der Ausrichtung in der zweiten Aufspannung zur Bearbeitung der Außenseite, gibt es zwei Möglichkeiten. Die primäre Ausrichtung erfolgt an der Kontaktfläche zum Gehäuse. Die sekundäre und tertiäre Ausrichtung kann entweder an den Bezügen des Rohteils oder des Fertigteils erfolgen. Die beiden Varianten zeigt Bild 13.35.

Fertigungsprozess Aufspannung 1

Ausrichtung Rohteil

Rohteil gespannt

 Achtung die Ausrichtung darf nicht die Formtrennung berühren.

Bild 13.34 Aufspannung 1

Fertigungsprozess Aufspannung 2

Variante 1: Ausrichtung entsprechend Fertigteil in Ausrichtlöchern

Variante 2: Ausrichtung entsprechend Rohteil

Bild 13.35 Aufspannung 2

Nach der Ausrichtung werden die Bezüge betrachtet. Die Bezüge des Fertigteils sind eindeutig. Die Regel lautet: die Bezüge sind an den Stellen anzuordnen, an denen das Bauteil seine Lage im Produkt findet. Der primäre Bezug *A* ist somit die Kontaktfläche.

Bezugssystem Fertigteil

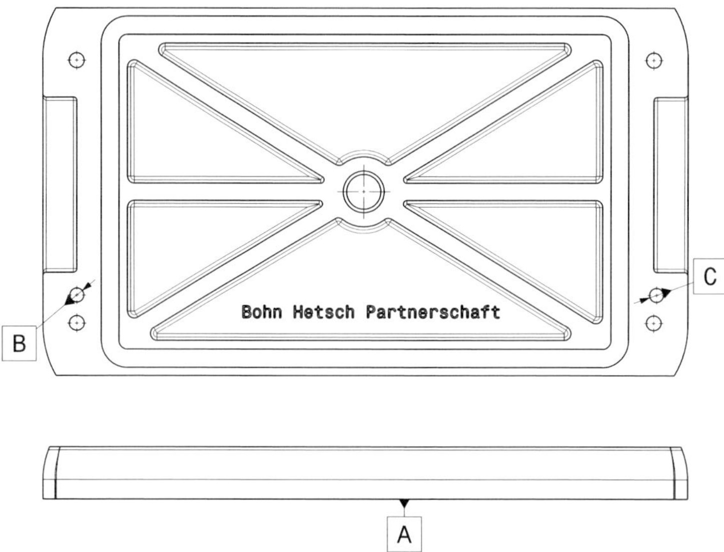

Bild 13.36 Bezugssystem Fertigteil (mehrdeutig)

Streng genommen ist die Darstellung nicht eindeutig. Der Bezug *A* wird genaugenommen durch die Fläche außerhalb des Dichtkanals und einem Teil der Fläche innerhalb des Dichtkanals gebildet. Der sekundäre und der tertiäre Bezug sind die beiden Löcher, in denen das Gehäuse abgesteckt wird. Dies zeigt Bild 13.37.

Bezugssystem Fertigteil korrigiert

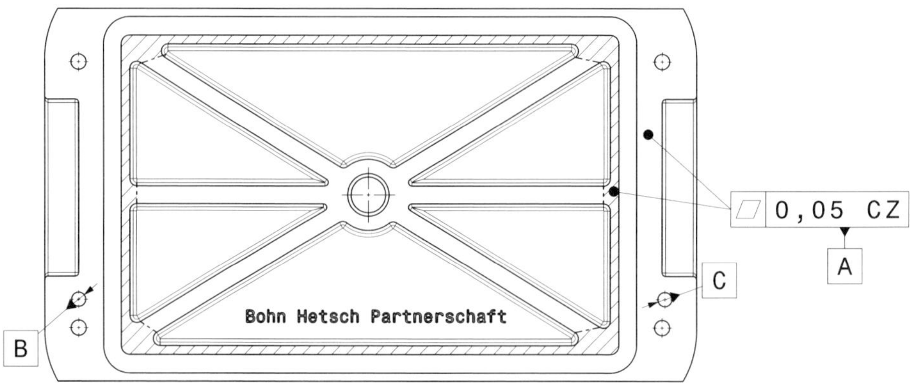

Bild 13.37 Bezugssystem Fertigteil

Das Rohteil wird wie vorhergehend erläutert vollflächig aufgelegt. Somit ist die gesamte Fläche der Bezug *A*. Die sekundären und tertiären Bezugsstellen liegen an den Kontaktstellen zur Vorrichtung. Die Bezüge werden aus den jeweiligen Bezugsstellen gebildet, siehe auch Bild 13.38.

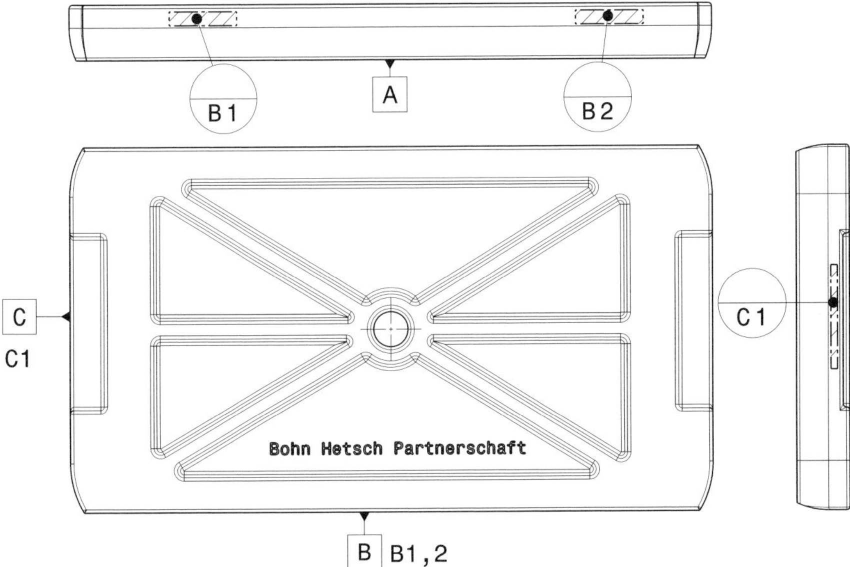

Bild 13.38 Bezugssystem erste Aufspannung

Bei beiden Varianten für die zweite Aufspannung wurden die Bezüge des Rohteils gewählt, da die Bezüge des Fertigteils nicht beschädigt werden sollen. Außerdem ist der Lochdurchmesser zu klein. Da in dieser Aufspannung nur die Löcher gesenkt werden sollen, ist es ausreichend nur auf der äußeren Fläche aufzuliegen. Das entsprechende Bezugssystem ist aus Bild 13.39 ersichtlich.

Bezugssystem zweite Aufspannung

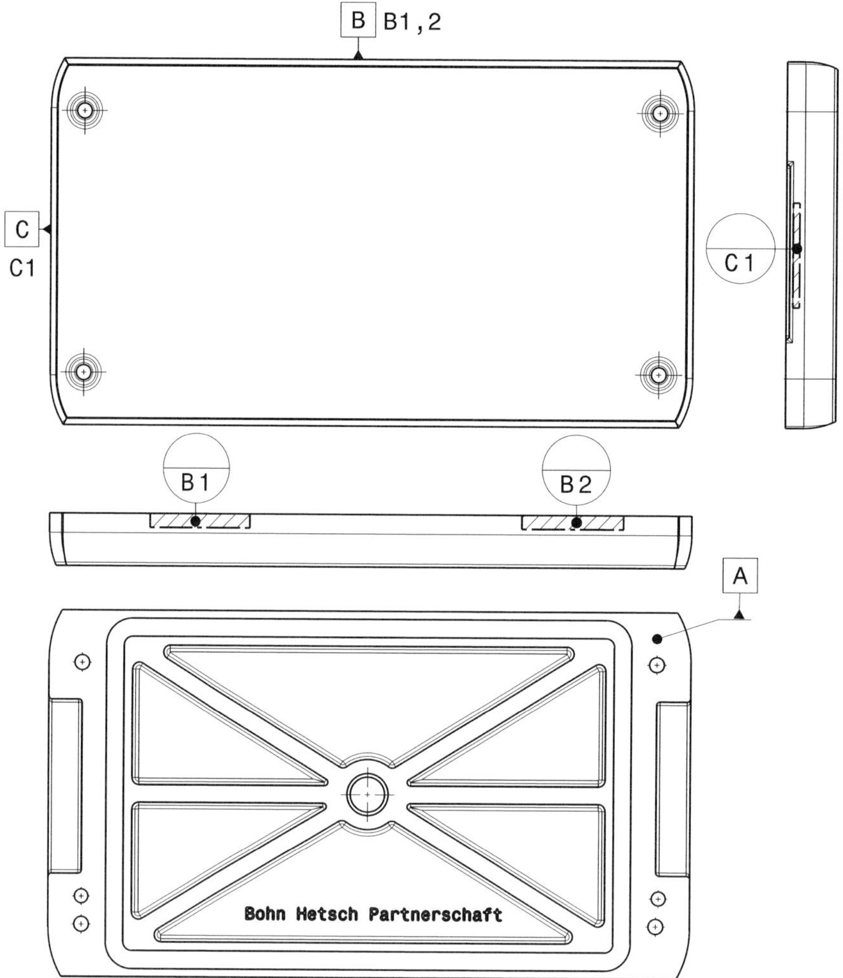

Bild 13.39 Bezugssystem zweite Aufspannung

Nachdem die Bezugssysteme definiert sind, können die Toleranzen festgelegt werden. Toleranzen können für das jeweilige Endergebnis eines Fertigungsschritts festgelegt werden und in einer Fertigungszeichnung dokumentiert werden. In diesem Beispiel wird darauf verzichtet und nur das Fertigteil toleriert. Dies zeigt Bild 13.40.

Insbesondere die Tolerierung der Ebenheit des Bezugs *A* ist kritisch, denn diese Toleranz hat den gleichen Wert wie die Toleranz der Nuttiefe. Der reale Fehler der Ebenheit reduziert den Toleranzwert der Nuttiefe. Daher sollte der Toleranzwert der Ebenheit kleiner sein.

Toleriertes Fertigteil

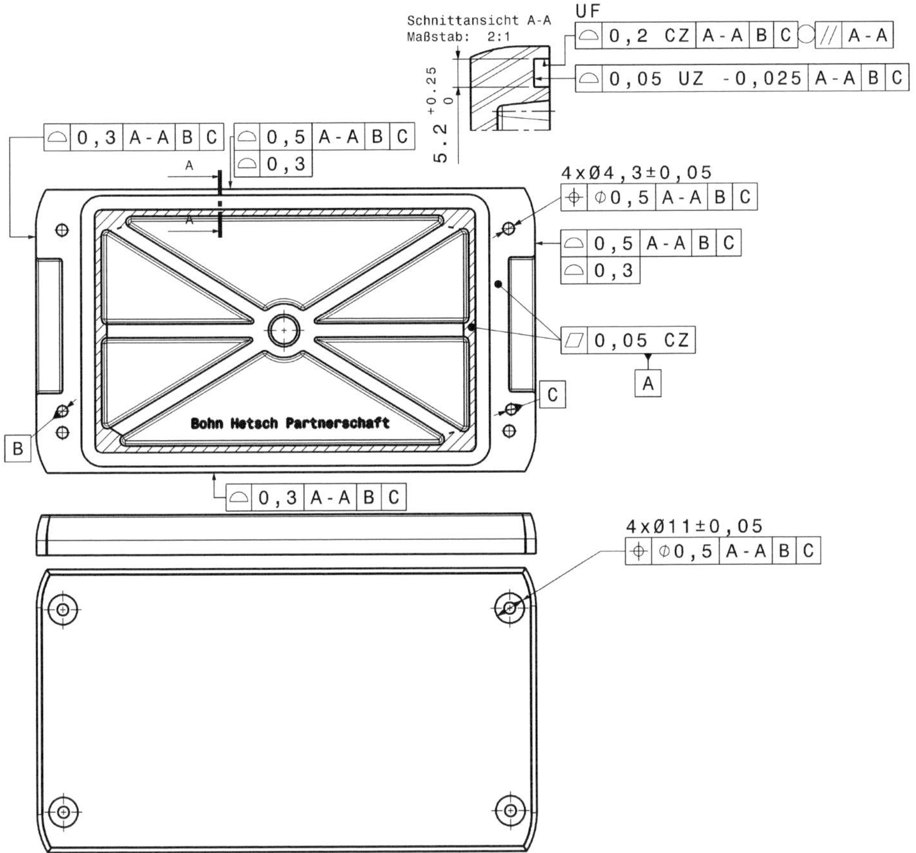

Bild 13.40 Toleriertes Fertigteil

Dieses Beispiel hat das Zusammenspiel von Konstruktion, Fertigungsprozess und Toleranzen gezeigt. Nur durch gegenseitige Anpassungen war es möglich ein funktionierendes Bauteil zu erzeugen. Schwierig wird dieser Prozess, wenn die Kunden-/Lieferanten-Schnittstelle hinzukommt. Der Kunde fordert aus Funktionsanforderungen eine entsprechende Tolerierung, kennt aber nicht die Restriktionen aus dem Fertigungsprozess des Lieferanten. Daher muss eine gegenseitige Abstimmung stattfinden.

13.6 Tolerierung bei Losgröße 1

Bei einer Losgröße von 1, wie sie zum Beispiel im Sondermaschinenbau üblich ist, kann von keiner Statistik mehr gesprochen werden. Eine Prozessregelung mittels Prozessfähigkeitskennwerten ist nicht mehr möglich. Theoretisch können alle Bauteile aufeinander angepasst werden.

Dennoch ist es sinnvoll, ein vollständiges Toleranzkonzept zu erstellen. Der Grund liegt in der parallelen Fertigung der Einzelteile, dem Fremdbezug und der Austauschbarkeit.

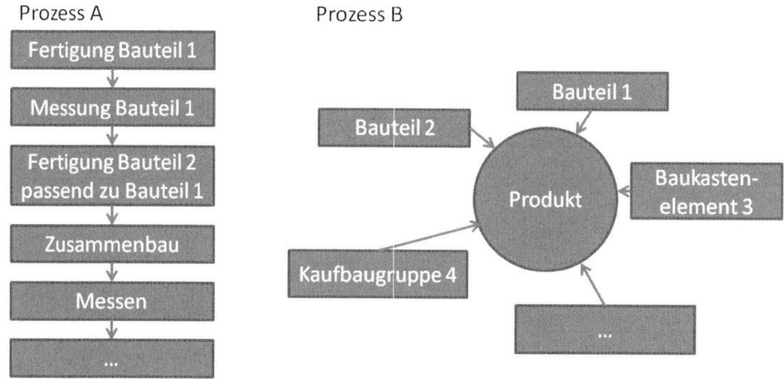

Bild 13.41 Alternative Fertigungsprozesse

Der Prozess A mit der völligen Anpassung der Bauteile oder auch Baugruppen hat heute praktisch keine Relevanz mehr. Die Einzelteile und Baugruppen werden unabhängig voneinander hergestellt. Oft bedienen sich die Hersteller aus Baukästen (siehe Prozess B). Für die Herstellung werden dann die entsprechenden Toleranzspezifikationen benötigt.

13.7 Statistik

Um die Qualitätskenngrößen aus Kapitel 9 anwenden zu können, sind mathematische Statistikgrundlagen erforderlich. Diese sind im Speziellen die Normalverteilung und ihre Standardabweichung. Darüber hinaus ist die Frage zu klären, wie groß eine Stichprobe sein muss, um eine verlässliche Aussage über die Streuung zu treffen.

13.7.1 Normalverteilung

Im Allgemeinen sind Fertigungsprozesse in ihrem Ergebnis normal verteilt. Das folgende Bild zeigt diese Normalverteilung. Der Mittelwert μ ist das Häufigkeitsmaximum. Der Wendepunkt der Kurve ist gleichzeitig die Standardabweichung σ. Traditionell werden die Bereiche, bei denen das Auftreten bewertet wird, in Vielfachen der Standardabweichung angegeben. Die Häufigkeit des Auftretens entspricht der Fläche unter der Kurve. Der Streubereich von ±3σ wird im Regelfall mit der Toleranz verglichen. Somit sind statistisch gesehen 99,73 % aller Werte innerhalb des Bereichs.

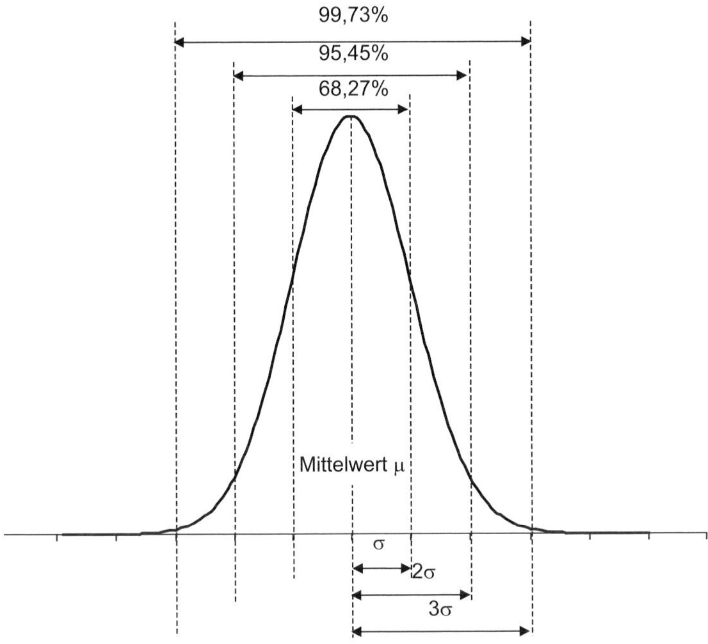

Bild 13.42 Normalverteilung

13.7.2 Standardabweichung

Die Standardabweichung ist die grundlegende Größe zur Beschreibung der Normalverteilung.

Bei einer Normalverteilung kann die *Standardabweichung der Grundgesamtheit* σ durch die *Standardabweichung einer Stichprobe* s geschätzt werden. Dazu muss zunächst der Mittelwert der Stichprobe ermittelt werden.

$$\mu = \frac{1}{n} \sum_{i=1}^{n} X_i \tag{13.1}$$

n = Stichprobengröße
X_i = Messwert i
μ = Mittelwert

Die Standardabweichung einer Stichprobe wird anhand der folgenden Formel berechnet.

$$s = \sqrt{\frac{1}{n-1} \sum_{i=1}^{n} (X_i - \mu)^2} \tag{13.2}$$

Das folgende Beispiel zeigt den Rechenweg, allerdings ist die Aussagekraft bei nur fünf Einzelwerten nicht vorhanden. Die erforderliche Stichprobengröße wird anschließend im Kapitel 13.6.3 erklärt.

Die Messwerte sind:

Messung	Wert
X1	0,1
X2	0,5
X3	-0,3
X4	-0,15
X5	0,05

Der Mittelwert wird wie folgt berechnet:

$$\mu = \frac{1}{n} \cdot \sum_{i=1}^{n} X_i = \frac{1}{5} \cdot \left(0{,}1 + 0{,}5 - 0{,}3 - 0{,}15 + 0{,}05\right) = \frac{0{,}2}{5} = 0{,}04$$

Die Standardabweichung errechnet sich zu:

$$s = \sqrt{\frac{1}{n-1} \sum_{i=1}^{n} (X_i - \mu)^2} = \sqrt{\frac{1}{5-1} \sum_{i=1}^{5} (X_i - 0{,}04)^2} =$$

$$s = \sqrt{\frac{1}{5-1} \left((0{,}1 - 0{,}04)^2 + (0{,}5 - 0{,}04)^2 + (-0{,}3 - 0{,}04)^2 + (-0{,}15 - 0{,}04)^2 + (0{,}05 - 0{,}04)^2 \right)} \approx 0{,}3$$

In der Praxis wird häufig die Standardabweichung der Stichprobe mit der Standardabweichung der Grundgesamtheit gleichgesetzt. Dieser Fehler ist nur bei einer hinreichend großen Stichprobe zu vernachlässigen.

13.7.3 Erforderliche Stichprobengröße

Anhand des vorhergehenden Beispiels ist ersichtlich, dass Messungen erforderlich sind. Um den Mittelwert eines Maßes zu bestimmen, werden in der Praxis fünf Teile gemessen. Die Streuung (Standardabweichung) benötigt deutlich mehr Messungen, da hier die gesamte Verteilung bestimmt werden muss, siehe Bild 13.43.

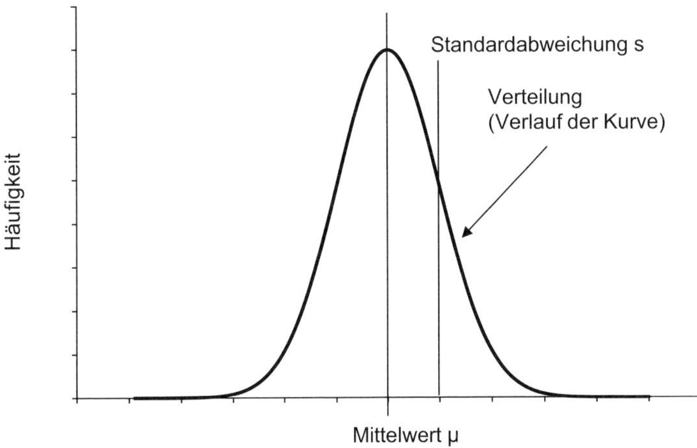

Bild 13.43 Mittelwert und Verteilung

Die Genauigkeit der Vorhersage hängt direkt mit dem Stichprobenumfang zusammen. Dies kann mittels des Vertrauensintervalls bestimmt werden.

$$I(x_1 \dots x_n) = \left[\sqrt{\frac{(n-1) \cdot s_n^2}{\chi^2_{n,1-\frac{\alpha}{2}}}} ; \sqrt{\frac{(n-1) \cdot s_n^2}{\chi^2_{n,\frac{\alpha}{2}}}} \right] \tag{13.3}$$

I = Vertrauensintervall
n = Stichprobengröße
α = Wahrscheinlichkeit
χ = Quantil der chi-Quadrat Verteilung
s = Standardabweichung

Es ist allerdings nicht erforderlich, dies im Einzelfall zu bestimmen, solange die Stichprobe mindestens 200 Messungen umfasst. Denn dann liegt der Fehler zwischen dem realen Prozess und der Stichprobe bei ca. 10 % und ist somit in einer ähnlichen Größenordnung wie der Messfehler bezogen auf die Toleranzzone.

Als Veranschaulichung für die gemessene Standardabweichung der Stichprobe von s = 0,3 mm (bei einer Wahrscheinlichkeit von 1-α = 95 %) wird im folgenden Bild das Vertrauensintervall in Abhängigkeit von der Stichprobengröße gezeigt.

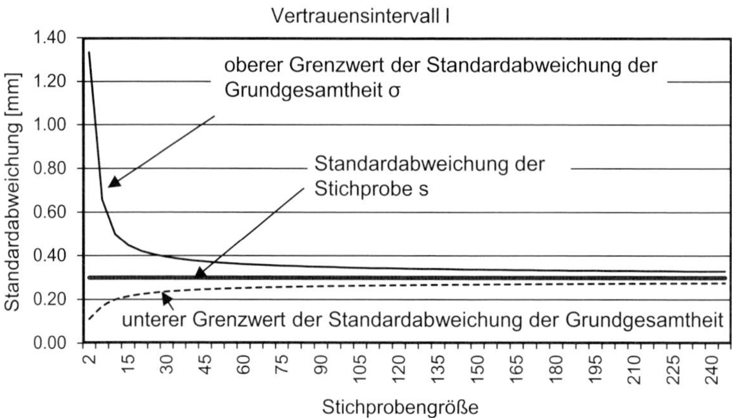

Bild 13.44 Vertrauensintervall einer Stichprobe

Konkret bedeutet dies, dass die reale Standardabweichung der Grundgesamtheit σ irgendwo zwischen der oberen und unteren Grenze liegen kann. Bei einer Stichprobengröße von 5 ist der Fehler so groß, dass keine sinnvolle Aussage über die Standardabweichung der Grundgesamtheit möglich ist. Um diesen Fehler zu verdeutlichen, ist im folgenden Bild die prozentuale Abweichung dargestellt. Die Darstellung betrifft den kritischen Fall, dass die Grundgesamtheit stärker streut als die Stichprobe.

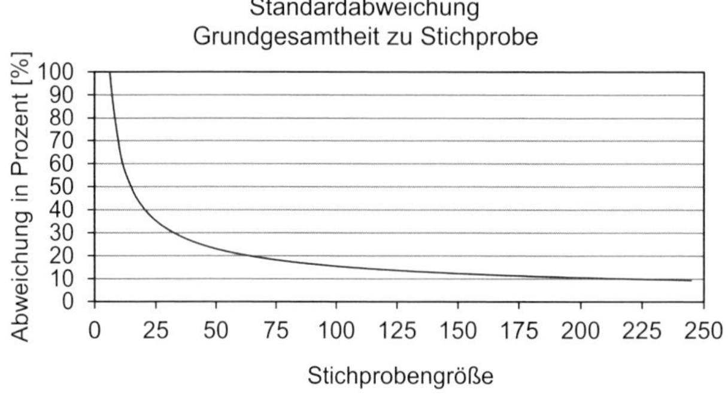

Bild 13.45 Abweichung in Abhängigkeit von der Stichprobengröße

Erst ab einer Stichprobengröße von ca. 225 Messungen wird die Abweichung kleiner als 10%. Falls die Stichprobe zwingend kleiner sein muss, ist es erforderlich bei den weitergehenden Betrachtungen anstatt der Standardabweichung den oberen Grenzwert des Vertrauensintervalls zu verwenden.

Um einen hinreichend kleinen Fehler bei der Bestimmung der Standardabweichung zwischen Grundgesamtheit und Stichprobe von kleiner 10% zu erhalten, sollte die Stichprobe mehr als 200 Messungen umfassen.

Die Stichproben können nach VDA (VDA2003) auch aufgeteilt sein, z. B. 50 Stichproben mit je 5 Proben.

Im Folgenden wird der Einfachheit halber auf die Unterscheidung von s und σ verzichtet und allgemein von der Standardabweichung σ gesprochen.

13.7.4 Verteilungen und Verteilungsadditionen

Nach dem zentralen Grenzwertsatz der Statistik nähert sich die Summe einzelner unabhängiger Verteilungen einer Normalverteilung an. Daher sind die Ergebnisse von Toleranzketten oft normalverteilt. Gründe dafür, dass dies nicht immer der Fall ist, sind beispielsweise sehr kurze Toleranzketten oder zeitabhängige Effekte wie der Verschleiß.

In den folgenden fünf Bildern sind die Ergebnisse von Toleranzketten dargestellt. Die Verteilungsaddition wurde numerisch mittels einer Monte-Carlo-Simulation mit 100.000 Zyklen durchgeführt.

In allen Bildern ist als durchgezogene Kurve die entsprechende Normalverteilung eingezeichnet.

Die Addition zweier Normalverteilungen führt zu einer Normalverteilung.

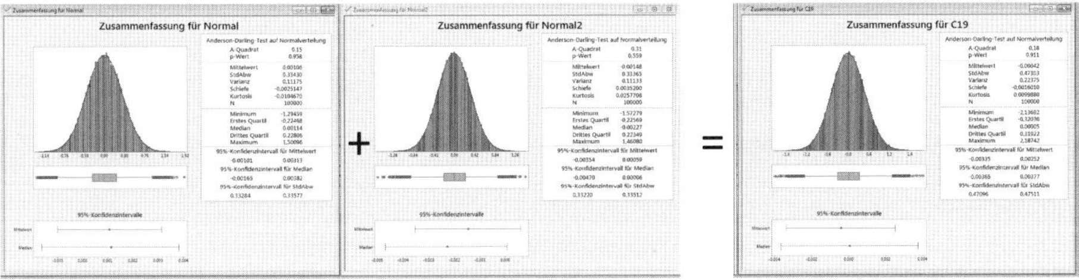

Bild 13.46 Verteilungsaddition von Normalverteilungen

Die Addition zweier Gleichverteilungen führt zu einer Dreiecksverteilung.

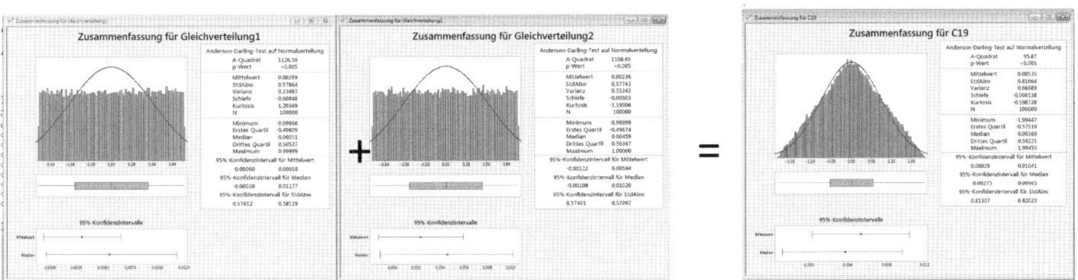

Bild 13.47 Verteilungsaddition von Gleichverteilungen

Die Addition von Dreiecksverteilungen nähert sich der Normalverteilung an.

Bild 13.48 Verteilungsaddition von Dreiecksverteilungen

Die Addition von sechs Gleichverteilungen kommt einer Normalverteilung schon nahe.

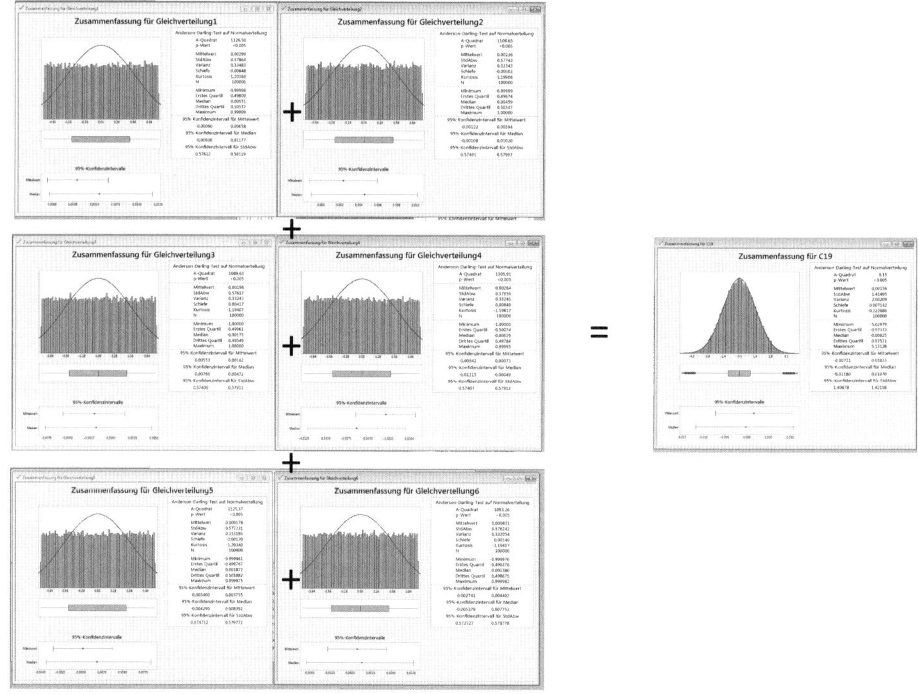

Bild 13.49 Verteilungsaddition von sechs Gleichverteilungen

Das Gleiche gilt sogar für das extreme Beispiel einer Addition von sechs Betaverteilungen.

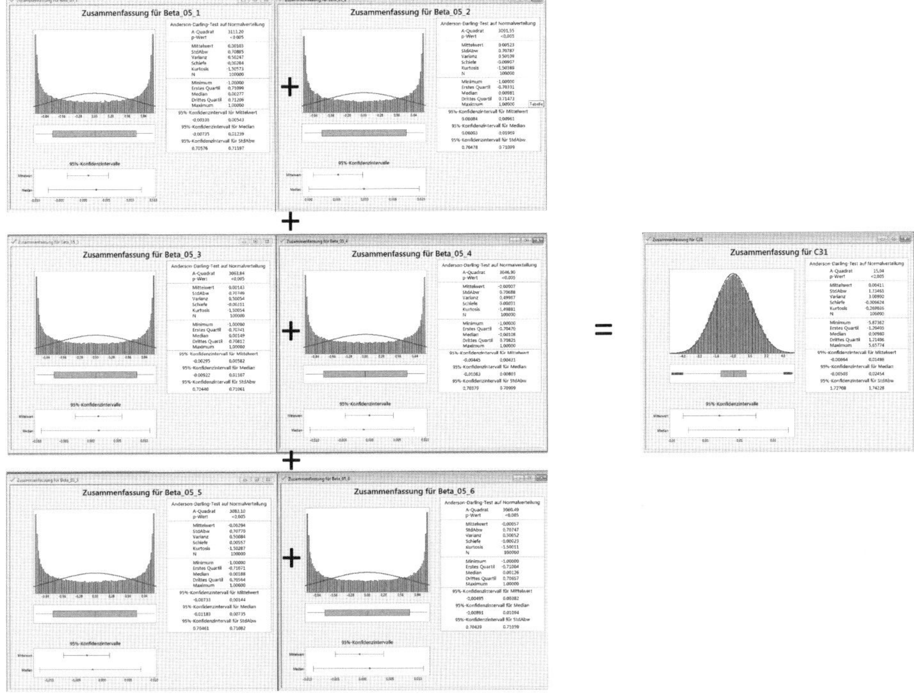

Bild 13.50 Verteilungsaddition von sechs Betaverteilungen

Bei der Addition von unabhängigen Verteilungen (Berechnung von Toleranzketten) strebt das Ergebnis gegen eine Normalverteilung.

13.8 Begriffsdefinitionen

Anforderung [DIN EN ISO 9000-2015]

Eine Anforderung ist ein Erfordernis oder eine Erwartung, die festgelegt ist.

Ausrichtkonzept

Das Ausrichtkonzept beschreibt, wie die Bauteile beim Fügen zueinander ausgerichtet werden. Es beinhaltet, welche Bezugsstellen zueinander ausgerichtet werden. Diese Beziehungen können sowohl zwischen den Bauteilen als auch zwischen Bauteil und Vorrichtung bestehen.

Bezug [DIN EN ISO 5459-2013]

Ein Bezug ist ein oder mehrere Situationselemente eines oder mehrerer Geometrieelemente, die mit einem oder mehreren realen integralen Geometrieelementen assoziiert sind, welche ausgewählt werden, um den Ort und/oder die Richtung einer Toleranzzone oder eines idealen Geometrieelements festzulegen.

Bezugselement [DIN EN ISO 5459-2013]

Ein Bezugselement ist ein reales und kein ideales integrales Geometrieelement, welches zur Bildung eines Bezugs verwendet wird.

Bezugsstelle [DIN EN ISO 5459-2013]

Eine Bezugsstelle ist ein Teil eines Bezugselements, welches nominell ein Punkt, eine Strecke oder eine Fläche sein kann.

Fähigkeit [DIN EN ISO 9000-2015]

Die Fähigkeit ist die Eignung einer Organisation oder eines Prozesses, ein Produkt zu realisieren, das die Anforderungen erfüllt.

Fügefolge

Die Fügefolge beschreibt, welche Bauteile jeweils einen Zusammenbau bilden und in welcher Reihenfolge sie in die Anlage eingelegt bzw. verbaut werden.

Fugen- und Radienplan

Der Fugen- und Radienplan beschreibt für definierte Schnittstellen die Fugen-, Radien- und Übergangsmaße inklusive Toleranzen und Audit-Messschnitten.

Funktion [Pah 07]

Allgemeiner und gewollter Zusammenhang zwischen Eingang und Ausgang eines Systems mit dem Ziel, eine Aufgabe zu erfüllen.

Funktionsmaßkatalog

Der Funktionsmaßkatalog enthält alle funktional erforderlichen Maße. Diese sind beispielsweise alle relevanten Anbindungspunkte, die entsprechend ihrer Funktion bemaßt sind.

Funktionsorientiertes Toleranzdesign

Methodische Vorgehensweise, um ausgehend von den Anforderungen mithilfe des Toleranzmanagements alle relevanten Parameter wie Fertigungsprozesse, Aufnahmen, Ausrichtungen, Bezüge und letztendlich Toleranzen zu definieren.

Integrales Geometrieelement [DIN EN ISO 5459-2013]

Ein integrales Geometrieelement ist eine Fläche oder Linie auf einer Fläche.

Konformität [DIN EN ISO 14253-1 2013]

Konformität beschreibt die Erfüllung einer Anforderung.

Merkmal [DIN EN ISO 9000-2015]

Ein Merkmal ist die kennzeichnende Eigenschaft.

Produkt [ISO 3534-2]

Ein Produkt ist das Ergebnis eines Prozesses.

Prozess [ISO 3534-2]

Ein Prozess ist ein Satz von in Wechselwirkung stehender Tätigkeiten, der Eingangsgrößen in Ergebnisse umwandelt.

Qualität [nach DIN EN ISO 9000-2015]

Qualität ist der Grad, in dem die Merkmale eines Produkts die Anforderungen erfüllen.

Situationselement [DIN EN ISO 5459-2013]

Ein Situationselement ist ein Punkt, eine Gerade, eine Ebene oder eine Schraubenlinie, von denen ausgehend der Ort und/oder die Richtung eines Geometrieelements festgelegt werden kann.

Spezifikation [DIN EN ISO 9000-2015]

Die Spezifikation ist das Dokument, das die Anforderungen festlegt.

Stabiler Prozess [ISO 3534-2]

Ein stabiler Prozess unterliegt nur zufälligen Streuungsursachen.

Streuung [ISO 3534-2]

Die Streuung ist der Unterschied zwischen den Werten eines Merkmals.

Toleranzkonzept

Das Toleranzkonzept beschreibt ganzheitlich die Toleranzspezifikation (Toleranzen/Bezüge), Ausrichtkonzept, Fügefolge, Funktionsmaßkatalog sowie Fugen- und Radienplan.

Toleranzmanagement

Das Toleranzmanagement ist ein Teilprozess des Entwicklungsprozesses mit dem Ziel, die Funktionserfüllung eines Produkts mittels Managementmethoden bei möglichst geringen Herstellkosten durch ein optimales Toleranzkonzept sicherzustellen.

Toleranzspezifikation

Die Toleranzspezifikation ist Teil der Bauteil- bzw. Zusammenbauspezifikation. Sie beinhaltet Bezugsstellen und Toleranzen für die Einzelteile, Haus- und Lieferzusammenbauten. Sie ist in der Zeichnung oder im 3D-CAD-Modell enthalten.

13.9 Literaturverzeichnis

Bohn, M.: Toleranzmanagement im Entwicklungsprozess, Dissertation TU Karlsruhe, 1998

Bohn, M., Hetsch, K.: Toleranzmanagement im Automobilbau, ISBN 978-3-446-43496-7, Hanser Verlag, München 2013

Deutsches Institut für Normung (Hrsg.): Geometrische Produktspezifikation (GPS) - ISO-Toleranzsystem für Längenmaße. Teil 1, EN ISO 286-1, Ersatz für Ausgabe 1990; Berlin: Beuth Verlag, 2010

Deutsches Institut für Normung (Hrsg.): Geometrische Produktspezifikation (GPS) - Geometrische Tolerierung - Tolerierung von Form, Richtung, Ort und Lauf. DIN EN ISO 1101, Ausgabe 2017, modifiziert. Berlin: Beuth Verlag, 2017

Deutsches Institut für Normung (Hrsg.): Geometrische Produktspezifikation (GPS) - Form- und Lagetolerierung: Maximum-Material-Bedingung, Minimum Materialbedingung und Reziprozitätsbedingung. DIN EN ISO 2692, Berlin: Beuth Verlag, 2015

Deutsches Institut für Normung (Hrsg.): Geometrische Produktspezifikation (GPS) - Form- und Lagetolerierung: Positionstolerierung. EN ISO 5458, Berlin: Beuth Verlag, 2018

Deutsches Institut für Normung (Hrsg.): Technische Zeichnungen, Form- und Lagetolerierung: Bezüge und Bezugssysteme für geometrische Toleranzen. EN ISO 5459, Berlin: Beuth Verlag, 2013

Deutsches Institut für Normung (Hrsg.): Geometrische Produktspezifikation (GPS) - Grundlagen - Konzepte, Prinzipien und Regeln. EN ISO 8015, Ersatz für Ausgabe 1986. Berlin: Beuth Verlag, 2011

Deutsches Institut für Normung (Hrsg.): Geometrische Produktspezifikation (GPS) - Dimensionelle Tolerierung - Teil 1: Längenmaße. DIN EN ISO 14405. Berlin: Beuth Verlag, 2017

Deutsches Institut für Normung (Hrsg.): Geometrische Produktspezifikation (GPS) - Geometrieelemente - Teil 1: Grundbegriffe und Definitionen. DIN EN ISO 14660. Berlin: Beuth Verlag, 1999

Deutsches Institut für Normung (Hrsg Statistische Verfahren im Prozessmanagement -Fähigkeit und Leistung -Teil 2: Prozessleistungs- und Prozessfähigkeitskenngrößen von zeitabhängigen Prozessmodellen (ISO 22514-2:2013). Berlin: Beuth Verlag, 2015

Dudenredaktion (Hrsg.): Duden: Deutsches Universalwörterbuch. Band 1, 7. Auflage. Mannheim: Dudenverlag, Bibliographisches Institut, 2011

Fayol, Henry, Administration industrielle et générale, Paris 1916

Pahl, G., Beitz W., Feldhusen J., Grote K.-H.: Konstruktionslehre, Grundlagen erfolgreicher Produktentwicklung Methoden und Anwendung, Springer Verlag 2007

A.I.A.G. - Chrysler Corp., Ford Motor Co., General Motors Corp., Measurement Systems Analysis, Reference Manual, 4. Auflage, Michigan, USA, 2010

Taguchi, G.: Introduction to quality engineering: designing quality into products and processes, ISBN: 9283310845, Tokyo: The Organization, 1986

Verband der Automobilindustrie (Hrsg.): Qualitätsmanagement in der Automobilindustrie: Sicherung der Qualität während der Produktrealisierung, Methoden und Verfahren, 4. Auflage 2003

Verband der Automobilindustrie (Hrsg.): Qualitätsmanagement in der Automobilindustrie: Prüfprozesseignung, 2. Auflage 2011

(VDI/VDE 2617) Verein Deutscher Ingenieure, Verband der Elektrotechnik, Elektronik, Informationstechnik (Hrsg.): Prüfprozesseignung von Messungen mit Koordinatenmessgeräten, VDI/VDE 2617, Beuth Verlag, Berlin 2006

Index